水污染防治“攻坚战”实用技术及装备

石岩　许丹宇　胡华清　主编

SHUIWURAN FANGZHI
GONGJIANZHAN
SHIYONG JISHU
JI ZHUANGBEI

化学工业出版社
·北京·

内 容 简 介

本书系统地介绍了我国水污染治理行业的发展现状、存在问题及发展趋势，分析了水污染防治“攻坚战”相关的环保政策，精选了“十三五”以来我国水污染治理领域先进、实用的技术及装备，涉及生活污水、工业废水、农村污水、黑臭水体、流域治理、污染应急等多个方面，这些技术及装备基本反映了目前我国水污染治理技术与装备的发展水平。

本书既面向治污企业，为治污企业推荐先进、实用的技术及装备，同时也可供水污染治理领域技术及管理人员、高等院校和研究院所相关专业人员参考使用。

图书在版编目（CIP）数据

水污染防治“攻坚战”实用技术及装备/石岩，许丹宇，胡华清主编．—北京：化学工业出版社，2021.3（2023.3重印）
ISBN 978-7-122-38344-0

Ⅰ.①水… Ⅱ.①石…②许…③胡… Ⅲ.①水污染防治 Ⅳ.①X52

中国版本图书馆CIP数据核字（2021）第015825号

责任编辑：左晨燕　　装帧设计：刘丽华
责任校对：王素芹

出版发行：化学工业出版社（北京市东城区青年湖南街13号　邮政编码100011）
印　　装：天津盛通数码科技有限公司
787mm×1092mm　1/16　印张16　字数330千字　　2023年3月北京第1版第3次印刷

购书咨询：010-64518888　　售后服务：010-64518899
网　　址：http://www.cip.com.cn
凡购买本书，如有缺损质量问题，本社销售中心负责调换。

定　　价：98.00元

《水污染防治“攻坚战”实用技术及装备》编委会名单

前言

打好污染防治“攻坚战”是以习近平同志为核心的党中央着眼党和国家发展全局，顺应人民群众对美好生活的期待做出的重大战略部署，是一项伟大而艰巨的历史任务和时代使命。打好碧水保卫战的重点是保好水（饮用水水源地保护）、治差水（城市黑臭水体整治），全力推动长江经济带共抓大保护、不搞大开发。坚持山水林田湖草系统治理，深入实施新修改的《水污染防治法》，坚决落实水污染防治行动计划。深入推进集中式饮用水水源保护区划定和规范化建设，有效保障饮用水安全，打好城市黑臭水体歼灭战，基本消除地级及以上城市建成区黑臭水体。加强江河湖库和近岸海域水生态保护。全面整治农村生态环境，加强农业面源污染防治，保护好“米袋子”“菜篮子”“水缸子”“城镇后花园”。

2021—2025年，既是中国经济社会发展第十四个五年规划期，又是污染防治攻坚战取得阶段性胜利、继续推进美丽中国建设的关键期。生态环境部部长黄润秋在第十三届全国人民代表大会第三次会议接受记者采访时表示，“十三五”以来，我国污染防治攻坚战取得关键进展，生态环境质量总体改善。“十四五”期间要抓污染物减排、抓环境治理、抓源头防控，要打好升级版的污染防治攻坚战。具体而言，一是以黑臭水体治理为突破口，推动补齐城镇和工业园区环境基础设施短板；二是以渤海综合治理为突破口，不断提升近岸海域水环境质量；三是以长江保护修复为突破口，扎实推进水生态环境修复；四是以饮用水水源规范化建设为突破口，有效保障饮用水水源安全；五是以农业农村污染治理为突破口，全面提升农村生态环境。

“十四五”的环保大幕即将拉开，在国家政策利好、市场空间释放的背景下，水污染治理市场仍将蓬勃发展。水污染治理的关键要素当属技术和装备，先进、实用的技术和装备是水污染治理企业抓住市场机遇、获得发展的先决条件，也是水污染防治“攻坚战”的必要保障。为此，中国环境保护产业协会水污染治理委员会面向全国水污染治理企业广泛征集实用、先进的技术与装备，这些技术与装备基本上反映了目前我国水污染治理技术与装备的发展水平。

本书分为5章：第1章水污染治理产业的市场与发展，介绍了水污染治理领域的发展趋势；第2章水污染防治“攻坚战”环保政策及分析，在政策的导引下，对供需进行了初步分析和标准要求；第3章固定源污染防控实用技术及典型案例，共选编了23个在生活污水、工业废水和农村污水治理领域突出的技术；第4章水环境治理综合保障技术及典型案例，选择了黑臭水体和流域治理领域的5个技术和装备；第5章污染应急综合保障技术及典型案例，针对水体、环境等突发性应急情况选编了7个技术和装备。本次选编的技术和装备，涉及环境水体修复（黑臭水体）、城市生活污水处理、小村镇及农村分散型生活污水处理、流域治理应急处理处置等多个领域。

本书既面向治污企业，为治污企业推荐先进、实用的技术和装备，以帮助治污企业做好技术筛选；同时也为水污染防治“攻坚战”的实施提供技术支撑和储备，为行业创建一个技术推广、应用和交流的平台搭建基础。

限于编者水平，书中的疏漏和不妥之处敬请指正。

编　者

2020年12月

目录

第1章 水污染治理产业的市场与发展

1.1 2021—2025年水污染治理发展趋势

2021—2025年，既是中国经济社会发展第十四个五年规划期，又是污染防治攻坚战取得阶段性胜利、继续推进美丽中国建设的关键期。政策扶持方面，尤其需要进一步发挥生态环境保护的倒逼作用，加快推动经济结构转型升级、新旧动能接续转换。未来阶段，都将相对侧重于规范标准以及具体管理政策的制定，更多地向标准建设、过程指导、监督考核等纵深领域延伸。

“十四五”的环保大幕即将拉开，在国家政策利好、市场空间释放的背景下，水污染治理市场仍将蓬勃发展，几个重点领域技术发展趋势展望如下：

趋势一 力争“有河有水”“有鱼有草”“人水和谐”

水资源方面，要以生态流量保障为重点，力争在“有河有水”上实现突破，使断流的河流恢复有水；水生态方面，要按照流域生态环境功能需要，力争在“有鱼有草”上实现突破，使河流、湖泊的水生态系统逐步恢复；水环境方面，有针对性地改善水环境质量，不断满足老百姓的亲水需求，力争在“人水和谐”上实现突破，使更多的河流能让人游泳。

趋势二 城镇污水管网提质工作快速推进

2019年住房和城乡建设部等三部委联合印发《城镇污水提质增效三年行动方案(2019—2021年)》，提出提质增效三年目标，即“地级及以上城市建成区基本无生活污水直排口，基本消除城中村、老旧城区和城乡结合部生活污水收集处理设施空白区，基本消除黑臭水体，城市生活污水集中收集效能显著提高”。水环境治理是一项系统性工程，也是生态理念的先行示范，单纯通过提标改造，已无法解决目前我国水环境中存在的诸如工业点源直排、农业和城市的面源污染、合流制管网的溢流污染、污染物排放不达标、黑臭水体等问题。

我国目前的水环境问题多集中在管网排水系统，“黑臭在水里，根源在岸上，关键是排口，核心是管网”已成为水环境治理工作的重要共识。管网提质建设一方面有助于增加截污，减少无序排放，另一方面也可以最大程度地减少交叉感染，直排可以靠污水处理厂和管网解决。

趋势三 污泥无害化处置设施建设将提速

污泥产量和污水处理量高度相关，污水处理量的持续增长将进一步推动污泥处置需求的提升。一般来说，处理 10000m^3 的污水产生的污泥量在 10t 左右（按 80%含水率计）。目前污泥无害化处置设施的建设规模较目标仍有一定差距。污泥减量化仍是目前的主流处理处置路线，资源化处置是未来发展方向。根据美国北卡罗来纳大学教堂山分校（UNC）的 Mark D. Sobse 教授的研究结果，冠状病毒在水中和污泥中均可存活较长时间（尤其在低温条件下）。因此污水处理厂的处理工艺中对污泥的消毒处理也是防止病毒二次污染的重要工作。武汉市在 2020 年 1 月 29 日至 2 月 18 日对全市的 26 个污水处理厂增加消毒工艺，污泥消毒用量共计 33.69t，均表明了国家在疫情期间对污泥处置的重视。

十四五期间，我们认为国家将持续加大对污泥处理行业存在的产能不足、技术路线繁杂、资源利用瓶颈待解等问题的支持和解决力度，污泥处理行业的市场空间亦将随着我国污水处理行业的持续发展而壮大。

趋势四 水环境治理城市空间饱和，农村市场接棒

当前我国水环境治理的短板之一是农村污水处理。虽然近年来农村污水处理投资明显提速，但目前我国农村污水处理率仍远低于城市污水处理率。据《2019—2025 年中国农村污水处理行业市场调研分析及投资战略咨询报告》显示，2017 年我国建制镇的污水处理能力约为 $1.714\times10^7 m^3/d$，乡污水处理能力约为 $4.9\times10^5 m^3/d$，在此假设污水的平均密度为 $1t/m^3$，如果我们按照所有污水处理厂 365d 满荷载运行计算，则 2017 年我国建制镇及以下行政区划的污水处理能力约为 $6.435\times10^9 t$。同年农村污水排放量约为 $2.14\times10^{10} t$，则 2017 年我国农村污水处理率仅为 30%，缺口仍然较大。随着城市产能需求的逐渐饱和，单体污水处理类项目与黑臭水体治理工程项目的主战场将从城市切换至农村，城市原有的新建工程市场也将切换至升级改造、运营维护监管等市场内容，产业链中游或将受益。

农村污水治理领域仍然存在一些问题，如：技术和设备类型众多、质量良莠不齐；农村环保机制不完善、监管环节薄弱；缺乏有效的农村污水处理设施长效运营机制等，这都需要在日后的工作中逐步推进和完善。在技术选择上面，仍需要工艺成熟可靠，抗冲击负荷，低能耗、低成本、低运行、低维护，甚至是免维护的技术。

1.2 国家政策

1.2.1 政策概况

生态环境保护已经成为我国推动经济高质量发展的重要力量和抓手，就环保产业而言，在紧跟政策导向的同时，环境管理制度体系的发展、环境标准体系的建设、科技创新与成果转化是影响其进一步发展的重要因素。

在环境管理制度体系发展方面，党的十九届四中全会《中共中央关于坚持和完善中国特色社会主义制度　推进国家治理体系和治理能力现代化若干重大问题的决定》明确提出“构建以排污许可制为核心的固定污染源监管制度体系”，同时中央全面深化改革委员会审议通过了《关于构建现代环境治理体系的指导意见》，落实领导、企业、监管等七大体系的主体责任，形成导向清晰、决策科学、执行有力、激励有效、多元参与、良性互动的环境治理体系，为推动生态环境根本好转、建设美丽中国提供有力的制度保障。该体系围绕生态环境质量持续改善这一环境保护的核心任务，科学认识和分析绿色发展过程与规律，进一步促进和协调环境保护、绿色发展决策与经济社会发展之间的联系。

在环境标准体系的建设方面，水环境标准体系得到持续性的研究与维护。2019年生态环境部先后发布了制药工业（化学药品制剂制造、生物药品制品制造、中成药生产）、制革及毛皮加工工业、羽毛（绒）加工业、水产品加工业等多个行业的排污许可证申请与核发技术规范，制定了纺织、酒类制造废水排放标准以及石油化学工业、炼焦化学工业的修改单，优化了对工业水污染物排放的管控方式，特别是《有毒有害水污染物名录（第一批）》的公布进一步强化了对环境风险的管控。此外，三部委联合发布《城镇污水处理提质增效三年行动方案（2019—2021年）的通知》，重点地区提前完成污水厂排污许可证核发，有效助力长江修复、渤海综合整治与城市黑臭水体攻坚战。上述文件的制定有效支撑了“攻坚战”中“总量大幅减少，环境风险得到有效管控”的目标。

在科技创新与成果转化方面，生态环境部《2019年国家先进污染防治技术目录（水污染防治领域）》、工信部《国家鼓励的工业节水工艺、技术和装备目录（2019年）》以及水利部《国家成熟适用节水技术推广目录（2019年）》等文件从水污染防治、节水的工艺技术和装备以及水循环利用、雨水集蓄利用等方面，引导提高全国水污染治理与资源化利用技术和装备水平，鼓励环保设备制造和细分专业技术的发展。

1.2.2 主要政策发展

(1) “水十条”的发布引领行业进入发展快车道

2015年4月2日国务院印发《水污染防治行动计划》（以下简称“水十条”），从全面控制污染物排放、推动经济结构转型升级、着力节约保护水资源、强化科技支撑、充分发挥市场机制作用、严格环境执法监管、切实加强水环境管理、全力保障水生态环境安全、明确和落实各方责任、强化公众参与和社会监督十个方面部署了水污染防治行动，共制定了10条、35款、76项、238个具体措施。

在促进环保产业发展方面，"水十条"明确提出：对涉及环保市场准入、经营行为规范的法规、规章和规定进行全面梳理，废止妨碍形成全国统一环保市场和公平竞争的规定和做法。健全环保工程设计、建设、运营等领域招投标管理办法和技术标准。推进先进适用的节水、治污、修复技术和装备产业化发展。

在资金投入方面，"水十条"一方面要求增加政府资金投入，即"中央财政加大对属于中央事权的水环境保护项目支持力度，合理承担部分属于中央和地方共同事权的水环境保护项目""地方各级人民政府要重点支持污水处理、污泥处理处置、河道整治、饮用水水源保护、畜禽养殖污染防治、水生态修复、应急清污等项目和工作"。另一方面也强调引导社会资本投入，即"积极推动设立融资担保基金，推进环保设备融资租赁业务发展。推广股权、项目收益权、特许经营权、排污权等质押融资担保。采取环境绩效合同服务、授予开发经营权益等方式，鼓励社会资本加大水环境保护投入。"

根据行业机构的相关测算：随着"水十条"的实施，"十三五"期间我国水污染治理行业的年销售总收入将激增3～5倍；本行业的市场规模理论上将有2.85亿～6.75亿元的市场发展空间，这将使我国环保产业及其水污染治理产业得到空前发展。

(2)"水十条"带动下城市黑臭水体治理大幕开启

2015年8月28日，住房和城乡建设部与生态环境部联合发布《城市黑臭水体整治工作指南》(以下简称《指南》)，对于城市黑臭水体整治工作的目标、原则、工作流程等问题均做出了明确规定，同时，《指南》对城市黑臭水体的识别、分级、整治方案编制方法以及整治技术的选择和效果评估、政策机制保障提出了明确的要求。值得注意的是，此次将群众的感受作为是否为黑臭水体的主要评判标准，而非"劣V类"这样的专业名词。根据《指南》要求，到2015年年底前，地级及以上城市建成区应完成水体排查，公布黑臭水体名称、责任人及达标期限；2017年年底前，地级及以上城市建成区应实现河面无大面积漂浮物，河岸无垃圾，无违法排污口；直辖市、省会城市、计划单列市建成区基本消除黑臭水体。

与此同时，2015年7月9日财政部和生态环境部共同发布《关于印发〈水污染防治专项资金管理办法〉的通知》，制定并推行《水污染防治专项资金管理办法》，其中将"城市黑臭水体整治"列入了专项资金重点支持的范围。

(3) 城镇污水治理增质提效

2019年4月，住房和城乡建设部、生态环境部和国家发展改革委联合发布了《城镇污水处理提质增效三年行动方案(2019—2021年)》，力促加快补齐城镇污水收集和处理设施短板，尽快实现污水管网全覆盖、全收集、全处理。明确提出，经过3年努力，地级及以上城市建成区基本无生活污水直排口；基本消除城中村、老旧城区和城乡结合部生活污水收集处理设施空白区；基本消除黑臭水体，城市生活污水集中收集效能显著提高；推进生活污水收集处理设施改造和建设、健全排水管理长效机制、完善激励支持政策、强化责任落实。

(4) 农村污水治理蓝海市场开启

2019年4月9日住房和城乡建设部发布国家标准《农村生活污水处理工程技术标准》(GB/T 51347—2019)，自2019年12月1日起实施。原行业标准《村庄污水处理设施技术规程》(CJJ/T 163—2011) 同时废止。7月，中央农办、农业农村部、生态环境部、住房和城乡建设部等九部门联合印发了《关于推进农村生活污水治理的指导意见》，结合国内不同地区的发展水平现状，明确提出了到2020年农村污水治理需要达到的目标要求。同年11月，生态环境部发布了《农村黑臭水体治理工作指南》，明确了农村黑臭水体排查、治理方案编制、治理措施要求、试点示范内容以及治理效果评估、组织实施等方面的标准和要求，全面推动农村地区启动黑臭水体治理工作。要求形成一批可复制、可推广的农村黑臭水体治理模式，加快推进农村黑臭水体治理工作。

(5) 法律法规强化刚性约束

2015年1月1日，新的《环境保护法》正式颁布实施。据相关部门统计，新《环境保护法》实施当年，全国各地即实施按日连续处罚715件，罚款数额达5.69亿元；实施查封扣押4191件、限产停产3106件。各级环境保护部门下达行政处罚决定9.7万余份，罚款42.5亿元，比2014年增长了34%，公布了74个典型环境违法案例。上述措施显著提升了政府、企业、公众的环境保护法律意识，促使全社会共同认识到：改善环境必须调整社会利益关系，必须实行严格法治的要求。

2016年6月12日，国家环境保护部发布《水污染防治法（修订草案）（征求意见稿)》及其编制说明，这是《水污染防治法》施行8年以来的较大规模修订。该法自2018年1月1日起施行。

“守法成本高、违法成本低”一直是水污染治理的瓶颈。新《水污染防治法》加大了水污染违法的成本，如第八十三条规定，不正常运行水污染防治设施等逃避监管的方式排放水污染物的、超标超总量排放水污染物的，责令改正或者责令限制生产、停产整治，并处十万元以上一百万元以下的罚款；情节严重的，报经有批准权的人民政府批准，责令停业、关闭。与旧法相应的条款比较，处罚力度大大加强，对环境违法行为形成了强大震慑。

(6) 清洁生产

2019年9月，国家发展改革委、生态环境部、工信部联合发布《污水处理及其再生利用行业清洁生产评价指标体系》，对污水处理及再生利用行业的清洁生产提出了明确的评价指标体系，指导和推动污水处理及其再生利用行业企业依法实施清洁生产，提高资源利用率，减少和避免污染物的产生，保护和改善环境。

1.3 地方配套机制

（1）京津冀地区

在京津冀地区，围绕保护和改善海河流域水环境质量，北京发布了《北京市水污染防治条例》，公开征求北京市地方标准《农村生活污水处理设施水污染物排放标准》，进一步促进了农村人居环境改善和美丽乡村建设；天津新修订《天津市水污染防治条例》，并实施地方标准《污水综合排放标准》（DB 12/356—2018），增设了70项污染物控制指标，同时收严了部分污染物排放限值，并增加协商排放的规定；河北省对辖区内重要生态功能区建设项目的环评文件实施提级审批管理，并编制了《河北省排污单位排污许可证执行报告审核技术指南（征求意见稿）》，确保排污许可制度落实到位。此外，为打通地上和地下，形成地表水和地下水环境治理合力，河北省还制定了《河北省地下水管理条例（修订草案）（征求意见稿）》，加强了地下水的管理和保护，促进了地下水可持续利用。

（2）长江经济带

在长江经济带，围绕长江流域水环境质量改善、恢复水生态、保障用水安全，生态环境部、发展改革委联合印发《长江保护修复攻坚战行动计划》，确定了八个专项行动，其中涉水的达6项，即：长江流域劣Ⅴ类国控断面整治专项行动、长江入河排污口排查整治专项行动、长江自然保护区监督检查专项行动、长江经济带饮用水水源地专项行动、长江经济带城市黑臭水体治理专项行动和长江经济带工业园区污水处理设施整治专项行动。通过攻坚行动要使长江干流、主要支流及重点湖库的湿地生态功能得到有效保护，生态用水需求得到基本保障，生态环境风险得到有效遏制，生态环境质量持续改善。水体环保由单点控制向流域治理升级，水体治理开始从全流域环境容量角度考虑流域内排污口设置，监管升级方向明显，同时黑臭水体治理也由36个城市增加到300个地级市。

2019年5月，生态环境部组织召开2019年第一季度水环境达标滞后地区工作调度视频会，全面推进长江流域、渤海入海河流国控断面消除劣Ⅴ类，督促工作滞后地市按期完成目标任务。会议指出，在长江流域和渤海入海河流国控断面开展消“劣”行动，是落实长江大保护和渤海综合治理攻坚战的重要举措，也是打好污染防治攻坚战的重要标志，更是必须完成的政治任务。当前，长江流域总磷污染问题突出、城市基础设施短板明显、农业面源污染严重，渤海入海河流污染排放强度大、协同治污亟待加强，必须坚持问题导向，精准施策，以消“劣”为突破口，集中发力，倒逼区域流域内突出环境问题的解决，确保水环境质量持续改善。

此外，沿江各地方也相继出台了配套的政策和整治计划，特别提出了针对本地污染特征指标的控制要求和工作重点，如：对贵州乌江、清水江，四川岷江、沱江，湖南洞庭湖等水体，要加强涉磷企业综合治理，控制总磷；对湘江、沅江等开展重金属污染治理；对太湖、巢湖、滇池入湖河流污染实施氮磷总量控制，减少蓝藻水华发生频次及面积等。地方性的流域标准也相继推出，如：湖北省制定了《湖北省汉江中下游流域污水综合排放标准》，规定了化学需氧量、氨氮、总氮等16种污染因子浓度限值，并将汉江中下游流域划分为特殊保护水域、重点保护水域、一般保护水域三类控制区，用新标准加强对流域内的监督管理，促进流域产业结构优化和空间布局合理调整。

(3) 东北地区

在东北三省及内蒙古，围绕辽河、松花江两大流域水环境质量改善，辽宁制定了《辽宁省重污染河流治理攻坚战实施方案》，黑龙江和内蒙古分别编制并印发《2018年黑龙江省“治污净水”行动实施方案》《内蒙古自治区2018年度水污染防治计划》，吉林制定了《湿地生态监测技术规程》（DB22/T 2951—2018）和《沼泽湿地恢复技术规程》（DB22/T 2950—2018）。其中提出对辽河流域，要大幅降低石化、造纸、化工、农副食品加工等行业污染物排放强度，持续改善大凌河、太子河、浑河、条子河、招苏台河、东辽河、辽河、亮子河等水体水质；对松花江流域，要持续改善阿什河等污染较重水体的水质，重点解决石化、酿造、制药、造纸等行业污染问题，加强额尔古纳河、黑龙江、乌苏里江、图们江、绥芬河、兴凯湖等跨国界水体保护以及拉林河、嫩江等左岸省界河流省际水污染协同防治。

吉林发布《吉林省辽河流域水环境保护条例》，并于2019年8月1日起施行，本条例所称辽河流域包括吉林省行政区域内东辽河、西辽河干流及其支流，招苏台河、叶赫河及其支流的集水区域，以及被确定为属于本流域的闭流区。根据条例，吉林省人民政府对国家水污染物排放标准中未作规定的项目，可以制定流域水污染物排放标准；对国家水污染物排放标准中已作规定的项目，可以制定严于国家水污染物排放标准的流域水污染物排放标准。

(4) 东南地区

在广东、福建等省区，围绕改善珠江、闽江、九龙江等其他流域水环境质量，分别制定了《广东省打好污染防治攻坚战三年行动计划（2018—2020年）》《福建省水源地保护攻坚战行动计划实施方案》《九龙江口和厦门湾生态综合治理行动计划攻坚战实施方案》以及《闽江流域山水林田湖草生态保护修复攻坚战实施方案》等行动计划和实施方案。此外，广东省为加强珠三角等重点地区黑臭水体治理，持续改善茅洲河等重污染水体水质，还制定实施广东分流域、分区域重点行业限期整治方案，并印发了《广东省打赢农业农村污染治理攻坚战实施方案》《关于进一步加强工业园区环境保护工作的意见》和《广东省农村"厕所革命"行动方案》，深化工业和农村污染物的排放，推进西江中游红水河段及北江重金属污染防治，修复上游抚仙湖等高原湖泊生态保护，保障珠三角城市群供水安全，并建立健全广东、广西、贵州、云南等跨区联防联控体系，推进九洲江、汀江、东江等流域上下游生态保护联动。

(5) 其他地区

其他各省市及地区，围绕黄河流域、淮河流域以及西南、西北诸河，从陕西、宁夏、甘肃到山东、河南、安徽等各地都制定了地方水污染治理行动方案，主要集中对黑臭水体、辖区典型行业特征水体污染物、农村污水治理等方面开展治理，如：控制造纸、煤炭和石油开采、氮肥化工、煤化工及金属冶炼等行业废水处理；推进河南等地污水管网建设，内蒙古、宁夏等地污泥处理处置设施建设以及加强农业节水和煤炭等矿区矿井水综合利用等。

(6) 渤海流域

围绕渤海流域以查排口、控超标、清散乱、生态保护修复为重点，进一步强化渤海综合治理，天津市、山东省、辽宁省及河北省先后公开了关于打好渤海综合治理攻坚战的作战方案。2019 年 6 月，为严格落实生态环境部等三部委联合印发的《渤海综合治理攻坚战行动计划》要求，环渤海"三省一市"政府全力推进渤海地区入海排污口排查整治工作，全面查清并有效管控渤海入海排污口。

1.4 行业发展分析

1.4.1 产业需求

2018 年 6 月发布的《关于全面加强生态环境保护　坚决打好污染防治攻坚战的意见》明确了目标。2019 年以改善水生态环境质量为核心，以长江经济带保护修复和环渤海区域综合治理为重点，全面推进水污染防治攻坚战，做好"打黑、消劣、治污、保源、建制"工作，即打好城市黑臭水体治理攻坚战，基本消除重点区域劣Ⅴ类国控断面，强化污染源整治，保护饮用水水源，健全长效管理机制。

同时随着监管趋严，市政污水提标改造，排放标准不断提升到 GB 18918—2002 中的一级 A 及以上，大量尚未达标污水处理厂的改造需求开始不断释放。而环保督察的常态化，则使环境保护税的征收及排污许可证等针对工业企业的环保政策集中落地，环保达标成为企业持续经营的基本条件，工业废水处理需求持续强劲，逐渐向低耗与高值利用的工业废水处理转变。同时持续开展农业农村污染治理，乡村振兴战略及农村人居环境整治行动的实施，使得村镇污水处理市场需求广阔，成为行业新亮点。

1.4.2 行业发展区域特征分析

(1) 全国水污染防治企业地区分布情况分析

近年来，《水污染防治行动计划》《城市黑臭水体整治排水口、管道及检查井治理技术指南》等一系列水环境治理政策的出台，为水环境的治理和改善提供了有力支撑。

但不可否认的是，水环境行业市场发展仍面临巨大压力。据不完全统计，从地区分布看，2019 年水污染防治企业分布在我国境内 31 个省、自治区、直辖市。其中，广东、重庆、江苏、浙江企业数量较多，海南、西藏、青海、甘肃、宁夏 5 省（自治区）企业数量较少，见图 1-1。各地中，长江经济带企业数量占全国企业数量的一半之多。

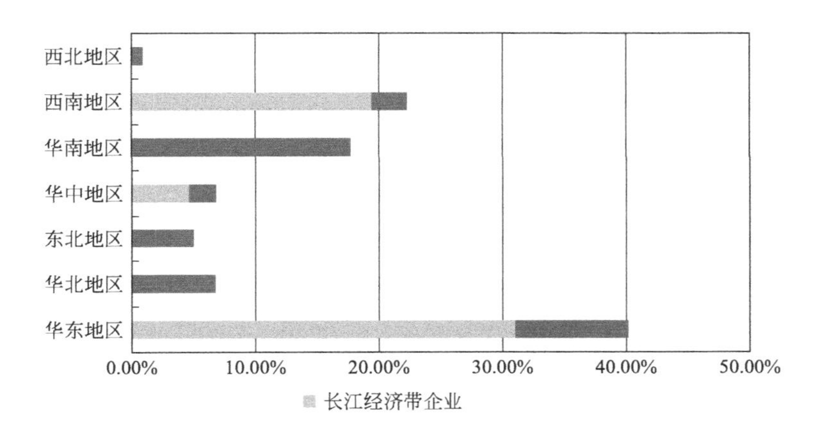

图 1-1 2019 年列入统计的水污染防治企业数量的地区分布占比

(2) 全国水污染防治企业营业收入地区分布情况分析

2019 年，据不完全统计，全国按地区分布的企业营业收入以及位于长江经济带企业营业收入在其中占比见图 1-2。

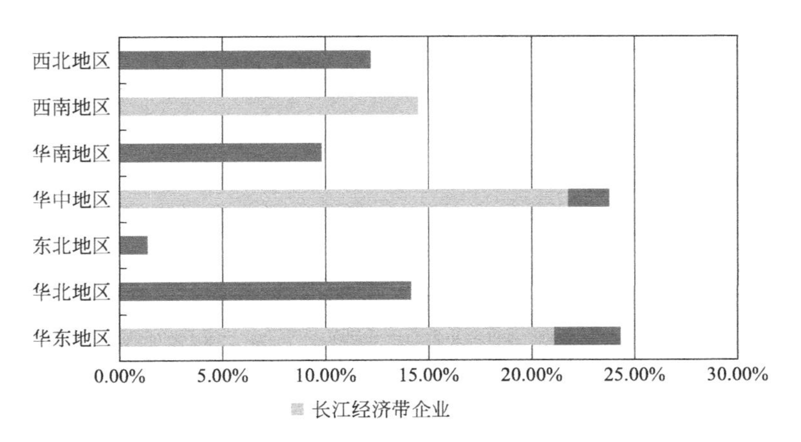

图 1-2 2019 年列入统计的水污染防治企业营业收入的地区分布占比

1.5 行业技术发展现状

1.5.1 基本概况

(1) 污废水治理

在行业及企业层面，突破了化工、轻工、冶金、纺织印染、制药等重点行业污染控制关键技术，为流域水环境质量的改善提供技术支撑。

1）高盐废水处理技术的发展

主要排放高盐废水的工业行业有化工、石油、制药、食品、纺织、染料等。除了常规的废水脱盐技术外，重点发展柱塞流填充床电解装置、改性纳滤膜资源化处理工艺、耐盐生物载体流化床工艺等；采用耐高盐工业废水生化处理高效复合菌种处理高盐化工废水。对化工等行业产生的高浓盐水，首先根据高盐废水的软化程度选择合适的软化方法，经软化后的高盐废水经过“超滤＋纳滤”或“超滤＋反渗透”等组合膜分离工艺进行脱盐处理，处理后的浓盐水可选用压缩蒸发或热泵蒸发和相应固化措施回收盐。

2）高氨氮废水处理技术的发展

主要排放高氨氮废水的工业行业有煤化工、屠宰、食品发酵、制药、石油化工和有机合成等。重点发展高浓无机氨废水资源化处理技术。采用“蒸馏/精馏＋生物处理”“吹脱＋生物处理”“物化强化（氨吸附、低温蒸氨）”和“化学氧化＋生化强化”等工艺，实现工业高氨氮废水的资源化处理。

3）难降解有机废水的技术发展

主要排放高浓度难降解有机废水的工业行业有酿造、造纸、制药（包括中药）、石化/油类、纺织/印染、有机化工、油漆等。重点发展高浓度难降解有机废水强化预处理技术，其中两种或多种强化氧化的协同催化氧化技术能快速大量地产生强氧化性的羟基自由基，能够满足此类废水预处理工艺的要求，而单一的高级氧化技术处理此类废水的效果有待进一步提高。

4）重金属废水处理

主要排放含重金属废水的工业行业有电镀、金属冶炼、选矿、线路板制造等。治理重金属废水污染的有效方法是回收重金属资源，防止重金属在水环境中的迁移转化。在生物处理技术方面，利用微生物和植物的絮凝、吸收、积累、富集等作用处理重金属废水，并通过基因工程、分子生物学等生物高端技术的应用使得生物的吸附、絮凝、整治修复能力不断加强；在技术集成与优化方面，集各种技术方法之所长，满足日益严格的环保标准要求，实现废水回用和重金属回收。例如，采用胶束增强超滤法集成技术去除水溶液中的铜离子，采用络合-超滤-电解集成技术处理重金属废水，采用超滤浓缩液电解法回收重金属技术，采用微波化学处理与高聚复配絮凝剂沉淀处理技术，采用二甲基二烯丙基氯化铵与聚合硅酸硫酸铁改性复配形成高聚复核絮凝剂，提高对重金属的捕集与沉降效果；在清洁生产技术方面，大力促进重点行业的重金属污染治理，例如，在电镀行业，重点推行无氰化镀铜技术、无氰无甲醛镀铜液在线生产循环技术及资源回收技术、高压脉冲电絮凝技术、兼氧膜生物反应器（FMBR）技术、XYMBR膜-生物反应器技术。在印刷电路板（PCB）行业，重点推行蚀刻液循环再生系统及资源回收工艺、高压脉冲电絮凝技术、兼氧FMBR技术、XYMBR膜-生物反应器技术，并对废弃PCB和含重金属的污泥（渣）推行微生物法金属回收技术。

在工业园区、城镇聚集区层面，除大中型污水厂提效改造、提标改造等方面以外，重点突破了以我国小城镇、农村、风景区、高速公路收费站、居民生活小区等为代表的分散式污水收集与处理技术及和装备。

① 围绕污水处理厂“提标改造”的要求，广泛应用膜技术、高效节能曝气技术、生物膜法污水处理工艺，物化-生化法脱氮除磷工艺，确保重点流域、环境敏感地区和二级污水处理厂升级改造。同时，推广应用臭氧氧化技术及大型臭氧发生器、好氧生物流化床成套装置，好氧膜生物反应器成套装置，溶气供氧生物膜与活性污泥法复合成套装置，污泥床、膨胀床复合厌氧成套装置等设备和装备。

② 围绕污水处理厂“提效改造”的要求。重点进行园区污水处理厂的优化运行和节能降耗技术的研发，主要包括：污水处理系统的在线监测技术、精确曝气技术、化学除磷及反硝化碳源的加药控制技术及污水处理工艺优化运行模型等。

③ 围绕小城镇、农村、风景区、高速公路收费站污水治理需求，重点开发了分散式污水收集与处理技术，提升了装备的自动化及智能化水平。如智能型膜生物反应器（MBR）、移动床生物膜反应器（MBBR）、基于改性活性载体的分散生活污水处理装置（EGA）等。

（2）污泥处置

我国污泥处理处置工艺多样化和资源化利用得到一定程度的加强，在污泥深度脱水技术、污泥厌氧消化组合技术、污泥干化技术、污泥焚烧技术及污泥堆肥技术上面均取得了一定的进展，一方面进一步完善生物固体的处理技术，另一方面重视污泥的处置与资源化利用。

污泥处理技术方面，相继开发研究了好氧厌氧两段消化、酸性发酵-碱性发酵两相消化及中温-高温双重消化等新工艺，还开发研究了新的污泥处理新技术，有污泥热处理-干化处理技术、污泥低温热解处理技术、污泥等离子法处理技术、污泥超声波处理技术等。

污泥资源化利用方面，研发了一些新的技术，如低温热解制油、提取蛋白质、制水泥、改性制吸附剂；通过污泥裂解可制成可燃气、焦油、苯酚、丙酮、甲醇等化工原料。其他处置方法还包括用于建筑材料、制备合成燃料、制备微生物肥料、用作土壤改良剂。利用污泥生产建筑材料除污泥制陶粒、制砖、制生态水泥以外，污泥制纤维板、融熔微晶玻璃的生产以及铺路的应用也有一些研究。污泥的资源化利用，变废为宝，有利于建立循环型经济，符合可持续发展的要求。

随着科学技术的发展，污泥资源化利用速度明显加快，推广力度正在加强。污泥原位减量技术也得到了大规模应用，可减量到原有污泥产量的10%～50%，持续脱水技术得以应用。

1.5.2 重点领域技术研究热点

(1) 黑臭水体治理

"十三五"以来，黑臭水体污染治理是水污染治理行业的一个难点，总的来说，黑臭水体污染治理是一项长期任务，水体污染成因较多、情况各异，控制难度较大，加上没有一套成熟的行之有效的技术，所以成效不是十分显著。再加上涉及政府部门较多，建设投资和运行费用巨大，经济回报甚微，政府积极性易下降，易造成重建设、轻运行、黑臭水体反弹的现象。

《城市黑臭水体整治工作指南》提出，黑臭水体整治在技术选择上，应该按照"控源截污、内源治理；活水循环、清水补给；水质净化、生态修复"的基本技术路线具体实施。

① 控源截污和内源治理是黑臭水体治理的基础和前提。控源截污主要是通过建设和改造水体沿岸的污水管道，将污水截流纳入污水收集和处理系统，或者通过面源污染控制技术，从源头上削减污染物直接排入水体，这也是黑臭水体治理的重点和难点。内源治理技术目前大多是采用人工/机械清淤的方式，消除污染。

② 活水循环和清水补给，主要通过城市再生水、清洁的地表水等作为治理水体的补充水源等方式，增加水体流动性。这种处理技术效果明显，但需要设置泵站、铺设管道等，施工难度较大，工程建设和运行费用较高，同时在调水的过程中要防止引入新的污染源。

③ 水质净化是水体治理的阶段性治理措施，生态修复是水体水质长效保持的措施。水质净化技术大多借鉴污水处理技术进行水体修复，如A^2/O、絮凝沉淀、生物滤池、人工湿地、生态浮岛、稳定塘等在实际工程中都有应用，但还没有形成一套针对黑臭水体水质净化成熟可行的具体技术路线，这也是目前黑臭水体治理过程中遇到的一个问题。

黑臭水体污染治理工作，要结合每个黑臭水体的实际情况，根据污染成因和治理目标选择技术可行、经济合理的技术具体实施，不宜采用统一的标准选择技术，而应该强调"一水一方案"。此外，为了保证黑臭水体污染治理的系统性和有效性，还需要统筹综合考虑周边污水处理厂、供排水管网、流域水环境等方面，协同治理好城市水体环境，保持水体水质的长效达标。

(2) 城镇污水处理厂改造

传统处理技术的改良、新技术装备的研发和应用使得污水处理厂的工艺水平和处理效率显著提高。对城镇污水处理厂而言，出水标准从《城镇污水处理厂污染物排放标准》(GB 18918—2002) 二级提升为一级B的难度较低，一般通过调整工艺参数即可达到要求。从一级B提高到一级A，建议尽量利用原有构筑物和设备，对单元技术进行优化，提高各个单元的处理效率，不建议对工艺做较大的调整。鼓励采用生物强化方式，如MBR、MBBR等技术，提高生物段的处理效果；鼓励加强深度处理单元的优化，如选用滤布过滤等高效过滤方法代替传统砂滤等；鼓励使用新型、高效的药剂和污水处理设备代替传统药剂和设备。

部分执行类地表水Ⅳ类水体标准的地区，对污水处理厂出水水质要求较高，相应的改造难度也较大，一般需要对处理工艺进行调整，根据实际工程需要增加高级氧化、膜分离等处理技术。一般来说，高级氧化技术，常用的有臭氧高级氧化、光催化氧化、电解催化氧化、类芬顿等技术，污水厂根据自身特点，因地制宜，合理选择工艺技术。

当前地方城镇污水处理厂排放标准有不断提升的趋势，各地政府应立足当地实际，结合排水用途和受纳水体的环境质量，制定排放要求，切忌盲目追求高标准而造成投资和能源的浪费。城镇污水处理厂也要结合自身实际情况，如土地资源、经济能力、管理水平等方面，选择经济可行、技术达标的提标改造方法。

(3) 工业废水集中处理

目前，工业聚集区污水治理一般采用“企业预处理+园区集中处理”的方式。已建的园区集中式污水处理厂普遍存在集中污水处理厂处理工艺与实际情况不匹配，企业预处理与污水厂污水处理技术重复设置、衔接不当等问题，造成很多工业聚集区的集中式污水处理厂无法稳定达标排放。

工业聚集区污水集中治理，前提是做好水质管控工作。明确每家企业产生的特征污染物质和生物毒性，严控园区集中式污水处理厂的进水水质。在技术选择上，建议采用“物化+生化+物化”的工艺。尤其是难生物降解的综合废水，一般先进行一级物化处理，提高废水的可生化性；生化处理单元建议采用生物强化手段，提高生化处理单元效率；然后再进行二级物化处理，进一步降低污染物浓度。常采用的物化方法包括吸附、混凝、离子交换、高级氧化、膜分离、电解等。总体来说，即便采用这种流程长、投资大、运行费用高的处理工艺，园区集中式污水处理厂依然存在排水水质不稳定的问题，不能保证废水的稳定达标。因此，研发高效、稳定的难降解工业废水处理技术和装备一直是工业废水处理发展的重点和方向。

(4) 农村生活污水

由于技术、资金和管理等原因，农村污水治理工作的进程步履维艰。近年来，农村污水治理虽然取得了一定进展，但是仍然存在一些问题，比如技术和设备类型众多、质量良莠不齐；农村环保机制不完善、监管环节薄弱；缺乏有效的农村污水处理设施长效运营机制等，这都需要在日后的工作中逐步推进和完善。

在技术选择上面，农村污水治理有别于城镇生活污水，更依赖于技术本身。农村污水治理应该尽量采用成熟可靠的工艺，能够抗冲击负荷，实现稳定达标；在运行维护方面要求低能耗、低成本、易维护，甚至是免维护；在管理方面，要能够实现远程自动监控及预警。

近年来模块化、一体化的工艺设备因占地小、建设投资少、运行维护自动化程度高等优点很受农村污水治理市场的欢迎，如以生物接触氧化、生物转盘、MBR为主体工艺的一体化设备在市场上应用相对成熟。但是一体化污水处理设备的工艺参数仍有进一步提高的空间，在保证出水水质稳定达标的基础上，进一步的节能、降耗、提高自动化程度，使之与农村污水治理的现实需求更加匹配。针对目前一些农村现有的简易化、生态化污水处理设施，则亟需提高运行维护人员的技术水平并提供经费保证，使设施充分发挥作用。

（5）污泥处置

污泥处理处置一般需要经过污泥调理、污泥脱水、污泥无害化处置三个主要环节。我国污泥调理和脱水使用的方法众多，但技术路线尚不明确；污泥无害化处置也处于多种技术并行的局面。近年来，很多企业、科研院所一直致力于研究污泥的处理处置技术，寻找污泥的最佳处置方式。据了解，污泥脱水、厌氧处理、好氧堆肥等技术都有了实质性的进展和突破。2016年，一些城市、大型污水污泥处理企业已经根据自身特点，制定了污泥处理处置路线，开始着手建设污泥集中式处理处置站，在选用的无害化处置方案中，污泥焚烧和厌氧消化占比较大。

目前，污泥无害化处置方案主要有土地填埋、干化焚烧、厌氧消化、好氧堆肥等。从目前来看，土地填埋工艺简单易行、处理工序少、处理效率高，是很多城市的首选，但是由于二次污染严重、占地面积大，面临的阻力不断增大，这种处置方法正在逐渐减少，相信以后会被取代。污泥干化焚烧具有减量化程度高、处理彻底的优点，是较为理想的方案。但是烟气治理趋严以及设备投资、运行费用较高等因素成为该技术的主要阻碍，不过在短期内，污泥焚烧仍然是发展最快的技术手段。从长期来看，综合建设投入、运营效果、资源利用等方面，厌氧消化、好氧堆肥技术具有运行成本低、资源回收率高等优势，相信会越来越受到青睐。

1.6 行业发展存在的主要问题

"十三五"以来，水污染治理行业虽然取得了一定的发展，但就目前行业发展的现状来看，仍存在很多问题，严重影响着行业发展进步。具体表现在以下方面。

1.6.1 创新能力制约了行业核心竞争力的提升

① 难以获得高新技术，整体技术装备水平不高，重复建设严重，市场竞争能力差。多数企业技术创新能力有限，难以在下一轮竞争中取得对行业发达国家的技术优势。目前，我国水污染治理创新的超前性较差。另外，知识产权保护力度不够也是影响企业研发积极性和创新超前性的重要因素。

② 缺少高层次的专业技术人才，企业自主创新能力不足。水污染治理技术基础研究与发达国家存在较大差距，核心理论、方法和技术多源于发达国家，原创性技术不多，形成的专利、核心产品和技术标准等重大创新成果较少。

③ 技术成果的转化效率不高，产学研结合还需加强。大量科技成果形成于科研机构。由于体制及配套政策等原因，难以在企业中实现产业化应用。缺乏鼓励环境科技创新、成果转化、新技术推广应用的针对性政策，影响了创新成果的推广应用。

1.6.2 市场建设与营商环境急待改善

目前水污染治理市场不规范的问题还很严重，导致企业发展困难，阻碍了技术进步，主要问题有：

① 难以营造有序竞争的市场。行业中大多数企业产品雷同，习惯通过传统的方式获得技术和以过低的成本进入市场，在竞争中脱离产品质量、技术水平、优质服务等而无原则地压低价格，导致整个行业的利润畸形下降，严重损害了企业的自身发展和自有资金的积累。国内污水处理项目一般采用市场招投标方式，有些地方项目可能由于资金问题，在项目招投标时并不完全注重企业的产品、技术、质量和服务，而是采取低价中标，致使出现竞相压价，恶性竞争。一些小企业并不考虑技术质量、运行成本、运行周期，以质次价低的产品进入市场，施工时压缩成本，严重影响施工质量，这造成国内水污染治理行业的新技术、新工艺难以发展，产品质量不稳定。由于招投标法规还不够严格规范，招投标上存在着程序有漏洞、操作不规范、监督不到位等问题。此外，污染治理专业化服务企业准入标准的欠缺，地区差距和价格战等都使污染治理市场秩序还较混乱。

② 在与国外跨国公司的竞争中处于劣势。由于国内市场秩序混乱，国外企业乘虚而入。一些关键设备常常是指定进口，进口产品以几倍的高价垄断了高端市场。一些著名跨国公司和一些专业公司根据其全球化的战略，把有巨大潜力的中国环保装备市场作为目标市场，不仅要保持其在高端设备中的垄断地位，还发挥其资金和技术优势，相继在中国成立合资公司和技术中心，寻求制造合作伙伴，利用国内人才优势和成本优势，调整价格政策来争夺国产设备市场占有率较大的中等规模企业的市场。以高昂价格销售国内市场空缺的关键设备部件，对国产设备能替代的关键部件和通用部件则以接近成本价格销售。

③ 地方保护主义较重。县、市、省层层手续复杂，相关费用明显偏高，严重影

响外省企业参与正常竞争。优胜劣汰的市场机制难以真正发挥功能，其结果是保护了落后，阻碍了技术进步。

④ 污水处理行业的投融资体制改革已逐步扩大，但水污染治理项目带有公益性特征，盈利能力不强，不同项目的投资回报机制和盈利渠道差异较大，不能依靠最终用户买单，部分项目对政府投资、付费和补贴依赖度较高，政府有限的财力制约了水污染治理行业的进一步发展。

⑤ 多方面问题阻碍企业扩大市场、扩大再生产。有些污水处理厂项目由于资金不到位、工程周期长致使设备安装就位后，多年不能正式调试运转，拖欠生产企业的设备款很多，造成企业资金周转太慢，对企业的扩大再生产和新产品研发都造成很大影响。企业融资难度较大，扩建项目缺乏资金。特别是政府没有严格的市场准入制度，竞争企业鱼龙混杂，导致竞争不规范，使企业在扩大市场方面受挫。而用地紧张、技术工人缺乏也是企业在扩大再生产方面的主要困难。

1.6.3 产品标准化、规模化进程仍需规范和统一

尽管水污染治理技术和产品的标准化和规模化程度已经有了一定提高，但还是存在着产业发展速度快与产品标准化、规模化进程慢的矛盾。目前行业内仍然大范围地存在非标、单件、小批量生产方式。环境技术管理体系是环境标准制定与实施的技术支撑。但是，长期以来，由于缺少经过科学评估、示范验证、成熟可靠的最佳可行技术的支持，难以保证所编标准体现污染控制要求和技术经济可行的统一，造成一方面排放标准限值没有可靠的达标技术保障，另一方面标准所依据的控制技术落后于环境技术发展，标准制订有的宽严失度，从而影响了标准的科学性和严肃性，进而影响了标准实施的有效性。由于环保产品涉及面广，与多个学科交叉，在技术、产品标准方面，多个部委都在自己的范畴内制定了相关的标准，目前并没有统一起来。

1.6.4 污染治理设施社会化运营仍需规范

目前，水污染治理设施社会化运营已经有了相当规模的发展，社会化运营模式表现出强大优势，拥有广阔的市场前景。但是，社会化运营在我国尚处发展阶段，法规制度不健全、缺乏激励扶持政策、市场不规范等基础性问题尚待解决。主要表现出：仍然有不少的生产企业对社会化运营存在抵触情绪；社会化运营管理缺少法制保障；运营合同不规范；设施运行管理相关的法制建设不到位，运营监管能力偏弱、力度偏小。

1.7 行业发展建议

1.7.1 提升水污染治理行业创新能力

① 在资金、政策等方面，加大对水污染治理技术的支持力度，加速提升技术创

新能力。针对今后国际和国内水污染市场发展的特点、需求和技术应用的经济成本，超前部署具有未来市场需求和市场竞争的研发任务。

② 加强水污染治理技术创新与应用，提高行业竞争力。鼓励企业自主研发、引进消化国外技术，形成自主知识产权的技术专利和标准。加大知识产权保护的执法力度，支持水污染治理新技术、新工艺、新产品的示范推广。

③ 重视人才培养，创新高校人才培养机制，鼓励通过校企合作、产教结合等形式实现人才培养和行业发展的深度融合。鼓励终身学习，拓宽培训渠道，使环保从业者能够适应技术革新和产业结构变化。

1.7.2 逐渐规范市场建设与营商环境

① 继续加强规范水污染治理市场，完善相关法律体系，严格监管招投标、工程设计、建设施工、运行等各个环节。

② 改革投融资体制，吸引多方资金投入水污染治理行业，支持行业发展壮大。积极推进资源组合开发模式，推行资源化处理技术，将水污染治理与周边收益创造能力较强的资源开发项目组合，拓宽水污染治理项目投资收益渠道。

③ 改变最低价中标的做法，全面推行合理底价。规范行业信息发布，防止不当或错误信息误导市场。

1.7.3 推进水污染治理装备及产品标准化、规模化

① 发展水污染治理技术服务业，加快技术创新体系建设，完善技术管理政策。政府应加强技术发展方向的指导，加大对水污染治理技术与产品研发的扶持力度。

② 研发切实可行的实用技术和产品，注重污染设施运行和产品生产使用过程中的节能减排。加强和加快标准化工作，建立健全技术装备的标准体系。

③ 加快行业标准化建设进程，鼓励社会团体、环保企业、科研院所联合实施标准化的研发和攻关，推动行业标准建设。

1.7.4 大力发展水污染治理设施市场化运营

① 大力发展水污染治理设施市场化运营，通过建立政策和法规支持并规范水污染治理设施运营，进一步推进运营管理服务业专业化、市场化和社会化，依靠技术进步和先进管理来获取污染治理设施运营的高效率、高水平、低成本和高效益。

② 针对设施运营领域的拖欠款现象，引入独立于合同甲乙方、受政府监管的第三方担保支付平台，预留合理的质保金，在环保达标的条件下及时完成运营费支付结算。

第2章 水污染防治“攻坚战”环保政策及分析

随着我国经济社会的高速发展，环境问题日益突出，发展环保产业是推进我国生态文明建设的有效手段。环保政策是产业发展的助推器，在推动环保产业发展中起着不可替代的重要作用。制定和实施环保政策，有助于保护和扶持产业发展，为培育产业营建良好的市场秩序，引导产业技术升级，增强产业的综合竞争力。

根据环保政策对环保产业发展的不同作用，环境政策分为需求拉动型、规范引导型和要素供给型，其中要素供给型又可分为激励促进型和创新鼓励型。

2.1 需求拉动型

2.1.1 水污染防治行动计划

2015年4月国务院发布了《水污染防治行动计划》。“水十条”的出台是继《大气污染防治行动计划》后，我国又一项重大污染防治计划。政策发布之初，即有市场分析认为，“水十条”的发布将在水污染防治领域带动超过2万亿元的投资规模，对水处理行业的发展意义深远。

“水十条”提出，到2020年，全国水环境质量得到阶段性改善，污染严重水体较大幅度减少；到2030年，力争全国水环境质量总体改善，水生态系统功能初步恢复；到21世纪中叶，生态环境质量全面改善，生态系统实现良性循环。“水十条”提出的战略目标，将为城镇污水、农村生活污水、工业废水和水环境修复等领域带来巨大机遇。

(1) 城镇污水处理

“水十条”将强化城镇生活污染治理列为重点工作。2018年，我国城市污水处理率已达到95.49%，新增市场空间不断缩小，同时北控水务、首创股份等企业占据了较大市场份额，市场集中度相对较高。但是县城污水处理市场仍存在较大机遇。

随着经济社会的迅速发展，我国的县城污水处理事业也进入了快速发展时期，城镇污水处理厂的数量和处理能力呈现快速增长趋势。根据《2018年城乡建设统计年鉴》，2000—2018年近二十年间，我国县城污水处理厂数量从54座增加至1598座，污水处理率更是从7.55%升至91.16%。

尽管县城污水处理厂在数量和规模上都发展较快，但是县域城镇污水处理厂在建设、运行、管理和污泥处理处置等方面仍有诸多不足。目前污水处理厂存在的主要问题如下：

1）区域间发展不均衡，设施水平偏低

表2-1为2018年我国部分省、市、自治区县城污水处理情况。

表2-1 我国部分省、市、自治区县城污水处理情况（2018年）

区域	省份	污水处理率/%	二、三级污水处理厂占比/%	再生水利用率/%
全国	—	91.16	89.42	8.62
华北地区	河北	96.51	94.29	16.92
	山西	93.46	81.18	17.91
	内蒙古	95.57	95.77	26.90
东北地区	辽宁	96.17	54.17	1.68
	吉林	90.91	55.56	5.32
	黑龙江	88.04	78.57	1.23
华东地区	江苏	88.54	96.77	8.54
	浙江	94.85	78.05	10.91
	安徽	95.14	100.00	5.35
	福建	91.16	97.73	—
	山东	96.55	100.00	34.13
华中地区	河南	95.13	88.60	10.26
	湖北	90.07	93.02	1.36
	湖南	94.23	60.98	0.97
	江西	88.26	92.86	—
华南地区	广东	87.84	82.50	—
	广西	91.62	100.00	—
	海南	74.72	78.57	—
西南地区	重庆	94.76	84.21	2.39
	四川	76.81	85.71	0.28
	贵州	84.44	100.00	1.93
	云南	88.86	96.91	0.23
	西藏	10.00	100.00	—
西北地区	陕西	86.86	97.18	2.70
	甘肃	90.37	98.46	9.38
	青海	81.38	97.30	2.74
	宁夏	94.73	100.00	3.81
	新疆	88.59	73.53	7.09

受经济发展、地域环境和人口分布等因素的影响，西部地区的污水处理率仍与东部地区存在一定差距，四川、贵州、海南、青海、西藏等省份（自治区）的县城污水处理率仍低于 85%。县城污水处理率达到 95%以上的省份为山东、河北、辽宁、内蒙古、安徽和河南，全部为中、东部省份。

我国现行的《城镇污水处理厂污染物排放标准》（GB 18918—2002）对城镇污水处理厂的出水水质设定了三级标准，其中一级标准最为严格，二、三级污水处理是满足一级标准的必需技术手段。2018 年，我国县城污水处理厂全部具备二、三级处理能力的省份为山东、安徽、广西、贵州、宁夏。与之相对，东北地区以及湖南、新疆等地的二、三级污水处理厂占比仍远低于全国平均水平。

我国淡水资源极为匮乏，北方地区多数城市干旱型缺水严重，在水资源相对丰沛的南方地区则多出现水质型缺水。然而，我国县城污水处理厂再生水利用率（再生水利用量/污水处理总量）整体较低，大多直接排入自然水体，造成了水资源的浪费。除山东外，其他省份再生水利用率均不足 30%。东部省份的再生水利用率总体高于中、西部省份。

2）运维管理水平低

污水处理厂的运行管理直接关系到处理设施的正常运转和效能发挥。由于受地理空间、行政体制等因素的局限，我国县域城镇污水处理厂尽管处理能力逐年提高，但是平均处理规模多年一直在 $2\times10^4 m^3/d$ 左右，由此可推断县域城镇污水处理厂以中、小型污水处理厂为主。

与大型污水处理厂相比，中、小型污水处理厂抗冲击负荷能力偏低，对运行管理人员的专业素质要求更高。然而，目前县城污水处理厂普遍存在专业人员缺乏、人员培训不足、管理制度及操作规程不完善等问题。

3）污泥处置存在短板

政府在水环境治理过程中高度重视污水处理，而对污泥处理处置的重要性认识不足，长期存在"重水轻泥"的认识误区，该问题在县、乡两级尤为突出。根据《"十三五"全国污水处理及再生利用设施建设规划》，到 2020 年县城污泥无害化处置率力争达到 60%，而该指标在地级及以上城市则为 90%，两者之间差距巨大。

综上所述，尽管我国县域污水处理厂整体规模发展迅速，但是在经济欠发达地区，污水处理设施仍存在不足，同时现有污水处理厂也有升级改造的市场需求。此外，在污水处理设施运营和污泥处置等领域，也存在巨大的市场空间。

(2) 农村生活污水治理

加快农村环境整治是"水十条"的重点工作之一。目前，我国农村人居环境状况发展很不平衡，农村环境形势严峻，"脏乱差"问题依然突出。农村人居环境问题已经成为了经济社会发展的突出短板。村镇生活污水是影响农村人居环境质量的关键因素，也是新时代农村人居环境整治的重点内容。

为落实“水十条”的相关要求，统筹城乡发展，2018 年 2 月 5 日，中共中央办公厅、国务院办公厅印发了《农村人居环境整治三年行动方案》；同年 11 月 6 日，生态环境部和农业农村部联合印发了《农业农村污染治理攻坚战行动计划》，以上两份文件均将“梯次推进农村生活污水治理”作为主要任务。

随着 2018 年 9 月《关于加快制定地方农村生活污水处理排放标准的通知》的出台，我国对农村生活污水的处理标准体系正式开始建立。截至 2019 年，我国制定并正式印发农村生活污水排放标准的省份（或直辖市）有 30 个（表 2-2）。各地区排放标准全部设定为三级标准，其中最为严格的一级标准（或一级 A 标准）借鉴了《城镇污水处理厂污染物排放标准》（GB 18918—2002）中的一级标准，排放限制与其大致相当。

表 2-2　各省份农村生活污水排放标准一览（截至 2020 年 7 月）

省份	名称及标准号	实施时间
湖北	《农村生活污水处理设施水污染物排放标准》(DB42/ 1537—2019)	2020 年 07 月 01 日
宁夏	《农村生活污水处理设施水污染物排放标准》(DB64/ 700—2020)	2020 年 05 月 28 日
青海	《农村生活污水处理排放标准》(DB63/T 1777—2020)	2020 年 07 月 01 日
内蒙古	《农村生活污水处理设施污染物排放标准(试行)》(DBHJ/ 001—2020)	2020 年 04 月 01 日
吉林	《农村生活污水处理设施水污染物排放标准》(DB22/ 3094—2020)	2020 年 04 月 01 日
湖南	《农村生活污水处理设施水污染物排放标准》(DB43/ 1665—2019)	2020 年 03 月 31 日
辽宁	《农村生活污水处理设施水污染物排放标准》(DB21/ 3176—2019)	2020 年 03 月 30 日
山东	《农村生活污水处理处置设施水污染物排放标准》(DB37/ 3693—2019)	2020 年 03 月 27 日
西藏	《农村生活污水处理设施水污染物排放标准》(DB54/T 0182—2019)	2020 年 01 月 19 日
安徽	《农村生活污水处理设施水污染物排放标准》(DB34/ 3527—2019)	2020 年 01 月 01 日
四川	《农村生活污水处理设施水污染物排放标准》(DB51/ 2626—2019)	2020 年 01 月 01 日
广东	《农村生活污水处理排放标准》(DB44/ 2208—2019)	2020 年 01 月 01 日
云南	《农村生活污水处理设施水污染物排放标准》(DB53/T 953—2019)	2019 年 12 月 23 日
海南	《农村生活污水处理设施水污染物排放标准》(DB46/ 483—2019)	2019 年 12 月 15 日
福建	《农村生活污水处理设施水污染物排放标准》(DB35/ 1869—2019)	2019 年 12 月 01 日
新疆	《农村生活污水处理排放标准》(DB65/ 4275—2019)	2019 年 11 月 15 日
山西	《农村生活污水处理设施水污染物排放标准》(DB14/ 726—2019)	2019 年 11 月 01 日
黑龙江	《农村生活污水处理设施水污染物排放标准》(DB23/ 2456—2019)	2019 年 09 月 27 日
贵州	《农村生活污水处理污染物排放标准》(DB52/ 1424—2019)	2019 年 09 月 01 日
甘肃	《农村生活污水处理设施水污染物排放标准》(DB62/T 4014—2019)	2019 年 09 月 01 日
江西	《农村生活污水处理设施水污染物排放标准》(DB36/ 1102—2019)	2019 年 09 月 01 日
天津	《农村生活污水处理设施水污染物排放标准》(DB12/ 889—2019)	2019 年 07 月 10 日
上海	《农村生活污水处理设施水污染物排放标准》(DB31/T 1163—2019)	2019 年 07 月 01 日
河南	《农村生活污水水污染物排放标准》(DB41/ 1820—2019)	2019 年 07 月 01 日
陕西	《农村生活污水处理设施水污染物排放标准》(DB61/ 1227—2018)	2019 年 01 月 29 日
北京	《农村生活污水处理设施水污染物排放标准》(DB11/ 1612—2019)	2019 年 01 月 10 日

续表

省份	名称及标准号	实施时间
江苏	《村庄生活污水治理水污染物排放标准》(DB32/T 3462—2018)	2018 年 11 月 30 日
重庆	《农村生活污水集中处理设施水污染物排放标准》(DB50/ 848—2018)	2018 年 07 月 01 日
浙江	《农村生活污水处理设施水污染物排放标准》(DB33/ 973—2015)	2015 年 07 月 01 日
河北	《农村生活污水排放标准》(DB13/ 2171—2015)	2015 年 03 月 01 日

《2016 年城乡统计年鉴》数据显示，截至 2016 年底，全国仅有 28.02%的建制镇和 9.04%的乡对生活污水进行了处理。据《中国农村污水处理行业分析报告》预计，2020 年农村污水处理行业产值有望达到 840 亿元，2025 年时将超过 1000 亿元，市场前景广阔。

(3) 工业废水处理

工业废水处理在我国起步较早，由于地方政府长期存在"重经济、轻环保"的发展理念，工业废水处理积弊已久。2014 年腾格里沙漠环境污染案，2017 年天津、河北等地的工业污水渗坑事件均引发了舆论的广泛关注。工业污染防治需求迫切，是"水十条"的重点任务之一。

造纸、焦化、氮肥、有色金属、印染、农副食品加工、原料药制造、制革、农药、电镀被"水十条"列为十大重点专项整治行业。2018 年 4 月，针对氮磷污染问题，生态环境部发布的《关于加强固定污染源氮磷污染防治的通知》将畜禽养殖、屠宰及肉类加工等 18 个行业列为总氮总磷重点排放行业，并要求相关工矿企业、污水集中处理设施优化升级生产治理设施。

目前我国工业废水处理领域行业集中度相对分散，以中小企业为主。但是由于工业废水来源多样、成分复杂的水质特点，且部分污染物降解难度较大，对企业的技术要求高，因此该领域的市场化程度和产业化程度较高，盈利空间较大，未来市场潜力巨大。

工业园区污染排放量大，且较为集中，对地区环境保护具有巨大的潜在风险。自 1984 年我国第一个经济技术开发区——大连经济技术开发区成立以来，截至 2018 年我国开发区数量已增长至 2543 家。

"水十条"要求强化经济技术开发区、高新技术产业开发区、出口加工区等工业集聚区的污染治理。2017 年底前，工业集聚区应按规定建成污水集中处理设施，并安装自动在线监控装置。为进一步指导督促各地落实工业集聚区水污染治理，2017 年 7 月环境保护部印发了《工业集聚区水污染治理任务推进方案》。据生态环境部通报，截至 2018 年 9 月底，全国 2411 家涉及废水排放的工业集聚区的污水集中处理设施建成率达 97%，自动在线监控装置安装完成率达 96%，推动 950 余个工业集聚区建成污水集中处理设施，新增废水处理规模 2.858×10^{7} t/d。

随着各地"退城入园"工业发展战略的推进和工业集聚区污染防治力度的不断加

强，工业园区的综合水处理业务将有巨大的发展空间。与此同时，部分工业集聚区存在的污水处理设施规划布局不合理，工艺与废水性质不匹配，配套管网不完善等突出问题也一定程度上制约了相关行业的发展。

（4）水环境修复

黑臭水体控制是“水十条”的重要指标之一。根据“水十条”要求，到2020年地级及以上城市建成区黑臭水体均控制在10%以内，到2030年城市建成区黑臭水体总体得到消除。根据《关于公布全国城市黑臭水体排查情况的通知》（建办城函〔2016〕125号）的排查结果，全国295座地级及以上城市中，共有216座城市排查出黑臭水体1811个。

黑臭水体治理的主要技术措施包括控源截污、水力调控、生态修复和综合管理。据E20研究院测算，黑臭水体治理市场空间将达2万亿元，其中控源截污1万亿～1.2万亿元，生态景观4000亿～5000亿元，水质改善2000亿～3000亿元。以控源截污为例，其设施基础为城市排水管网。2018年我国城市供水管道长度为865017km，城市排水管道长度为683485km。一般而言，城市供水管道与排水管道长度应大致相当，即排水管网缺口长度达181532km。加之老旧城区排水管网使用时间普遍已达10年以上，管道破损、雨污混接问题大量存在，亟需修缮升级。排水管网新建和改造的市场投资空间极其巨大。

2.1.2 “十三五”生态环境保护规划

为落实贯彻推进“五位一体”总体布局和协调推进“四个全面”战略布局，国务院于2016年12月印发了《“十三五”生态环境保护规划》。与以往面面俱到的五年规划不同，本次规划目标明确，发力精准。

首先是实施以控制单元为基础的水环境质量目标管理。控制单元即依据主体功能区规划和行政区划，划定陆域控制单元，建立流域、水生态控制区、水环境控制单元三级分区体系。水环境质量目标管理则是以控制单元为空间基础、以断面水质为管理目标、以排污许可制为核心的管理模式。同时要求落实政府生态环境保护责任，推动落实环境保护党政同责、一岗双责。这些都为环保产业未来发展提供了坚实的政策基础和明确的市场预期。

其次是提出“环境治理保护重点工程”和“山水林田湖生态工程”两大类25项工程，与“水十条”的相关工作紧密衔接。环境治理保护重点工程包括工业污染源全面的达标排放、良好水体及地下水环境保护、重点流域海域水环境治理、城镇生活污水处理设施全覆盖、农村环境综合整治等；山水林田湖生态工程则包括水土流失综合治理和生态环境技术创新等。以上重点工程不仅能够促进产业规模高速增长，也为环保企业的技术发展提供了指导方向。

我国环保投资占GDP比重长期处于2%以下，与发达国家差距较大。在经济增速放缓，政府财政收入趋紧的背景下，《"十三五"生态环境保护规划》在投融资方面，鼓励建立多元化投资格局、多渠道筹措资金，鼓励创业投资企业、股权投资企业和社会捐赠资金增加生态环保投入。该措施带动资本进入环保行业，有利于市场的全面开放。

2.2 规范引导型

2.2.1 "十三五"节能环保产业发展规划

2016年12月，国家发展改革委、科技部、工业和信息化部、环境保护部四部委联合印发了《"十三五"节能环保产业发展规划》(以下简称《规划》)。根据《规划》的要求，到2020年，产业发展的主要目标一是产业规模持续扩大，产业增加值占国内生产总值的比重为3%左右；二是拥有一批自主知识产权的关键共性技术，一些难点技术得到突破，装备成套化和核心零部件国产化程度进一步提高；三是产业集中度提高，竞争能力增强；四是基本建立全国统一、竞争充分、规范有序的市场体系。

当前我国环保产业领域的技术创新并不乐观，企业研发投入少，自主创新的意愿和能力不强，产品同质化严重，关键技术装备仍然以国外引进为主。同时行业普遍面临地区保护主义、市场不公平竞争等现实问题，在市场监管不严格和招投标乱象之下，行业内存在一定"劣币驱除良币"的现象。

《规划》一方面要求企业从供给侧提升高质量产品和服务的供给能力，另一方面则通过法规标准建设、规范市场秩序等措施营造有利于企业提质增效的发展环境，对节能环保产业的发展具有重要的规范引导作用。

2.2.2 技术标准

标准是规范市场秩序的基石，能够促进产业有序发展。2015年2月，国务院总理李克强在国务院常务会议中指出，推动中国经济迈向中高端水平，提高产品和服务标准是关键，必须深化改革，优化标准体系，完善标准管理。

按照原环境保护部印发的《环境工程技术规范体系表》，环保领域的技术标准可以分为通用技术规范、污染治理工艺技术规范、重点污染源治理工程技术规范、污染治理设施运行技术规范四类。

通用技术规范指各类环境工程建设和运行中基本或共性技术要求的规范，如《水污染治理工程技术导则》(HJ 2015—2012)。住房和城乡建设部组织制定的《室外排水设计规范》(GB 50014—2006)、《河道整治设计规范》(GB 50707—2011)、《农村生活污水处理工程技术标准》(GB/T 51347—2019)等也属于通用技术规范。

污染治理工艺技术规范指以相同工艺技术原理或方法为基础，适合于不同行业的同一污染要素治理的技术规范，如《厌氧-缺氧-好氧活性污泥法污水处理工程技术规范》(HJ 576—2010)、《芬顿氧化法废水处理工程技术规范》(HJ 1095—2020)等。与之相似的还有中国工程建设协会标准《曝气生物滤池工程技术规程》(CECS 265:2009)、山东省地方标准《人工湿地水质净化工程技术指南》(DB37/T 3394—2018)等团体、地方标准。

重点污染源治理工程技术规范指以某一重点污染源为治理对象,适合于该类污染源所有污染物或特定污染物治理工程的技术规范。如《屠宰与肉类加工废水治理工程技术规范》(HJ 2004—2010)。

污染治理设施运行技术规范是指以提高污染治理设施运行、维护和管理水平,保证其连续、稳定达到污染物排放标准为目的而制订的技术规范。如《城镇污水处理厂运行、维护及安全技术规程》(CJJ 60—2011)、深圳经济特区技术规范《城市污水处理厂运营质量规范》(SZJG 34—2011)等。

另外,还有环境保护产品标准,如住房和城乡建设部发布的城镇行业建设标准《小型生活污水处理成套设备》(CJ/T 355—2010)、原环境保护部发布的《环境保护产品技术要求 膜生物反应器》(HJ 2527—2012)等。以上标准的制订和实施,有助于规范水环境治理市场,引导环保产业健康发展。

2.3 要素供给型

资金和技术是推动环保产业发展的两大要素。金融、价格、财税等优惠政策能够为产业发展带来资金支持,对环保企业具有正向激励作用,属于促进激励型政策。如2016年,中国人民银行、财政部等七部委联合印发的《关于构建绿色金融体系的指导意见》,为环境治理的资金来源开辟了新的渠道;2018年发展改革委印发的《关于创新和完善促进绿色发展价格机制的意见》,对完善污水处理收费政策具有重要的指导意义;2018年实施的《环境保护税法》在促进产业绿色升级的同时,对环保产业的发展也是重大利好。

环保产业属于技术先导型产业,为了进一步加强环保领域的科技创新能力,国家出台了一系列创新鼓励型政策。2018年,科技部印发了《关于科技创新支撑生态环境保护和打好污染防治攻坚战的实施意见》,旨在充分发挥创新驱动,培育和壮大环保科技产业。2019年,国家发展改革委、科技部联合印发了《关于构建市场导向的绿色技术创新体系的指导意见》,以壮大创新主体、增强创新活力为核心,目标是到2022年基本建成市场导向的绿色技术创新体系。

固定源污染防控实用技术及典型案例

3.1 固定源水污染防控技术概况

3.1.1 生活污水

(1) 处理现状与重点任务

生活污水污染物质主要是悬浮态或溶解态的有机物质（如纤维素、淀粉、脂肪、蛋白质及合成洗涤剂等），氮、磷营养物质，无机盐类，泥沙等。其中，有机物质在厌氧细菌作用下易生成恶臭物质，如 H_2S、硫醇等。此外，生活污水中还含有多种致病菌、病毒和寄生虫卵等。

目前，我国很多城市建造了生活污水处理厂，据统计，截至 2019 年 6 月底，全国设市城市累计建成城市污水处理厂 5000 多座（不含乡镇污水处理厂和工业废水处理厂），污水处理能力达 $2.1\times10^8 m^3/d$。这些污水处理厂的建设极大地提高了城市污水的处理水平。但处理量的增加仍远远滞后于污水排放量的增长，两者之间的差距还有进一步拉大的趋势。2019 年 5 月 10 日，住房和城乡建设部、生态环境部、发展改革委印发《城镇污水处理提质增效三年行动方案（2019—2021 年）》（建城〔2019〕52 号），要求加快补齐城镇污水收集和处理设施短板，尽快实现污水管网全覆盖、全收集、全处理。目标经过 3 年努力，地级及以上城市建成区基本无生活污水直排口，基本消除城中村、老旧城区和城乡结合部生活污水收集处理设施空白区，基本消除黑臭水体，城市生活污水集中收集效能显著提高。

(2) 城镇污水处理厂处理技术

在国家对环境保护越来越重视、环保督察力度也越来越大的背景下，污水处理厂执行越来越严的排放标准是大势所趋。各地需控制运行成本，在城镇污水处理厂实际的工艺技术基础上进行调整以达到环保考核的要求。

常规各污水处理厂污水处理过程可分为四阶段处理（图 3-1）。原水进入污水处理厂后，首先通过格栅去除大颗粒的漂浮或悬浮物质，后进入沉砂池将粗砂、碎石等颗粒物质分离沉淀，随后进入初沉池将污泥收集后流入曝气池，曝气池出水进入二沉池排出剩余污泥，最后进行三级处理。三级处理进一步去除污水中的氮、磷，通常使用的物理、化学、生物方法有混凝、吸附、膜分离法、氯消毒处理、生物法除磷脱氮等。

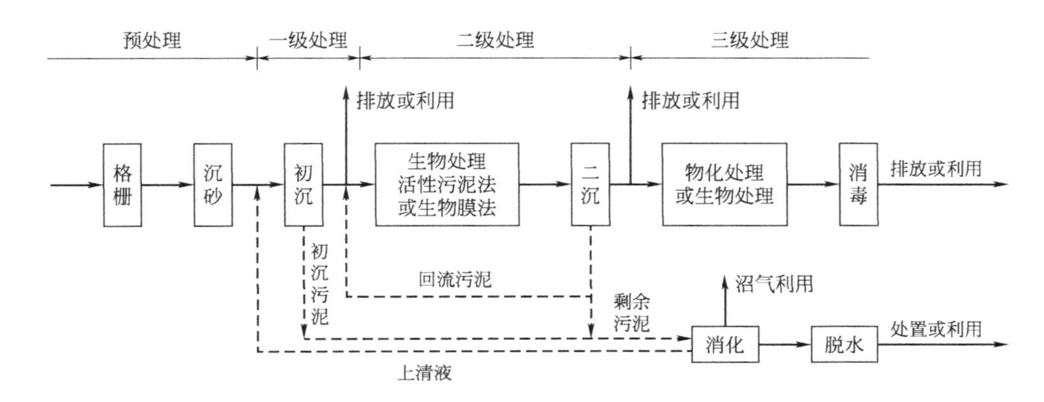

图 3-1　城镇污水处理厂污水处理流程图

根据各地政府的不同要求，大多城市将出水标准从《城镇污水处理厂污染物排放标准》（GB 18918—2002）一级 B 提标到一级 A 类水体标准。

因此，各地需因地制宜，根据城镇污水处理厂自身实际情况，一方面延长现有工艺流程，对单元技术进行优化，提高各个单元处理效率，如可在预处理段增加调蓄池调质调量、可针对 COD 去除增加水解酸化投料、采用生物强化方式（如 MBR、MBBR 等技术）提高生物段的处理效果、优化深度处理单元等；另一方面可应用更高效的水处理技术来达到所要求的排放标准，根据实际工程需要增加高级氧化、膜分离等处理技术，其中常用的高级氧化技术有臭氧催化氧化、光催化氧化、电催化氧化、类芬顿等。

(3) 污泥处理技术

污水处理过程会产生污泥，污泥含水率高，有机物含量高，化学稳定性差，容易腐化发臭，主要由有机残片、细菌菌体、无机颗粒、胶体等微生物组成，呈凝胶态。

现阶段污泥的处理处置技术主要指对污泥进行浓缩、调节、脱水、稳定、干化或焚烧的加工过程（图 3-2），以达到污泥减量化、稳定化、无害化。目前常用的污泥处理处置技术有：厌氧消化技术、好氧发酵技术、深度脱水技术、热干化技术、石灰稳定技术和焚烧技术等。

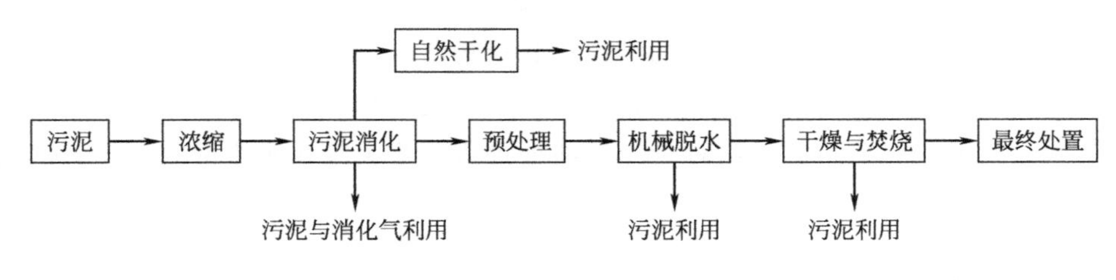

图 3-2 污泥处理的一般流程

3.1.2 工业废水

(1) 处理现状与重点任务

在《中国制造 2025》等国家战略的推动下，我国的工业发展迅速，国民经济水平获得较大提升。由于传统工业具有劳动密集、高耗能、高污染的特点，生产过程中会排放出大量的工业废水，其含有随水流失的工业生产用料、中间产物及反应产生的污染物等有毒有害物质，成分复杂，处理困难，破坏生态环境，威胁人们健康。

近年来，我国对工业企业的节能减排和污水再生利用高度重视，国务院、生态环境部等相关部门发布多项政策，鼓励并监督工业废水的超低排放、有效处理及再生利用。根据 2019 年 4 月发展改革委与水利部发布的《国家节水行动方案》(发改环资规〔2019〕695 号) 中指示，为全面提升水资源利用效率，保障国家水安全，促进高质量发展，大力推进工业节水减排工作。推动火力发电、钢铁、纺织、造纸、石化和化工、食品和发酵等高耗水行业节水增效，支持各行业企业开展节水技术及再生水回用工艺技术改造。

按照《国家节水行动方案》的战略部署，同年 9 月，工业和信息化部、水利部、科学技术部、财政部联合发布《京津冀工业节水行动计划》(工信部联节〔2019〕197 号)，启动实施京津冀工业节水专项行动。

(2) 工业废水处理技术

工业废水的处理方法主要分为物理法、化学法、物理化学法和生物法。物理法包括过滤、离心、澄清等；化学法包括中和、沉淀、氧化还原等；物理化学法包括吸附、混凝、气浮、离子交换、膜分离技术等；生物法包括传统活性污泥法、生物膜法等。下面介绍几种典型工业废水的处理技术。

1) 难降解含盐有机废水

难降解有机废水是指传统废水处理工艺难以实现其达标排放处理，废水中成分复杂多变，含有大量生物难降解有机污染物，多为煤化工、印染、制药、化工、轻工、农药等典型行业产生的生产废水。通常使用 Fenton 氧化、臭氧氧化、湿式氧化、电化学氧化等高级氧化技术预处理难降解有机废水，提高废水的可生化性。

含盐有机废水根据生产过程不同，所含有的有机物种类及化学性质差异较大，盐浓度过高会对微生物产生抑制和毒害作用，致使微生物细胞渗透压被破坏引起细胞原生质分离、酶活性降低，从而影响生物处理系统的净化效果。针对高盐废水可用多效蒸发结晶技术、膜蒸馏以及机械蒸汽再压缩等技术进行处理。

针对高盐难降解有机废水通常采用生化与物化联用的处理技术，如 Fenton 或类 Fenton 技术联用混凝沉淀、SBR 或生物接触氧化技术来达到处理处置效果。

2）高氨氮废水

高氨氮废水主要来源于化肥、石油化工、制药、食品、垃圾填埋场等行业，是致使水体富营养化及黑臭的关键因素。针对高氨氮废水常用的物化法有吹脱、折点氯化、化学沉淀、膜分离等，生物脱氮常用的有 A/O、A^2/O、SBR 等技术。物化法在处理该类废水时会受限且不能将氨氮浓度降到足够低，因此实际应用中常与生物脱氮技术联合处理高浓度氨氮废水。

3）含重金属废水

含重金属废水主要来源于矿冶、化工、电子、机械制造等行业的生产废水，其中多为汞、镉、铅、铬以及类金属砷等生物毒性显著的元素，该类废水中的重金属不易被破坏，只能改变其存在形态和位置，因此是对环境危害最严重的工业废水之一。分离废水中的重金属，在不改变化学形态的条件下对重金属进行浓缩分离，通常应用的技术有反渗透法、电渗析法、离子交换法等；去除溶解态重金属化合物及元素时常用电解上浮或电解沉淀等技术进行分离。

3.1.3 农村污水

(1) 处理现状与重点任务

农村污水成分复杂，除生活用水外，还混有雨水以及畜禽排泄物等。农村污水处理存在收集难度大、化粪池防渗漏不规范、管网设置不合理以及治理设施工艺与排放要求难匹配等一系列问题。

近些年，农村水污染治理得到了中央及各部委的高度重视，利好政策相继出台。截至 2020 年，东部地区、中西部城市近郊区等有基础、有条件的地区，农村生活污水治理率明显提高，村庄内污水横流、乱排乱放情况基本消除，运维管护机制基本建立；中西部有较好基础、基本具备条件的地区，农村生活污水乱排乱放得到了有效管控，治理初见成效；地处偏远、经济欠发达等地区，农村生活污水乱排乱放现象明显减少。

2019 年 7 月，中央农办、农业农村部、生态环境部、住房城乡建设部、水利部、科技部、国家发展改革委、财政部、银保监会等九部门联合印发了《关于推进农村生活污水治理的指导意见》。该指导意见中明确指出，针对农村生活污水治理应因地制宜采用污染治理与资源利用相结合、工程措施与生态措施相结合、集中与分散相结合的建设模式与处理工艺，推广低成本、低能耗、易维护、高效率的污水处理技术。

(2) 农村生活污水处理技术

针对农村污水治理应该尽量采用成熟可靠经济型的技术工艺，能够抗冲击负荷，可分散也可集中，且能实现稳定达标；在运行上面要低能耗、低成本、低运行维护，甚至是免维护；在管理上面，能够实现远程自动监控及预警。

农村污水处理按照技术原理主要分为生化、物化、生态和多种组合处理技术，可用于农村污水处理条件的技术主要有人工湿地、生物接触氧化池、MBR 或 MBBR 一体化设备、地下渗滤复合技术以及土壤性微生物滤床等。适合农村的管网收集技术有真空管网收集，一体化提升泵站，小型化、自动化污水处理系统，集群式监控预警维护系统以及多途径水资源就地回用技术及相关装备等。

3.2 典型案例

3.2.1 SMART-PFBP 多级生物接触氧化技术及装备

(1) 技术持有单位

桑德生态科技有限公司

(2) 单位简介

桑德生态科技有限公司隶属于桑德集团，秉承"美丽乡村，生态互联"发展理念，始终坚持技术和商业模式创新，在国内率先提出 SMART 村镇环境综合整治系统解决方案。拥有高效生物转盘（HRBC)、多级生物接触氧化（PFBP)、桑德罐(SDT)、污泥及垃圾绿色循环（RURG)、智慧村镇云（IRC）等多项核心技术产品。开创了以市县区或流域为治理单位的区域打捆 PPP、BOT、EPC＋OM 等灵活商业模式，从规划设计、设备供应、投资建设到运维管理，可提供"一站式"村镇生态环境综合治理托管服务。

(3) 适用范围

适用于农村、居民小区、社区、医院、宾馆、学校、部队营房、别墅区等的生活污水治理；处理规模适用于 $10\sim1000m^3/d$；适用水质条件：$BOD_5/COD\geqslant0.3$，pH 值在 6～9 之间。

(4) 主要技术内容

1）基本原理

SMART-PFBP 多级生物接触氧化技术采用生物膜和活性污泥联合工艺，集中了活性污泥法与接触氧化法的优点。第 1 级处理单元充分利用微生物处于对数增长期的吸附特性，大量吸附污水中的污染物质，将大分子有机物降解为小分子有机物，小分子有机物在该反应单元优势菌（如异氧菌）的作用下分解为CO_2和H_2O；第2级处理单元利用该反应单元培养驯化的优势微生物对污水中残留的有机物进一步氧化分解；第3级或者第N级处理单元在低负荷条件下利用此阶段的优势菌群（如硝化菌）进行氨氮等污染物质的降解，进一步改善出水水质。

2）技术关键

① 污水处理效率高的“多级”生物接触氧化技术；

② 特殊生物填料实现同步硝化反硝化；

③ 高效的泥膜混合微生物系统。

3）科技创新点与技术特点

① 采用多级处理、各级分体设计、推流式处理，提高处理效率，打破了地域与运输的限制，更适合农村地区的使用。

② 优化多级A/O工艺，采用多段进水、强化脱氮。

③ 特殊生物填料实现同步硝化反硝化，脱氮除磷效率高。

④ 采用标准化、模块化设计，实现工程设计、设备生产及施工周期短。

⑤ 采用全自动时间控制器，设备自动间歇运行，节省能耗。

⑥ 采用“新麦田”式设计理念，与周围自然景观融为一体。

⑦ 采用智慧互联系统，实现无人值守，降低项目运维成本，提高运维效率。

⑧ 形式灵活多样，可单台使用，也可多台并联组成中型污水处理站。可集中放置，也可多点分散放置，分别处理各个排污点。

4）工艺流程图及其说明

图3-3所示为SMART-PFBP多级生物接触氧化工艺流程图。污水进入格栅井，经人工格栅去除较大的悬浮物及颗粒杂质后进入调节池进行水量水质调节，再由提升泵送至第1处理单元内，依次流经第2处理单元至第N处理单元，通过生物填料上富集的厌氧、缺氧、好氧微生物的生化反应，在去除有机污染物的同时，实现同步硝化反硝化，达到脱氮除磷的目的。通过沉淀池进行固液分离，沉淀池上清液经砂滤泵输送至石英砂过滤器进一步去除悬浮物等污染指标，过滤后的清水经紫外消毒处理后排放。

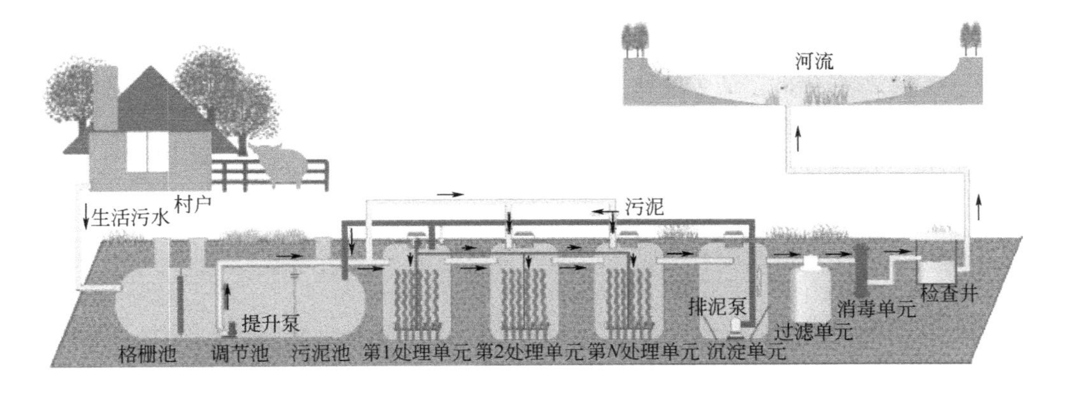

图3-3　SMART-PFBP多级生物接触氧化工艺流程图

由人工格栅截留下的物理性杂物定期清掏外运，沉淀池底部的污泥用污泥泵排到污泥池，污泥池中的上清液自动回流到调节池，底部污泥厌氧消化后浓缩，定期抽吸外运。

(5) 技术指标及使用条件

1）技术指标

采用SMART-PFBP多级生物接触氧化污水处理技术治理后，出水水质可稳定达到《城镇污水处理厂污染物排放标准》(GB 18918—2002) 中的一级A及以上标准。

2）经济指标

以 $200m^3/d$ 处理规模为例，出水达到一级A标准，吨水投资7928元，吨水运行成本1.10元。

3）条件要求（表3-1）

表3-1 SMART-PFBP设备适用条件

项目	水温/℃	BOD_5/COD	pH	COD /(mg/L)	NH_3-N /(mg/L)	SS /(mg/L)
适应条件	10～35	≥0.3	6～9	≤250	≤30	≤200

4）典型规模

$10\sim1000m^3/d$。

(6) 关键设备及运行管理

1）主要设备

主要设备包括：①格栅调节池；②多级生物接触氧化污水处理设备；③中水池；④石英砂过滤器；⑤污泥池；⑥过流式紫外消毒仪。

2）运行管理

针对农村污水处理站量多、分散的特点，结合“互联网＋村镇水务”思路，采用“桑德集约化管理、分片运维”的模式，设立运维中心控制室，建立智能互联系统，对所辖区域各站点实行统一管理，实行“各个污水处理站→中心控制站→桑德总部云平台”三级信息化云端监测和控制，对生产运行数据实行“分散采点、集中管理”，实现云平台大数据分析。结合区域地理位置特点分片区运维，每个片区配备专门的运维人员及运维车辆，运维人员按运维计划对该片区的处理设施进行检查与养护，确保各站点设施长效稳定运行。

3）主体设备或材料的使用寿命

主体设备均采用玻璃钢材质，耐腐蚀，可以使用30年左右。

(7) 投资效益分析

1）投资情况

以 $200m^3/d$ 处理规模为例，污水处理工程总投资为158.56万元（表3-2），单方投资7928元，其中，设备投资92.2万元，单方设备投资4610元。

表3-2 200m³/d污水处理站总投资成本

序号	项目	数量	单位	价格/元
1	设备	1	套	922000
2	土建	1	套	450000
3	安装	1	套	60000
4	调试	1	套	30000
5	运输	1	套	28000
6	税金	1	套	95600
合计		1585600		

2）运行成本和运行费用

以200m³/d处理规模为例，主要包含人工费、电费、水质化验费、污泥清掏运输费、药剂费、智慧互联系统使用费、维修费等，运行成本约为1.10元/m³。其中，人工费约0.13元/t，电费0.5元/t，水质化验费0.1元/t，污泥清掏运输费0.07元/t，药剂费0.14元/t，智慧互联系统使用费0.07元/t，维修费0.07元/t，宽带费0.02元/t。

3）效益分析（表3-3）

表3-3 技术经济优势比较

序号	项目	某企业A	SMART-PFBP	某企业B	某企业C
一	技术参数				
1.1	处理水量/(t/d)	100	100	100	100
1.2	外观尺寸/m ($L\times W\times H$)	9.5×2.6×2.9	ϕ2.6×3.2×3	3.3×2.5×3.0	2.0×9.1×2.8
1.3	主体工艺	A^3O+MBBR	多级生物接触氧化	A^2+MBR	FMBR
1.4	设备装机功率/kW	2.68	2.37	3.3	2.1
1.5	设计标准①	一级A	一级A	一级A	一级A
二	经济分析				
2.1	工艺包总投资/元	680000	650000	907000	720000
2.2	主工艺设备造价/元	350000	330000	600000	450000
2.3	工艺包吨水投资/元	6800	6500	9070	7200

①《城镇污水处理厂污染物排放标准》(GB 18918—2002)。

综上分析，SMART-PFBP多级生物接触氧化工艺具有很好的技术经济优势，尤其在出水水质要求较高、用地受限的区域，具有广阔的使用前景。

2015—2018年是SMART-PFBP多级生物接触氧化技术应用推广迅速的几年，

经财务统计该技术带来的经济效益总金额为 379618.25 万元，创造利润 60123 万元。

(8) 专利和鉴定情况

1）专利情况

① 发明专利

村镇污水处理系统及方法（专利号：ZL201410128815.8）

② 实用新型

一种多级强化脱氮除磷一体化污水处理装置（专利号：ZL201621138373.6）

一体化污水处理设备（专利号：ZL201621086402.9）

一体化紫外消毒设备（专利号：ZL201621129994.8）

一种组合式管道混合器（专利号：ZL201621385659.4）

一体化污水处理装置（专利号：ZL201521080569.X）

一种新型多级生物接触氧化地埋设备（专利号：ZL201521091513.4）

一种污水处理生态填料组件及多级生物接触氧化设备（专利号：ZL201621120273.0）

一体化污水处理设备（专利号：ZL201521066620.1）

一种一体化污水处理设备（专利号：ZL201521066644.7）

2）鉴定情况

① 组织鉴定单位：中国环境保护产业协会

② 鉴定时间：2018 年 3 月 28 日

③ 鉴定意见

该技术针对村镇污水的特点采用"多级多段 A/O 生物接触氧化工艺"，结合活性污泥法和生物膜法的优势，出水各项污染物指标都达到了国家及地方相关的排放标准；研发了模块化、标准化智慧运维成套设备，具有施工周期短、运营维护简便、建设成本低、污泥产量低等优势，同时针对村镇污水点多面广的特点，借助互联网智慧云平台实现无人值守运维，大幅降低了运维成本；该技术取得多项专利，具有一定的创新性，在村镇污水处理的同类技术中达到了国内领先水平；建议相关部门给予大力支持，进一步加强在村镇污水处理领域的推广应用。

(9) 推广与应用示范情况

1）推广方式

① SMART-PFBP 技术可同时满足地上、地下，南方、北方，可全国快速复制推广，具有良好的应用前景。

② SMART-PFBP 技术不仅在村镇的农村污水治理方面可使用，在黑臭水体的截污治污方面也成效显著。在未来，应用范围将越来越宽。

2）应用情况

SMART-PFBP 技术已应用于北京、贵州、吉林、辽宁、江苏、重庆、青海、湖北、广东等省市农村污水处理项目（表 3-4），合同额高达 379618.25 万元。

表 3-4 主要应用单位情况表

应用单位名称	应用的起止时间	应用单位联系人/电话	应用情况
北京市通州区水务局	2015.12 至今	赵媛/010-69544658	已正常运行
习水县黔清水务有限公司	2016.03 至今	郑旭东/15910987895	已正常运行
和龙桑德水务有限公司	2016.03 至今	全花/15584670002	已正常运行
丹阳桑德丹清水务有限公司	2017.09 至今	张宏/18001588928	已正常运行
丰都县桑德水务有限公司	2017.08 至今	高传伟/15776762114	已正常运行
沈阳市城乡建设管理委员会	2017.09 至今	李元峰/17640133388	已正常运行
吉首桑德水务有限公司	2017.08 至今	陈佑忠/13823530150	已正常运行
溧阳中建桑德环境治理有限公司	2018.05 至今	刘博学/ 13009178675	已正常运行
北京市顺义区水务局	2018.09 至今	王辉/18610625356	正在建设中
湖北汉江环境资源有限公司	2018.01 至今	肖钢材/13886217778	正在建设中

3）示范工程

北京市通州区姚辛庄村污水处理项目位于北京市通州区马驹桥镇东北侧姚辛庄村，服务人口 2435 人，总规模为 250t/d，由北京市通州区水务局牵头，由桑德投资、建设、运营、移交（BOT），特许经营年限 15 年，工艺采用桑德 SMART-PFBP 多级生物接触氧化工艺，出水水质执行北京市《水污染物综合排放标准》（DB11/ 307—2013）B 标准。该项目已于 2016 年 1 月投入运行，2016 年 11 月通过环保验收。

4）获奖情况

① 2017 年 1 月荣获《环境友好型技术产品》证书。

② 2017 年 4 月成功入选《北京市水污染防治技术指导目录》。

③ 2017 年 11 月成功入选 2017 年度《全国水利系统优秀产品招标重点推荐目录》。

④ 2018 年 1 月荣获 2017 年中国环保企业行业村镇水环境治理典范奖。

⑤ 2018 年 6 月，丹阳农村污水治理及运维项目被评为 2018 年度中国农村污水处理优秀案例。

⑥ 2018 年 12 月被评为 2018 年重点环境保护实用技术。

⑦ 2018 年 12 月，北京市通州区姚辛庄农村污水项目被评为 2018 年重点环境保护实用技术示范工程。

（10）技术服务与联系方式

1）技术服务方式

技术服务方式多样化，可以采取设备销售、设备销售＋建设、设备销售＋建设＋运营。

2）联系方式

单位名称：桑德生态科技有限公司

电话：15910632948

邮箱：zxlian0312@126.com

邮编：101102

通信地址：北京市通州区马驹桥镇环宇路三号桑德集团

3.2.2 高效脱氮污泥减量生物膜污水处理技术

（1）技术持有单位

广东绿日环境科技有限公司

（2）单位简介

绿日环境是专业的环保解决方案提供商，是环境健康领域的先进组织，为客户提供一站式、一体化、综合的、量身订造的环保服务。历经多年的发展，绿日环境已成长为一家涵盖工程设计及施工总承包、环保设施投融资及第三方运营托管、废水及回用水装备研发制造、技术咨询等板块的专业环保集团公司，公司拥有国家环保工程设计资质证书、施工资质证书和环境污染治理设施运营资质证书，已取得ISO9001：2008质量体系认证，是国家高新技术企业。

公司拥有一支强大的专业技术队伍，包括环境工程、环境科学、给排水、化工、建筑、结构、电气、自动控制、暖通空调、概预算、机械等专业人才，90%以上人员为本科以上学历，多年从事相关专业，具有非常丰富的专业经验。同时公司也非常注重人才的培养，通过机制和提供培训机会，形成适合人才成长的环境。公司员工努力成长，共同为实现“天更蓝、水更清、地更绿、日子更美好”的美丽中国梦而奋斗。

公司与国内多所高等院校和科研机构、知名环保企业建立了广泛密切的合作，并与德国、加拿大、美国、荷兰、日本、法国等环保技术及产业化发达的国家有广泛的交流与合作，已经成为环境污染控制领域一个集产、学、研为一体的高新科技实体。

公司强大的自主研发和技术能力、独特的经营模式、经验丰富的专业管理团队、极具竞争力的成本优势，为集团业务的快速发展提供了有力的保证。

（3）适用范围

高效脱氮污泥减量生物膜污水处理技术适用于大中型市政污水处理、小型生活污水处理（如公园、机场、度假村、景区、小区等）。

（4）主要技术内容

1）基本原理

高效脱氮污泥减量生物膜污水处理技术（ESBR生物膜反应器），通过构建多样复杂的生态链，在连续多级串联的缺氧、好氧生物反应器内，放置由自然植物根系和仿植根系组成的新型特殊结构生物膜载体，利用反应器内载体表面生长的大量不同种类的微生物、原生动物以及微型动物的新陈代谢作用，对污水中的COD、BOD_5、TN、NH_3-N、TP等污染物进行降解，最终使污水得到净化。由于反应器中大部分生物质都被固定在生物膜载体上，使得生化反应器中每个阶段的悬浮物都很少，增加了氧转移效率，从而降低了能耗和污泥产出。并利用工艺自身特色同步实现污水厂除臭和景观改造。

2）技术关键

① 生物模块

筛选天然植物（生物量大、根系发达、芳香型）和人造仿植根系填料（松散结构、比表面积巨大、强度高、亲水性、易挂膜）组成特殊结构生物载体。构建生物载体，关键在于植物的筛选以及植物填料的配置。植物筛选方面，可供筛选的植物种类有菖蒲、美人蕉、柳叶榕、香（芭）蕉、香蒲、芦苇、再力花、旱伞草、三角梅、夹竹桃、海芋、炮仗花、橡皮树、莎草等。植物填料配置方面，种植面积占反应池面积20%～45%；仿植人工填料面积与池面面积比为（30～100）：1。

② 仿植根系填料

人造仿植根系填料具备孔隙率大、表面粗糙、吸附性能强、耐磨损、强度高等性能，其主要参数见表3-5。

表3-5　仿植根系填料主要参数

项目	指标
材质	亲水改性聚酯纤维
干重	＞350g/m^2
湿重(清水吸水)	1200g/m^2，±50g/m^2
经线绳数量	295根/m宽度方向
经线绳直径	10mm±0.2mm
比表面积	＞138m^2/m^2生物填料
拉伸强度	＞85kgf/m宽度方向
挂膜生物量	15kg/m^2生物填料，±3kg/m^2
建议悬挂密度	300mm/片间距

注：1kgf=9.8N。

③ 复杂多样的生态系统

生物操控筛选优势菌群（细菌、原生动物、后生动物、微型动物）组成复杂的生态系统，提高生物反应器抗冲击能力，使得出水的有机物含量进一步降低并实现更高效的脱氮效果。

3）科技创新点与技术特点

① 技术创新点

a. 引入植物，构建生态系统

生化系统配置多种植物，根据现场深化布置。

草乔灌木协调配置，为生化区微生物多样化提供有利条件。

庞大的植物根系悬浮在反应器内，为高级动物和微生物提供健康的生长栖息地，所形成的生态系统不仅稳定，且非常有活力，在生物有机体自我合成和太阳光能的作用下，最大限度地降解污染物。

b. 引入植物，构建植物除臭系统

生化池上部填充除臭填料和种植植物构建内置式立体生态生物除臭系统，对生化池恶臭进行脱臭处理。

污水通过植物根系和除臭填料层时，被其上微生物吸附吸收，利用微生物细胞个体小、比表面积大、吸附性强、代谢类型多样的特点，将恶臭物质转化为无毒害的 CO_2、H_2O 等简单无机物。

c. 引入仿植根系膜

植物根茎之外更添加了可以模拟根茎功能的微型纤维结构生物膜（仿植根系膜）以增强效果。这种被称为生物膜或固定膜的膜状覆盖物为反应池内有益生命体的繁衍提供了空间。

仿生填料具有亲水性好、挂膜快、强度高、比表面积大、耐腐蚀、吸附性强、安装更换简便快捷等优势。

② 技术特点

a. 处理效率高

由于植物根系与仿植根系填料的集合，形成了蓬松、比表面积巨大的生物膜结构，向下伸入废水池中的根茎为微生物提供了理想的居所，依附其上的生物可以繁茂成长，同时植物输送氧气与某些酶类至其根茎的表面，为固定于此的生物膜提供了良好的环境。经优化的生物膜结构使反应器保持更高的生物质浓度，相比于传统工艺 $3\sim5kg/m^3$ 生物质，ESBR 生物膜反应器内生物质可达 $14\sim18kg/m^3$，大大提高了污染物降解效率，减少了反应器的体积需求。

b. 氧利用率高，能耗低

大部分生物质都被固定在自然植物根系和仿植根系组成的新型特殊结构上，使得通过处理工艺每个阶段的悬浮物都很少。另外植物的存在有助于创造一个更加蓬松的生物膜结构，有利于氧气传递到生物膜结构的更深部位，提高了氧气传递效率，进而降低了曝气量，电耗可减少 30%左右。

c. 污泥产量少

反应器复杂的生态系统有着更长的食物链，低等级细菌会被食物链更上层生物捕食，这一食物链效应能减少污泥总量约 40%。

d. 占地少，投资省

更高的生物质浓度使得反应器体积和占地需求大大减少。此外，悬浮固体浓度的降低使得整个工艺不再需要二沉池，而用盘式过滤器作为代替技术，直接过滤就能实现固液分离，这也一定程度减少了占地面积。随着土地价值日益增高，较小的占地面积将大幅度降低投资费用。

e. 维护管理简单

所有植物都是当地品种，不采用外来品种。植物的养护异常简单，不需任何特别技能，任何普通园艺工皆可胜任。

f. 外形美观，环境友好

与传统的水泥建筑群相比，植物园类型的外观设计以及无臭无噪声的运行，能让污水处理厂友好地融入周围环境，使厂区周围的缓冲带从300m降至50m范围，这为将污水处理设施安置在城市中提供了很大的可能性。

4）工艺流程图及其说明

① 工艺流程图（图3-4）

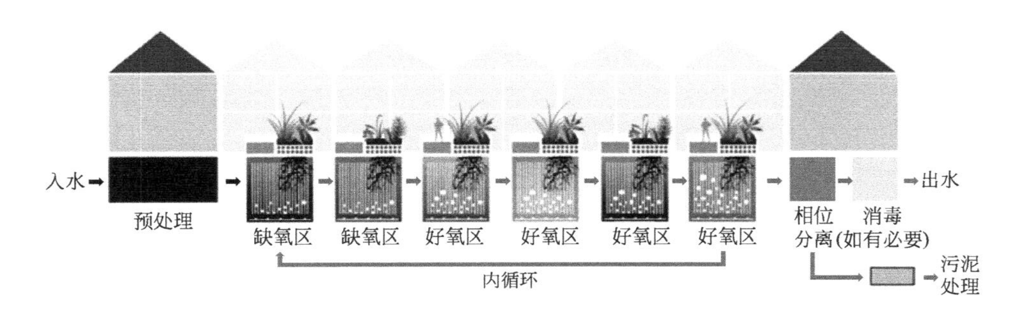

图3-4 污水处理工艺流程图

② 工艺流程说明

a. 预处理

污水预处理设施包括粗格栅、提升泵站、细格栅及沉砂池等。污水通过排水管网收集进入粗格栅池，去除大块悬浮漂浮物后进入污水泵站，经提升后进入细格栅池，然后自流入旋流沉砂池。旋流沉砂池是通过叶轮的旋转产生离心力，使污水中的砂粒向中间集中，然后通过气提将砂粒送至砂水分离器，砂粒由人工运走，而污水回流至提升泵站。

b. 生态生物膜处理

自预处理系统出来的污水进入生态生物膜处理单元，生态生物膜处理单元主要是缺氧、好氧池多级串联工艺，污水依次进入多级串联缺氧段和好氧段，经反应池生化处理去除大部分的有机物、氨氮、总氮、总磷，然后自流入混合反应池。

c. 深度处理

深度处理单元包括混合反应沉淀池和转鼓式微滤机。污水自生态生物膜处理单元出水，添加PAC混凝剂，加药反应后自流入沉淀池进行泥水分离，去除SS和TP，沉淀池出水进入转鼓式微滤机，经过筛网的截留作用去除SS，保证实施达标。出水进入消毒计量槽，通过紫外灯进行消毒，达标排放。

d. 污泥处理

沉淀池的污泥排入污泥贮池，通过污泥提升泵提升到污泥脱水间，经高压板框压滤机进行机械脱水。脱水后干滤饼的干固含量可达到40%以上，脱水后的污泥定期外运，滤液返回预处理池。

预处理阶段产生的杂物、砂粒等定期卫生填埋。

(5) 技术指标及使用条件

1) 技术指标

① 进水水质

污水采用生物法处理工艺，特别是脱氮除磷工艺，对进水中污染物的配比和平衡有较高要求（表3-6）。

表3-6 进水水质配比分析表

项目	BOD_5/COD_{Cr}	BOD_5/TP	BOD_5/TN
指标	≥0.3	≥17	≥2.86

② BOD_5/COD_{Cr}

该指标是鉴定污水可生化性最简单易行和最常用的方法，一般认为BOD_5/COD_{Cr}大于等于0.3时，属易生化污水。

③ BOD_5/TN

该指标是鉴别能否采用生物脱氮的主要指标。由于生物脱氮的反硝化过程中主要利用原污水中的含碳有机物作为电子供体，该比值越大，碳源越充足，反硝化进行越彻底。理论上BOD_5/TN大于等于2.86时反硝化才能进行。

2) 排放标准

污水采用高效脱氮污泥减量生物膜污水处理技术，其硝化反硝化效果好，氨氮去除率大于98%、总氮去除率大于85%，处理后出水水质可达到国家地表水Ⅳ类标准（表3-7）。

表3-7 地表水Ⅳ类标准 单位：mg/L

项目	COD_{Cr}	BOD_5	NH_3-N	TN	TP
标准值	40	10	2.0	2.0	0.4

3) 经济指标

① 污泥减量

ESBR生物膜反应器内生物量大（可达到14～18kg/m^3），生物种类超过3000种，构成良好的生物食物链循环系统，可使系统污泥源头产量削减40%～50%。

② 节约能耗

利用稳定的根系结构将生物膜固定在载体上，减少了反应池中的悬浮固体颗粒含量，提高了充氧能力，所需曝气量更少，节约30%以上的能源。

4）条件要求

① 污水无毒理性

高效脱氮污泥减量生物膜污水处理技术利用自然水生植物根系和仿植根系组成的新型特殊结构构建生物膜载体，要求污水中的污染因子如盐碱度等对筛选的植物不会产生毒理作用，因此该技术不适用于含高盐、污染因子复杂的化工废水。

② 植物本地化

用于净化污水的植物是根据其根茎结构和特点以及各种环境条件适应能力筛选的，为了避免外来物种入侵，破坏当地生态多样性，净化植物需要从当地品种中进行筛选。

③ 环境影响因子

由于植物的生长受环境中温度及光照的影响极大，生物反应器在温度低于13℃时处理效果下降，低于4℃时几乎无处理效果。因此，高效脱氮污泥减量生物膜污水处理技术要求环境温度不能长期低于13℃。

5）典型规模

高效脱氮污泥减量生物膜污水处理技术使用不受规模限制，目前公司建造完成的典型案例是$1\times10^4m^3/d$的平凤污水处理厂，更大的处理量配置更多的处理单元即可。

(6) 关键设备及运行管理

1）主要设备

高效脱氮污泥减量生物膜污水处理技术的核心工艺部件为生物膜载体，生物膜载体是由自然植物根系和仿植根系组成的新型特殊结构，其中主要设备是仿植根系填料，仿植根系填料采用全新石化基础材料PET颗粒经亲水改性纤维切片等多道工序，首先制成横向发散的短纤绳索，再利用高速编织机器整定编织而成粗胚，经热熔切割、缝制、检验、打包等后整理工序加工而成，具有亲水性好、挂膜快、强度高、比表面积大、耐腐蚀、吸附性强、安装更换简便快捷等优势。

2）运行管理

为了确保生物模块的良好工作条件，需要进行定期检查。

① 年检

从反应器的入口处和出口处各选取至少两个不相邻的模块进行检查，其余随机选取，模块检查内容：a. 检查生物模块垂直伸展的松紧度；b. 检查生物模块的结构是否堵塞；c. 检查生物模块是否损坏。将反应器中的水位降低至少20～30cm，使模块可见。特别检查以下情况：生物模块有损坏（横向和纵向）；紧固绳有破损或松弛；

内部或外部垂直拉升绳有破损或松弛；垂直通道内没有气泡。

② 周检

每两周需要对垂直拉升绳的松紧度进行检查，仅需对松弛的部分使用扭矩扳手紧固六角螺母，确保其达到设定扭矩。

③ 故障排解

生物模块一旦发生损坏，需要将损坏的生物模块从反应器中移除，以防污水处理厂产生更严重的问题。需要注意的是，在同一支撑载体上的所有生物模块需要同时移除。每次最多可移除10%的生物模块，短期内不会影响系统处理性能，但为了保证系统长期稳定运行，需要及时补充被移除的生物模块。

3）主体设备或材料的使用寿命

生物模块的植物根系填料采用优秀的聚合物材质，大幅增强填料的强度和耐腐蚀、抗老化能力，挂膜以后的填料寿命大于15年。

(7) 投资效益分析

1）投资情况

以$1\times10^4 m^3/d$的市政污水处理项目为例，总投资2326.8万元，其中，设备投资1687万元。

2）运行成本和运行费用

① 电费

耗电量5838kWh/d，电价0.7元/kWh，吨水电费0.41元/d。

② 水费

耗水量$20m^3/d$，自来水单价2.90元/m^3，吨水费用0.0058元/d。

③ 污泥处置费

污泥处置费包括从污水处理厂运至填埋厂的运费和填埋费用。运费暂按12元/t估算，填埋费用按80元/(t·10km）计算。产泥量$3.75m^3/d$（含水率60%），日污泥处置费345元，吨水污泥处置费用0.035元。

④ 人工费

配置10人，人年均工资4.5万元，折合吨水人工费0.12元。

⑤ 药剂费（表3-8）

表3-8 药剂费

药剂	药耗费（/t/d）	价格/（元/t）	总费用/（元/d）
PAC	0.2	2300	460
PAM阳离子	0.006	35500	213
氯化铁	0.075	1500	112.5
石灰	0.3	500	150
合计			935.5

折合吨水人工费 0.094 元。

⑥ 总运行费用

$$0.41+0.0058+0.034+0.12+0.094=0.66[元/(m^3 \cdot d)]$$

3）效益分析

随着我国工业化和城镇化的发展，市政污水处理公用基础设施迅速扩展，当前污水处理项目中普遍存在能耗高以及污泥处置难的问题。污水处理厂运营过程中，能耗费用占据了运行成本的 30%～80%，因此，降低能耗对减少污水处理厂运营成本，实现环境资源可持续利用具有重要意义。污水处理产生的剩余污泥如果未经恰当处理处置进入环境，给水体和大气带来二次污染，不但降低了污水处理系统的有效处理能力，而且对生态环境和人类的活动构成了严重的威胁。因此，公司从降低系统能耗和污泥源头减量进行研究，在传统生物膜的基础上，研发出了高效脱氮污泥减量生物膜污水处理技术。该技术与传统生物膜法相比具有生物质浓度高、有效泥龄长、所需供气量低、污泥产量少等优势。具体参数对比见表 3-9。

表 3-9 具体参数对比

项目	高效脱氮污泥减量生物膜污水处理技术	传统生物膜法
生物质量	14～18kg/m³	3～5kg/m³
污泥泥龄	15d	8d
总停留时间	16h(平均流量)	25h
反应器总容积	7800m³	12180m³
最大供气量(标准状态)	5160m³/h	73700m³/h
仿植根系填料体积	1920m³	—
剩余污泥量(干泥)	1.0t/d	1.5t/d

经济效益：高效脱氮污泥减量生物膜污水处理技术，通过自然植物根系和仿植根系组成的新型特殊结构生物膜载体的运用，以及构建复杂的生态系统使反应器有着更长的食物链系统。加长食物链，能促进捕食细菌的生物生长，增加能量损失，增强原生动物和后生动物的生物捕食作用，低等级细菌会被食物链更上层生物捕食，这一食物链效应能减少污泥总量约 35%，从而达到污泥减量的目的。

ESBR 反应器是主要固定生物膜的结构，而不是悬浮式生长，所以反应器里污水的悬浮固体物的浓度更低，且更加清澈，氧气在越清的水里传递效率越高，所需曝气量越少，因此，此工艺与其他方法相比能耗可减少 30%左右。本处理技术系统能耗和污泥产出的降低，使得该工艺的运行费用大大低于基于活性污泥法的系统。

环境效益：与传统污水处理厂不同，本处理技术利用自然植物根系和仿植根系组成生物膜载体，且池顶可封闭式设计，采用玻璃、薄膜或者美观的遮阳棚结构形成的温室，区隔室内外环境，营造了独一无二的观感，不仅无臭无味，而且外形美观，大大改善了周围的环境。其绿色环保和可持续发展的设计理念为选址靠近污染源提供了技术保障，也使污水回用变得经济可行。本技术能够精确治理污水污染问题，具有良好的环境效益。

(8) 专利情况

1）发明专利

采用多元煤铁碳的废水处理装置和方法（专利号：ZL201410445543.4）

一种废水生化处理装置及工艺（专利号：ZL201610016591.0）

2）实用新型

一种废水生化处理装置（专利号：ZL201620023490.1）

一体化日化废水处理设备（专利号：ZL201520901098.8）

一体化生活污水处理设备（专利号：ZL201420497643.7）

废水处理装置（专利号：ZL201420376379.1）

一体化沉淀处理系统（专利号：ZL201520173777.8）

有机废水过滤式微电解处理装置（专利号：ZL201420505587.7）

过滤装置（专利号：ZL201420265369.0）

一种废水的处理装置（专利号：ZL201620266952.2）

一种处理重金属废水的蒸发系统（专利号：ZL201620726655.1）

一种化工废水处理系统（专利号：ZL201620874854.7）

一种废水回收装置（专利号：ZL201621057390.7）

一种截污和生态浮床一体化装置（专利号：ZL201621407457.5）

一种土壤盐碱化有机复原系统（专利号：ZL201721134911.9）

(9) 推广与应用示范情况

1）推广方式

① 网络收集客户信息。电话沟通了解客户，预约上门拜访或邀请来公司参观示范工程，了解项目促使合作。

② 通过专业技术交流会议进行推广。

2）应用情况（表 3-10）

表 3-10 主要用户目录

序号	用户名称	项目规模
1	粤桂合作特别试验区平凤污水处理厂	10000m^3/d
2	西安工程大学临潼校区污水处理站	3000m^3/d

3）示范工程

粤桂合作特别试验区平凤污水处理厂作为公司高效脱氮污泥减量生物膜污水处

理技术的主要应用客户，该工程将作为技术的示范工程进行推广。此工程处理规模是10000m^3/d，设备总投资1986万元。污水处理工艺流程为：粗格栅及泵房（一次提升）＋细格栅沉砂池＋ESBR生化池＋混合反应池＋二沉池＋转盘滤池＋紫外消毒工艺，该工艺能够同时有效去除有机物、脱氮、除磷。本项目ESBR生化池采用的是高效脱氮污泥减量生物膜污水处理技术，此技术与传统的活性污泥法相比，具有应用范围广、去除率高、运行管理方便、运作成本低、维修少、无需使用有害的化学药品、使用寿命长等优点，是目前较理想的节能和污泥减量技术。

（10）技术服务与联系方式

1）技术服务方式

① 咨询服务：有专业工程师和资深工程师为客户做指引和解答。

② 上门服务：专业的维修工程师到现场为客户解决问题，并做简单的技术培训。

③ 在线技术支持：设立有全天在线的专用QQ，可通过即时问答解决客户的问题。

④ 加急服务：紧急突发事件的服务需求，任何时间、任何地点均会响应并在两小时内到达（各级地县市在两小时内派出工程师）。

2）联系方式

单位名称：广东绿日环境科技有限公司

电话：4000688454

传真：020-82327290

邮箱：lrhbkj@126.com

通信地址：广州市天河区宦溪西路36号（东英商务园）C栋

3.2.3 污水零排放微核界面净化新技术

（1）技术持有单位

北京爱尔斯姆科技有限公司

（2）单位简介

北京爱尔斯姆科技有限公司成立于2002年，位于昌平马池口镇，2017年入股张家口壹零环保科技有限公司，大幅度提高了北京爱尔斯姆科技有限公司环保设备的生产研发能力。多年来我们坚持新技术新工艺及环保技术的研发，开发出一系列环保新材料及新工艺，代表性产品为：废水废气净化新工艺新技术、替代盐酸酸洗环保处理工艺及新材料、高性能水性特种涂料、金属无铬钝化工艺、环保封闭防锈剂、环保偶联剂等。产品先后用于高铁、风电、汽车传动部件、机械制造、液压、钕铁硼材料、电子等行业，3年来通过了4项技术专利申请。

公司具有专业的化工技术和工程设计团队，有多种实验检测仪器提供理论研发支持，并坚持和相关学科的技术平台进行广泛的技术交流，不断提高技术强度。

(3) 适用范围

适用于金属表面处理行业废水处理、各类金属非金属清洗行业废水处理、饲料加工行业废水处理和能源行业废水处理等。

(4) 主要技术内容

污水零排放微核界面净化技术采用完全的化学方法对各类工业污水进行净化，并使净化后的清水全部回用，主要应用于金属表面处理行业（电镀、涂装前处理、酸洗除锈、成膜防锈、电化学氧化等），采矿冶炼、焦化制药等化工行业和垃圾渗滤液等高浓度有害污水净化，也可用于生活污水、食品饮料污水的一级排放净化。

1）技术关键

微核界面净化技术是公司提出的一种污水净化新技术。技术核心是将污染物转化为污泥从污水中分离出来，使污水变为可排放或利用的清水。

① 首先将难以吸附的水溶性小分子，通过添加对应的药剂使其转化为沉淀，比如磷、氟离子，金属离子等。

② 在污水中加入成核物质（该物质不会留在净化水中），在水中经过化学反应形成微米或微纳米级微细颗粒物，这些微细颗粒有极大的吸附力和界面电荷，能够将污染物包围或吸附。

③ 微粒表面因为负荷了污染物而体积增大，在絮凝剂作用下集聚成更大的絮状物沉淀。

微核界面净化具有针对性强、效率高、净化效果好、成本低、便于资源利用等诸多优点，是公司总结已有成功经验提出的污水净化新理念。采用微核界面净化技术，一段净化率即可达到80%以上，为污水零排放提供了充分的技术保障，使绝大部分生产企业实现节水减排和降低成本的目标。

2）科技创新点与技术特点

① 该系统设计有在线监测，可以即时监控反应情况和净化效果，随时微调加药量，确保出水水质稳定。

② 该处理工艺对进水的水质水量变化适应性好，水质水量的突然变化对出水水质基本没有影响，所以非常适合化工废水的净化处理。

③ 工艺运行的实践表明：该系统工艺技术科学，占地面积少，投资小，运行稳定，净化效率高，运行成本低。

④ 物化处理器和高效净化器的固体介质表面能形成生物膜进行生化反应，可大大延长滤料的使用寿命，一般情况下活性炭滤料寿命可达到3年以上。

3）工艺流程图（图 3-5）

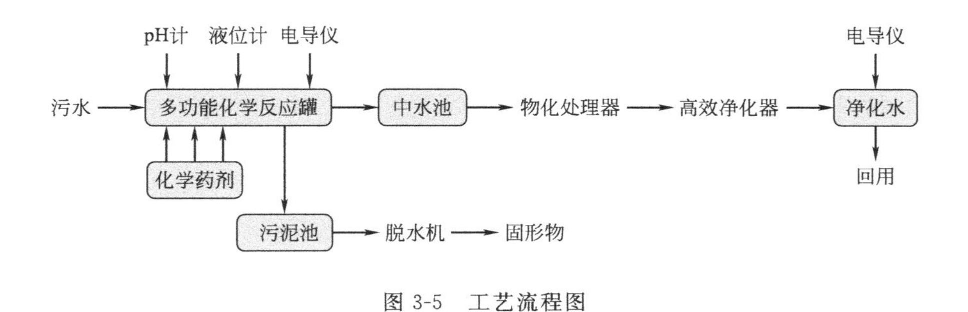

图 3-5　工艺流程图

(5) 技术指标及使用条件

1）技术指标

① 污水中有害阴离子（磷酸根、氟离子、铬酸根等）可除去 95%以上。污水中一般金属阳离子（不含钠离子、钾离子等）可除去 95%以上，重金属离子通过相应的金属离子沉淀剂可除去 99%以上，处理后重金属含量不高于 0.2mg/L。

② 污水中有机物（COD）进入活性炭吸附前，可除去 80%以上。

③ 氨氮和硝基氮进入活性炭前可除去 50%以上。

④ $100m^3/d$ 规模建议采用间歇净化处理；大于 $200m^3/d$ 建议采用连续净化处理。

2）经济指标

根据规模大小可处理 10～5000t/d 的生产、生活污水。

3）条件要求

实现污水零排放，必须符合下条件：

① 水中不得含有大量盐分。如：氯离子、钠离子、硅酸盐、碳酸盐等，所以不能使用固体洗涤剂和含有大量无机盐的清洗剂。

② 污水处理不得使用聚合氯化铝或聚合氯化铁等含有害杂质的化学品，不得使用火碱中和。

③ 污水中不得含有大量防锈添加剂，如亚硝酸钠、水溶性有机胺、甲醛等。

(6) 关键设备及运行管理

1）主要设备

主要设备包括：①多功能反应净化器；②物化处理器；③高效净化器；④污泥脱水机；⑤快速沉淀净化器。

2）运行管理

非全自动设备需要一个人操作，全自动设备可实现无人操作或远程微调管理，需定期加料、检查、维护。

3）主体设备或材料的使用寿命

主体设备设计寿命20年。易耗品主要为活性炭滤料、pH计，其他较少。滤料寿命一般为3年；pH计使用寿命约两年，需要经常校对。

(7) 投资效益分析

1）投资情况

设备投资：按水量计，30t/d以内25万～30万元/套；100t/d以内30万～65万元/套；100t/d以上设计为全自动运行，80万元/套以上。

2）运行成本和运行费用

根据污染物情况而定，每吨废水处理总费用约为3～10元（不计算人工成本）。废液成本较高，约50元/t以上，废液指配制的化学品工作液。

3）效益分析

① 经济效益

a. 净化水全部回用，零排放，减少了排污费用。净化水回用后，每吨污水可带来2～40元的收益。

b. 相比于“简单化学净化＋生化”的处理，微核界面净化技术出水更稳定，消耗化学品更少，滤料更换频率低，污泥量少。原料成本和污泥处理成本降低1/3。

② 环境效益

a. 实现污水零排放，大幅度降低水体污染物负荷；

b. 避免了生化处理产生的碳排放和二次污染。

(8) 专利情况

技术专利详见表3-11。

表3-11 技术专利统计

类别	名称	授权号	授权日期	权利人
发明	一种贴片式石英晶体谐振器漏气检测液	CN109141766A	2019.11.06	北京爱尔斯姆科技有限公司 廊坊中电熊猫晶体科技公司
发明	一种环保快速酸洗净洗剂BW-500P及再生添加剂BS-51	CN108118344A	2018.06.13	北京爱尔斯姆科技有限公司

(9) 推广与应用示范情况

1）推广方式

以网络推广、展览交流会和行业推介活动为主。

2）应用情况（表3-12）

3）示范工程

① 浙江诺力机械股份有限公司2015年100t/d金属涂装前化学处理污水净化项目。将原来两套“简单化学＋生化”净化系统淘汰，原因：净化水浑浊，化学品用量大，主

要项目经常超标。采用公司微核界面净化新系统后，清水部分回用，排放全部达标。

表 3-12 主要用户名录

应用单位名称	应用的起止时间	应用单位联系人	应用情况
浙江诺力机械股份有限公司	2015 年运行	刘峰	运行良好
浙江努奥罗暖通科技有限公司	2013 年运行	陈文富	运行良好
廊坊中电熊猫晶体科技有限公司	2017 年运行	周经理	运行良好
高峰电镀	2018 年运行	江工	运行良好
双鹭药业	2017 年运行	刘总	运行良好

② 高峰电镀生产线 2018 年 300m^3/d 污水净化项目，电镀铜、铬、镍。3 条污水净化线分别净化不同重金属污水，采用可编程逻辑控制器（PLC）自动控制系统，净化水回用率达到 85%。每吨污水成本比改造前降低 60%。

③ 双鹭药业 160m^3/d 污水净化改造项目。原采用完全生化工艺，出水不能稳定达标，升级改造为“生化＋微核净化”工艺后，净化水远低于排放标准。

4）获奖情况

北京爱尔斯姆科技有限公司于 2018 年获得北京市科技进步三等奖。

(10) 联系方式

单位名称：北京爱尔斯姆科技有限公司

电话：010-60752218

传真：010-60752231

邮箱：info@esambj. com

邮编：102202

通信地址：北京市昌平区马池口镇北小营北京水泥厂东门北侧

3.2.4 旋流絮凝净水器

(1) 技术持有单位

贵州明威环保技术有限公司

(2) 单位简介

贵州明威环保技术有限公司成立于 2007 年 5 月，现有员工三十余人，主要从事工业污水处理、生活污水处理、农村环境综合整治、生态保护与恢复及环保技术咨询服务等，公司在水污染防治领域拥有专利近二十项，2010 年旋流絮凝净水器项目获得国家科技部、省科技厅及贵阳市科技局中小企业技术创新基金支持并顺利通过验收。2018 年被评定为高新技术企业。

(3) 适用范围

旋流絮凝净水器适用于中高浊度污水处理，主要适用于污染物为固体悬浮物的污水处理，也可以作为其他水处理中去除固体悬浮物的单元处理设备。

(4) 主要技术内容

1) 基本原理

旋流絮凝净水器是根据絮凝化学、胶体化学、水力学、流体力学等原理，将絮凝反应、斜管沉淀、污泥浓缩、过滤等工序结合的一体化净水设备。

通过优化结构设计使水在絮凝反应区形成旋流，提高絮凝的效果，并利用在污泥流化区内形成的污泥流化床作为过滤和吸附介质，在污泥浓缩区吸入絮凝沉淀物，上部排水以控制污泥流化床高度，使污泥流化床能稳定地自动更新，保证水处理效果，配以简单高效的自动化控制设备后，通过上述工艺处理的废水在无需过滤工序的情况下即可实现回用，进而无需滤料反冲洗，不会堵塞，节约大量反冲洗过程中的电耗、水耗，具有工作效率高、操作维护简单、去污率高、适应能力强、运行费用低等特点。

2) 技术关键

通过优化设计喷射式进水方式，以及工作区结构，形成速度梯度，进而形成稳定的升流式旋流，在升流式旋流及重力共同作用下，形成高密度污泥流化床，且污泥流化床在运行过程中可自动更新，利用污泥流化床的吸附以及截留作用，强化絮凝沉淀效果。

3) 科技创新点与技术特点

① 水力喷射方式强化絮凝反应

通过四根切线方向的连接絮凝反应区的进水管，通过喷射式进水方式形成旋流，在此阶段能够进一步强化混合效果，同时提供了絮凝反应所需要的稳定水力速度。

② 絮凝反应区结构设计

絮凝反应区设计成下部小，上部大，旋流在此容器中逐步上升，上升过程中旋转速度由快到慢，提供絮凝反应所需的速度梯度，加速絮凝反应的完成，形成絮体并使絮体间碰撞吸引，使絮体由小变大，与水快速分离，达到快速净化的效果。

③ 絮凝反应区内形成污泥流化床并能实现自动更新

絮凝反应区的任务是通过造成水的旋流运动使混合水中的悬浮物与药剂获得更多碰撞机会而进一步反应，生成带负电荷的胶体物质——絮体（矾花），其在布朗运动作用下不能靠自重沉降，在升流式旋流及重力共同作用下，带正电荷的混凝剂、助凝剂通过它们的水解产物压缩胶体颗粒的扩散层，使胶体脱稳而互相聚结、变大形成高密度且具有强烈吸附与架桥作用的污泥流化床，使颗粒被吸附黏结，逐渐成为较大的絮凝体，利用污泥流化床的吸附以及截留作用，强化絮凝沉淀效果。

旋流絮凝净水器的絮凝反应区呈喇叭形。通过在室底的高速配水使混合水在室底产生较快的上升旋流，增加药剂与悬浮颗粒的碰撞机会，达到上述反应作用。

通过污泥区倒吸式排水，稳定控制污泥流化床高度，在污泥流化床达到污泥浓缩区进水管口后，通过浓缩区上部清水区重力排水将该处污泥引入污泥浓缩区，实现污泥流化床的自动更新，通过上述工序可使处理效果比常规污水净化设备高10%～20%。

4）工艺流程图及其说明

① 工艺流程图（图3-6）

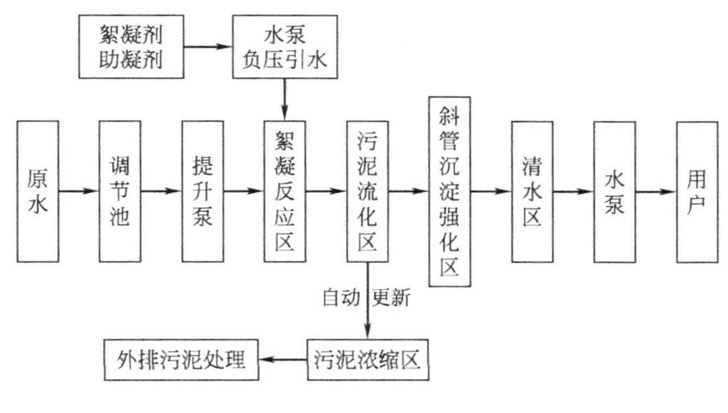

图3-6 工艺流程图

② 设备结构图（图3-7）

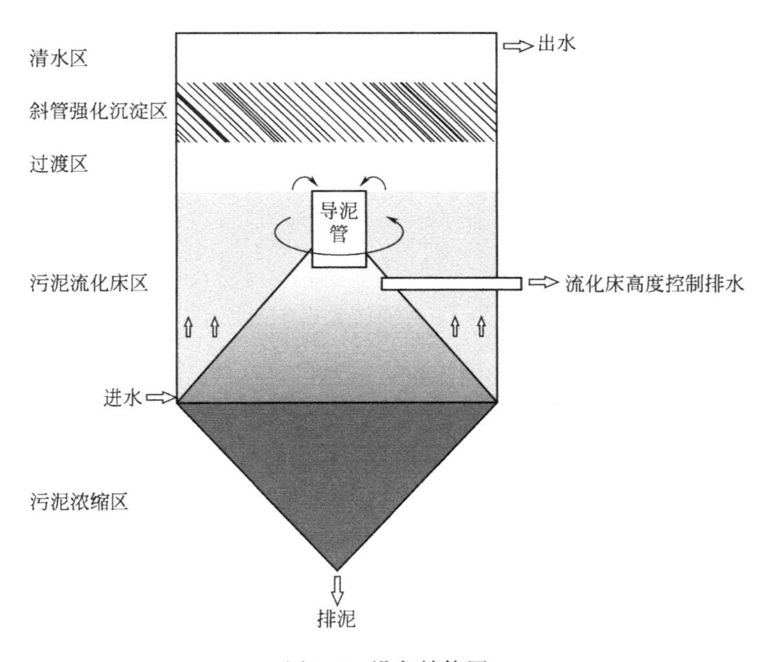

图3-7 设备结构图

图3-7所示为旋流絮凝净水器的设备结构图。该装置综合利用了絮凝化学和流体力学原理，污水加入絮凝剂后再经水泵混合，沿切线方向设计了四条支管进入絮凝反

应区，在絮凝反应区形成旋流，絮凝反应区设计为下部小，上部大，污水在上升过程中旋转速度由快到慢，促进絮凝反应的发生，提高絮凝效果，絮凝反应分离出的絮凝沉淀物由于自身重力和上升水流的作用在污泥流化区形成密度较大的污泥流化床，污泥流化床由于絮凝沉淀物密度高和荷电特性，具有过滤和吸附作用；污泥流化床顶面絮凝沉淀物在到达导泥管口时被带入污泥浓缩区，污泥浓缩区上部排水以控制污泥流化床的高度，从而使污泥流化床能稳定地自动更新；少量细小絮凝沉淀物上升后与斜管或斜板碰撞增大然后在重力作用下沉入污泥流化区，清水经出水堰后由出水管排出。

通过上述工艺处理的废水在无需过滤工序的情况下即可实现水回用，进而无需设计过滤室，节省了空间，无需滤料反冲洗，因此不会堵塞，提高了功效。

(5) 技术指标及使用条件

1）技术指标

旋流絮凝净水器的技术指标主要有：混合时间≤5min、反应时间≤25min、清洁区上升流速≥1.4mm/s、接触速度控制在10mm/min、进水浊度≤10000mg/L、出水浊度≤20mg/L。

2）经济指标

旋流絮凝净水器的运行费用主要是提升泵电费、药剂费，通常为0.1～0.3元/m^3废水。

3）条件要求

要求进水浊度范围：200～10000mg/L，浊度高于10000mg/L的废水需增加预处理设施。

4）典型规模

1～1000m^3/h。

(6) 关键设备及运行管理

1）主要设备

旋流絮凝净水器主体、水泵、引水罐、药箱。

2）运行管理

通过液位控制，易于实现自动运行，操作管理简便，维护简单。

3）主体设备或材料的使用寿命

设备主体使用寿命15年以上。

(7) 投资效益分析

1）投资情况

以煤矿废水处理为例，处理设备投资为500～1000元/t水。

2）运行成本和运行费用

运行费用主要是提升泵电费、药剂费，通常为0.1～0.3元/t水。

3）效益分析

本设备高度集成化，占地面积小，无滤材滤料，无反冲洗设备，处理能耗低；设备结构合理，易于维护，污泥浓缩效果好，利于后续污泥脱水处理，在多家煤矿、洗煤厂、铁矿等采矿选矿废水处理中运行良好，投资低，出水水质稳定，操作管理简便。

(8) 专利情况

实用新型：旋流絮凝净水器（专利号：ZL201020126987.9）

(9) 推广与应用示范情况

1）推广方式

自行推广销售。

2）应用情况

毕节市阿拉寨煤矿；荔波县立化镇下寨煤矿；兴仁县菜子田煤矿；荔波县水尧乡新寨煤矿；大方县大转湾煤矿；龙里县栎木山煤矿；大方县瑞丰煤矿；龙里县白水岩煤矿；福泉市青山煤矿；桐梓县大河煤矿；兴仁县富兴祥煤矿；桐梓县松坎煤矿；开阳县龙洞沟煤矿；贞丰县三河煤矿；织金县珠藏镇来哪冲煤矿；织金县丰河煤矿；织金县洪水沟煤矿。

3）示范工程

大方县大转湾煤矿，矿区综合污水排放量为1500m^3/d，项目投资28万元，至今运行情况良好，达标率100%。

4）获奖情况

2010年9月获得国家科技部、贵州省科技厅及贵阳市科技局创新基金无偿资助（立项代码10C26215205061），并于2012年11月通过创新基金验收。

(10) 技术服务与联系方式

1）技术服务方式

专业技术人员上门服务。

2）联系方式

单位名称：贵州明威环保技术有限公司

电话：0851-86557518，13984011115

传真：0851-86557518

邮编：550001

通信地址：贵州省贵阳市云岩区北京路241号

3.2.5 高含氨废水回收硫酸铵的技术及装备

(1) 技术持有单位

中钢集团武汉安全环保研究院有限公司

（2）单位简介

中钢集团武汉安全环保研究院有限公司集科研开发、工程设计与承包、科技产业、咨询服务于一体，涵盖安全、环保、循环经济三大领域。具有建设部颁发的市政排水甲级、冶金（环保）甲级，市政环境卫生甲级，市政给水乙级，建筑乙级，环境专项工程（水、气甲级；声、固乙级）设计资质，通过了 ISO9001、ISO14001、GB/T 28001 三体系认证。建院以来形成科研成果 600 余项，获得专利授权 50 余项，编制标准与规范十余项。特别是在高浓度有机废水（包含垃圾渗滤液）的处理及资源化技术研究、垃圾填埋场的设计（包含作业规划）及修复治理方面，为社会提供项目策划及咨询、科研与技术开发、工程设计与总承包等全方位服务，专业配套齐全，研发能力强，其业绩及研究成果达到国内先进水平。

（3）适用范围

该技术为我国在渗滤液处理行业中回收氨尾气的首创，且具有较强的适用性，可推广到其他含高氨氮污水处理行业。

（4）主要技术内容

1）基本原理

① 氨吹脱基本原理

氨氮在废水中主要以铵离子（NH_4^+）和游离氨（NH_3）状态存在，其平衡关系如下所示：

$$NH_3 + H_2O \rightleftharpoons NH_4^+ + OH^-$$

这个关系式受 pH 值的影响，在常温条件下，当 pH 值为 7 左右时氨氮大多数以铵离子状态存在，而 pH 为 11 左右时，游离氨大致占 98%。

随着废水的 pH 值升高，平衡向左移，呈游离状态的氨比例增大。若加以搅拌、曝气等物理作用更可促使氨氮从废水中溢出。在实际工程中大多采用吹脱塔。吹脱塔一般采用气液接触装置，在塔的内部填充材料，用以提高接触面积。调节 pH 值后的废水从塔的上部喷淋到填料上而形成水滴，顺着填料的间隙次第落下，与由风机从塔底向上吹送的空气逆流接触，完成传质过程，使氨氮由液相转为气相，随尾气排放，完成吹脱过程。

② 氨结晶基本原理

本工艺硫酸铵是浓硫酸和氨气在饱和器内发生如下化学反应而生成的。反应方程式：

$$H_2SO_4 + NH_3 \longrightarrow (NH_4)_2SO_4 \text{（硫酸适量）}$$

$$H_2SO_4 + NH_3 \longrightarrow NH_4HSO_4 \text{（硫酸过量）}$$

$$NH_4HSO_4 + NH_3 \longrightarrow (NH_4)_2SO_4$$

上述反应是放热反应，当用硫酸吸收氨尾气中的氨氮时，实际所得的热效应和硫酸铵母液的 pH 及温度有关，其值约比理论反应放出的热量少 10%左右。

当饱和器内的 pH 为 2～4 时，生成的硫铵产品主要为正盐。当 pH 降低时，即当饱和器内母液的 pH<2 时，饱和器和母液中同时存在着正盐和酸式盐。但酸式盐比正盐更容易溶于水和稀硫酸，因此，在溶解度达到极限时，饱和器中从溶液中首先析出的是 $(NH_4)_2SO_4$。

2）技术关键

① 吹脱进水总硬度和总悬浮物的控制；

② 吹脱气水比控制；

③ 吹脱塔的布水分布；

④ 结晶器运行 pH 和气水比的控制；

⑤ 结晶器的出口压力和出口除沫的控制；

⑥ 结晶器的布水分布；

⑦ 吹脱和结晶器的设备选型控制。

3）创新点与技术特点

① 该技术为我国在渗滤液处理行业中回收氨尾气的首创；

② 该项目可把氨尾气直接转变为硫酸铵晶体，其品种可达到《硫酸铵》（GB 535—95）品质中优等品的要求；

③ 该技术具有运行稳定、脱氮效率高、运行成本低等技术特点；

④ 该技术具有较强的适用性，可推广到其他含高氨氮污水处理行业。

4）工艺流程图及说明

工艺流程图如图 3-8 所示。投加石灰将高氨氮废水的 pH 值调至 10.5～12，由泵提升进入氨吹脱塔顶部，空气由氨吹脱塔底部进入，在氨吹脱塔内逆流接触传质，进行脱氨反应。脱氨反应后的废水进入二级反应沉淀池。吹脱塔产生的氨尾气进入饱和结晶器与液体硫酸铵反应生成硫酸铵晶体。产生的硫酸铵晶体可以外售，从而达到氨资源回收利用的目的。

预处理产生的污泥则通过泵抽至污泥浓缩脱水系统，通过板框压滤脱水后形成80%左右的泥饼后送至填埋场进行填埋。

（5）技术指标及使用条件

1）技术指标

① 吹脱塔吹脱效率≥80%；

② 进吹脱塔 pH 控制在 10.5～12，气水比 3000∶1；

③ 结晶器对氨尾气的去除率≥90%，尾气排放满足《恶臭污染物排放标准》（GB 14554—93）；

④ 饱和结晶器生成的硫酸铵晶体基本满足《硫酸铵》（GB 535—95）品质中优等品的要求；

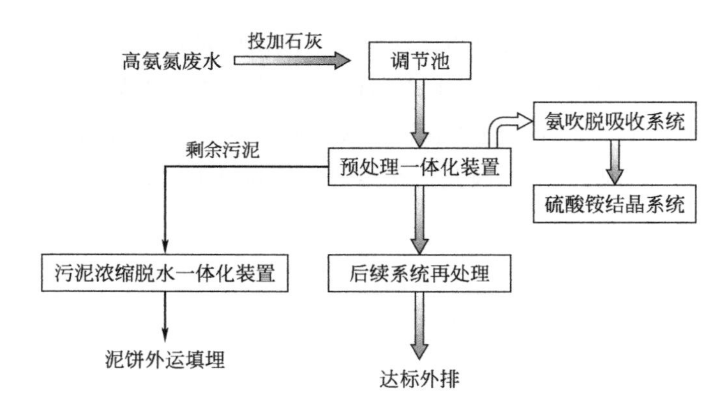

图 3-8 某填埋场渗滤液预处理工艺流程图

⑤ 主要处理工艺为"预处理系统+吹脱系统+结晶系统+污泥浓缩脱水系统";

⑥ 预处理系统由加药装置、搅拌装置、沉淀装置以及排泥装置所构成;

⑦ 吹脱系统由提升泵、风机、吹脱塔组成;

⑧ 结晶系统由循环泵、结晶泵、饱和结晶器、真空抽滤装置、浓硫酸投加装置组成;

⑨ 饱和结晶器为一体化装置,上塔体为圆柱形吸收塔,玻璃钢材质,下塔体为母液槽,支撑为不锈钢支柱;

⑩ 结晶系统采用自动化控制装置,当结晶器内的 pH 大于 4 时,系统自动加酸至 pH 为 2 时停止加酸,同时可根据系统出口氨氮的浓度来控制系统的循环泵开启数量。

2) 经济指标

① 投资约 1.3 万元/t 污水;

② 运行成本 23.94 元/t 污水。其中,药剂费 17.62 元/t 水,水费 0.16 元/t 水,电费 6.16 元/t 水。晶体收益为 2.1 元/t 污水。

3) 条件要求

① 处理水量≥100t/d;

② 原水硬度≤2000mg/L;

③ 原水悬浮物≤2000mg/L;

④ 原水氨氮≤10000mg/L。

4) 典型规模

① 100~700t 污水/d;

② 1000t 污水/d;

③ 1500t 污水/d。

(6) 关键设备及运行管理

1) 主要设备

高氨氮废水的吹脱处理技术装备主要由以下设备组成(表 3-13),其中可根据处理污水规模、处理氨氮量确定每个设备的不同参数及材质。

表 3-13 主要设备表

序号	名称	数量	单位
1	石灰投加系统	1	套
2	预处理一体化装置	1	套
3	吹脱塔	1	套
4	离心变频风机	1	台
5	结晶塔(含满流槽、结晶槽、抽滤箱等)	1	套
6	母液循环泵	4	台
7	浓硫酸泵	2	台
8	硫酸罐	1	套
9	耐腐蚀真空泵	1	台
10	洗涤塔	1	套
11	污泥脱水一体化装置	1	套

2）运行管理

氨结晶系统采用先进、可靠的自动化技术，提高了企业的运行水平，尽可能地减少工人劳动强度。系统以巡视、巡检为主。配置技术人员、维修人员及操作人员。

巡检制度：每班至少巡检 2 次，并详细检查和记录设备运行状况，发现问题，及时向技术员反馈。

安防监控制度：操作人员非巡检期间，对监控设备进行实时监测，发现异常，及时向技术人员反馈。

3）主体设备或材料的使用寿命

石灰投加系统、预处理系统、硫酸罐投加系统、污泥脱水化系统的使用寿命在 8 年以上。吹脱塔、结晶塔、洗涤塔的使用寿命在 10 年以上；泵的使用寿命在 5 年以上。

(7) 投资效益分析

1）投资情况

以处理量 1000t 水/d，含氨量为 4000mg/L 的废水为例，总投资需要 1300 万元。单方投资为 1.3 万元/t 废水。其中设备投资为 1067 万元，占总投资的 82.1%。

2）运行成本和运行费用

运行成本 23.94 元/t 水：其中药剂费 17.62 元/t 水，水费 0.16 元/t 水，电费 6.16 元/t 水。晶体收益为 2.1 元/t 水。

3）效益分析

以深圳市下坪固体废弃物填埋场渗滤液处理一厂为例，其每天处理 1000t 渗滤液，可产生硫酸铵晶体 7t 左右。硫酸铵晶体以 300 元/t 的价格外卖至当地化肥厂做有机肥，该污水处理厂按照每年运行300d计，则每年可增收63万元。

另外，若渗滤液不经过吹脱，直接进入生化系统，以1000t水/d渗滤液处理规模的生化系统为例，假设其进水COD为4000mg/L，BOD_5/COD为0.3，氨氮含量为3500mg/L，生化出水的氨氮按照1000mg/L（对应吹脱出水）计，假设生化法人工费用和检修费用与吹脱结晶系统成本相同，则两者的运行成本对比见表3-14。

表3-14 吹脱-结晶系统与生化系统工程指标对比表

项目	吹脱-结晶系统	生化系统
占地面积	较小，布置灵活	占地面积大，需要冷却或加热系统
设备寿命	主体设备寿命10年以上	主体设备寿命5～10年
人员管理	6人倒班值守	6人倒班值守
运行管理	自动化程度高，便于管理	对技术要求比较高，不便于管理
单方投资	1.3万元/t污水	1.3万元/t污水
运行成本	23.94元/t污水	33.51元/t污水

从表3-15可以看出，吹脱-结晶工艺相比传统的生化系统，有比较大的优势。按照处理量1000t水/d的渗滤液系统来计，氨吹脱较纯生物处理法降低运行费用9.57元/t污水，年节省费用287.1万元，且系统运行稳定性、可靠性大增。

氨吹脱-结晶系统在深圳市下坪固体废弃物填埋场一厂的实施运用，可直接减少氨尾气外排量900t/a。含氨废水经处理后达标排放，改善了场区的生活和工作环境，减少了疾病的发生与流行，减少了环境问题纠纷，有利于场区的长期发展和稳定。

在高氨氮废水处理行业，氨尾气变为硫酸铵晶体，真正体现了"资源综合利用""变废为宝"的理念。本项目的研究成果将在深圳乃至全国产生积极的影响，具有显著的经济效益、环境效益和社会效益。

(8) 专利和鉴定情况

1）专利情况

生活垃圾卫生填埋场垃圾渗滤液氨的回收工艺及设备（专利号：ZL200910061389.X）

城市垃圾卫生填埋场渗滤液处理工艺（专利号：ZL200310111464.1）

2）鉴定情况

① 组织鉴定单位：住房和城乡建设部建筑节能与科技司

② 鉴定时间：2013年8月31日

③ 鉴定意见

课题组对渗滤液污染治理和资源化关键技术进行创新型研究，研发集成了"脱氮＋EGSB＋TBIMB＋NF"垃圾渗滤液资源化处理组合工艺，并应用于下坪固体废弃物填埋场垃圾渗滤液处理项目，实现了垃圾渗滤液达标处理和资源化利用目标。

示范工程应用结果显示：a. 脱氮成本为11元/kg氨氮（以氮计）；b. 沼气综合

能源利用效率在68%以上；c. 工程处理系统20%的产水水质优于《城市污水再生利用 城市杂用水水质》(GB/T 18920—2002) 的要求，并实现在填埋场内回收利用；其余70%的产水水质达到《生活垃圾填埋场污染控制标准》(GB 16889—2008) 要求。工程运行综合处理成本为30.60元/t (不含浓缩液处理)，具有较明显的经济优势。

该项目研究系统性强，具有创新性，整体上达到了国内领先水平。经过长期实际运行的验收，具有良好的工程示范性和推广应用价值。

(9) 推广与应用示范情况

1) 推广方式

本项目技术成果已在全国多个城市得到了推广应用。最早应用于深圳市下坪垃圾卫生填埋场渗滤液处理工程，该填埋场是我国第一座采用九十年代国际通用卫生填埋技术建设的大型城市生活垃圾填埋场。渗滤液处理厂设计渗滤液处理规模为$1500m^3/d$，出水稳定达标，取得了良好的效果。此后深圳市下坪固体废弃物填埋场新建渗滤液处理二厂 (处理规模$1600m^3/d$) 也采用了本项目的技术成果。

2) 应用情况

深圳市下坪固体废弃物填埋场新建渗滤液处理一厂

深圳市下坪固体废弃物填埋场新建渗滤液处理二厂

3) 示范工程

见效益分析中相关描述。

4) 获奖情况

2014年获得湖北省科技进步奖二等奖。

2014年获得武汉市科技进步奖三等奖。

(10) 技术服务与联系方式

1) 技术服务方式

提供可行性研究报告、工程设计、设备供货及现场调试指导等技术服务。

2) 联系方式

单位名称：中钢集团武汉安全环保研究院有限公司

电话：027-86396788-816，13517216180

邮箱：1351721618@163.com

邮编：430081

通信地址：武汉市青山区和平大道1244号

3.2.6 基于活性生物填料的分散污水处理装备EGA智能槽

(1) 技术持有单位

江苏裕隆环保有限公司

(2) 单位简介

江苏裕隆环保有限公司创建于1995年，是一家长期致力于水处理技术及装备研发、生产的国家高新技术企业。公司业务范围：环保项目工程总包、环保设备研发、生产和销售，为客户提供从项目咨询、工艺设计到产品生产、工程建设的水处理问题"一站式"服务。

公司拥有10多人技术研发团队，包括博士2名，硕士6名；高级工程师3名，工程师6名等。与南京大学合作成为"南京大学产学研联盟企业"并共建"无锡市生物膜污水处理工程技术研究中心"；与中科院合作成立"活性生物填料研究中心"；与北京工业大学、中国工程院彭永臻院士合作共建"城市污水脱氮除磷与过程控制工程技术研究中心产业化基地"。

公司先后承担了国家"863"项目子课题两项、"十三五"水专项子课题一项、中小企业创新基金项目、江苏省科技支撑社发项目等多项国家和省市级科研课题。目前拥有水处理技术及装备发明专利16项、实用新型专利24项、外观专利8项、软件著作权1项。参编国家标准2项，行业标准3项，团体标准7项。

主要专利技术及产品包括：用于污水厂提标扩容的活性生物填料和ISBAS工艺；用于分散污水处理的EGA智能槽；用于污水好氧曝气的裕龙®微孔曝气器。

(3) 适用范围

EGA智能槽系列产品主要用于农村村落、旅游区、服务站、加油站、农贸市场等分散生活污水处理及与之类似的有机生产废水处理。

(4) 主要技术内容

1）基本原理

EGA智能槽是在传统A/O生物处理工艺的基础上，结合技术先进、成熟的MBBR生物处理设计而成，具有依靠反应器中的高效微生物去除有机污染物和氨氮、总氮、总磷等的功能。EGA智能槽主体工艺为消氧池＋厌氧滤池＋好氧MBBR，该反应器处理工艺单元及组件拥有多项专利技术。

2）技术关键

① 悬浮活性生物填料（专利号：ZL200610096315.6）；

② 微孔曝气器（专利号：ZL201210016644.0、ZL201310617399.3、ZL201310649052.7、ZL201410063558.4）；

③ 强化生物脱氮的污水处理装置（专利号：ZL201420449548.X）；

④ 农村生活污水处理装置（专利号：ZL201820003042.4）；

⑤ 基于改性活性载体的分散生活污水EGA处理装置（专利号：ZL201821621898.4）；

⑥ 分散式污水处理设备远程运维系统软件（2018R11L536479）。

3）科技创新点与技术特点

① 主体工艺采用生物膜法，污染物负荷高，抗冲击能力强，出水稳定；

② 根据各功能区微生物特性，采用不同的功能填料，增强微生物处理效果；

③ 高效溶解氧控制系统，增强脱氮能力，提高出水水质；

④ 智能污泥再利用系统，提高出水水质的同时减少污泥产量，延长维护周期；

⑤ 厌氧滤床高效去除有机物，好氧 MBBR 段只去除氨氮，能耗低；

⑥ EGA 云智能远程运维，实现自动运行和无人值守。

4）工艺流程图及其说明

EGA 智能槽的工艺流程图如图 3-9 所示。

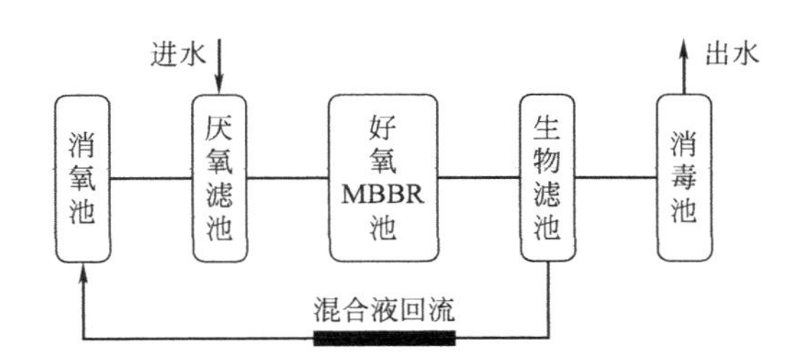

图 3-9　EGA 智能槽工艺流程图

其工作原理为：

① 在消氧池内将来自生物滤池的污泥混合液中的溶解氧充分消耗和利用，并由污泥为脱氮提供碳源；

② 生活污水直接进入厌氧滤池，对污水中的悬浮物进行沉淀、过滤，利用微生物将污水中的有机氮转化分解成氨氮；利用污水中的有机碳源进行反硝化作用；利用部分有机碳源和 NH_3-N 合成新的细胞物质；然后，进入好氧 MBBR 池；

③ 好氧 MBBR 池包括好氧微生物及自养型微生物，其中，好氧微生物将有机物分解成 CO_2 和 H_2O；自养型微生物用有机物分解产生的无机碳或空气中的 CO_2 作为营养源，将污水中的 NH_3-N 转化成 NO_2^--N、NO_3^--N；出水进入生物滤池；

④ 在生物滤池中进行沉淀和过滤，将污水中的 SS 去除，出水部分回流至消氧池，其余经消毒后进入人工湿地或直接排放。

(5) 技术指标及使用条件

1）技术指标

农村生活污水等分散型污水经 EGA 智能槽设备处理后，出水指标达到 GB 18918—2002 标准：COD_{Cr} < 50mg/L，BOD_5 < 10mg/L，SS < 10mg/L，TN < 15mg/L，NH_3-N<5 (8) mg/L，TP<0.5mg/L。

2）经济指标

对比同类型设备，本设备整体能耗下降 5%～20%。

3）条件要求

污水进本设备之前需经格栅、化粪池或调节池等预处理。

4）典型规模

0.6m^3/d；1m^3/d；2m^3/d；3m^3/d；5m^3/d；10m^3/d；15m^3/d；20m^3/d；30m^3/d；50m^3/d；100m^3/d；其他型号需定制。

(6) 关键设备及运行管理

1）主要设备

EGA智能槽配置空气泵、进水提升泵及回流泵和电控系统；根据需要配套加药装置、电磁流量计、监控等。

2）运行管理

配有EGA远程运维系统，可实现数据传输、指令下达、数据保存、数据分析、故障报警、维护考勤、运维巡查、权限管理、运维评价等，通过远程集中智能化管理和低成本运维管理，实现分散污水处理站自动运行和无人值守。

3）主体设备或材料的使用寿命

主体设备、内部填料等的使用寿命为15～20年。

(7) 投资效益分析

1）投资情况

某项目总投资（土建、设备、安装、绿化等）为20万元，其中，设备投资约占总投资的30％。

2）运行成本和运行费用

吨水运行费用为0.5～0.8元（根据配置不同及处理要求不同，运行费用不同）。

3）效益分析

与国内外同类型产品相比（表3-15），EGA智能槽具有的优点是：

① 出水水质好，目前稳定达到GB 18918—2002中的一级B，一级A达标超过70％～80％；

② 小型化程度高，同时能通过改变投加填料实现处理量和处理水质升级；

③ 运行维护周期长，一年排泥一次，对风机、水泵等维护2～3次，也可以根据控制系统的反馈延长维护间隔；

④ 成本方面，由于是直接的生产商，同时核心填料是自给自足，所以相对投资成本较低；控制系统自动化程度高，填料无需更换；排泥间隔长，设备维护成本较低。

(8) 专利和鉴定情况

1）专利情况

① 发明专利

悬浮多孔生物载体及制备（专利号：ZL200610096315.6）

表 3-15　江苏裕隆公司 EGA 智能槽对比分析表

项目内容	EGA 智能槽	某罐	某进口净化槽
出水水质	中，达到 GB 18918—2002 中一级 B 受冲击负荷能力强	低，冲厕水标准 容易堵塞	中，达到一级 B
小型化（单一设备）	处理水量：1～3t （投加填料量变化，实现升级） 外观尺寸：较大（3.7m³） 使用人数：3～5 户/15～20 人	处理水量：0.6t 外观尺寸：较小 使用人数：单户/3～5 人	处理水量：1t 外观尺寸：中等（2.3m³） 使用人数：单户/3～5 人
运行维护	排泥：1 次/a 维护：2～3 次/a 维护简单	排泥：2～3 次/a 维护：2～3 次/a	排泥：2～3 次/a 维护：2～3 次/a （在国外需专业维护师）
成本	低 **投资成本：** ①原材料成本低，核心技术填料自给； ②设备直接生产商； ③占地面积小，施工费用低。 **运行成本：** ①填料稳定性高，不需后期替换、投加； ②排泥间隔长，投入少	中 **投资成本：** 填料需要购买 **运行成本：** 填料稳定性差，最多一年需要换	高 **投资成本：** ①国外产品，授权、代理等费用高； ②处理水量提高时，占地面积大，施工费用高。 **运行成本：** ①填料易变形，后续需替换；且需国外填料； ②排泥间隔短，投入多

中心及四周双层固定大面积膜片式微孔曝气器（专利号：ZL201210016644.0）

一种微孔曝气器（专利号：ZL201310617399.3）

一种改进的环盘型微孔曝气器（专利号：ZL201310649052.7）

一种改进的中空盘式微孔曝气器（专利号：ZL201410063558.4）

② 实用新型

一种强化生物脱氮的污水处理装置（专利号：ZL201420449548.X）

一种农村生活污水处理装置（专利号：ZL201820003042.4）

一种基于改性活性载体的分散生活污水 EGA 处理装置（专利号：ZL201821621898.4）

2）鉴定情况

① 组织鉴定单位：中国环境保护产业协会水污染治理委员会

② 鉴定时间：2019 年 4 月 21 日

③ 鉴定意见

该技术采用“消氧＋厌氧滤池＋MBBR 工艺”，工艺系统设计合理，产品已成套装备化，用户意见表明该设备运行维护方便，出水水质良好，达到相应农村污水处理排放标准。

该设备采用专利活性生物填料，启动速度快，有效维持系统不同菌群的总体生物量，抗冲击能力强，耐低温；基于回流污泥消氧运行，实现系统低氧环境条件下的生物脱氮，同时减少污泥量；安装与运维方便，通过 EGA 云智能远程运维系统，做到设备的自动运行和无人值守，并同时实现了对运行数据和水质参数的收集，适合在农村等分散小型污水处理工程中应用。

根据查新报告，该设备达到国内领先水平。专家一致建议：进一步加快该技术和设备的推广和应用。

(9) 推广与应用示范情况

1）推广方式

展会、会议网络、公司原来销售网络体系、推广。

2）应用情况（表 3-16）

表 3-16 主要用户目录

序号	工程名称	设备型号	时间
1	贵州天保生态股份有限公司贵州新区项目	EGA-3;EGA-5;EGA-10	2017 年
2	重庆耐德水处理科技有限公司高速公路服务区项目	EGA-3;EGA-5;EGA-10	2018 年
3	无锡市政设计研究院有限公司宜兴项目	EGA-5;EGA-10;EGA-15;EGA-20;EGA-30	2018 年
4	四川省内江市东兴区住建局内江项目	EGA-2;EGA-5;EGA-10	2018 年
5	中建水务(溧阳项目)	EGA-2	2018 年
6	北京万侯环境技术有限公司承德项目	EGA-1	2019 年
7	扬州龙川污水处理有限公司江都项目	EGA-1;EGA-2;EGA-3;EGA-5;EGA-10;EGA-15;EGA-20;EGA-30	2019 年

3）示范工程

江苏省宜兴市高塍镇农村污水处理项目，位于高塍镇亳村，处理水量分别为 $2m^3/d$ 和 $10m^3/d$，分别服务农户 5 户和 19 户，受益人口总计 85 人，项目占地面积 $320m^2$。

项目采用 EGA 智能槽，出水达到 GB 18918—2002 中的一级 A 标准（不含 TP）。2t 设备总容积 $4.2m^3$，10t 设备总容积 $12m^3$，各分区基本平分，流程图如图 3-10 所示。

该设备采用专利活性生物填料，启动速度快，有效维持系统不同菌群的总体生物量，抗冲击能力强，耐低温；基于回流污泥消氧运行，实现系统低氧环境条件下的生物脱氮，同时减少污泥量；安装与运维方便，通过 EGA 云智能远程运维系统，做到设备的自动运行和无人值守，并同时实现了对运行数据和水质参数的收集，适合在农村等分散小型污水处理中应用。设备效益分析见表 3-17。

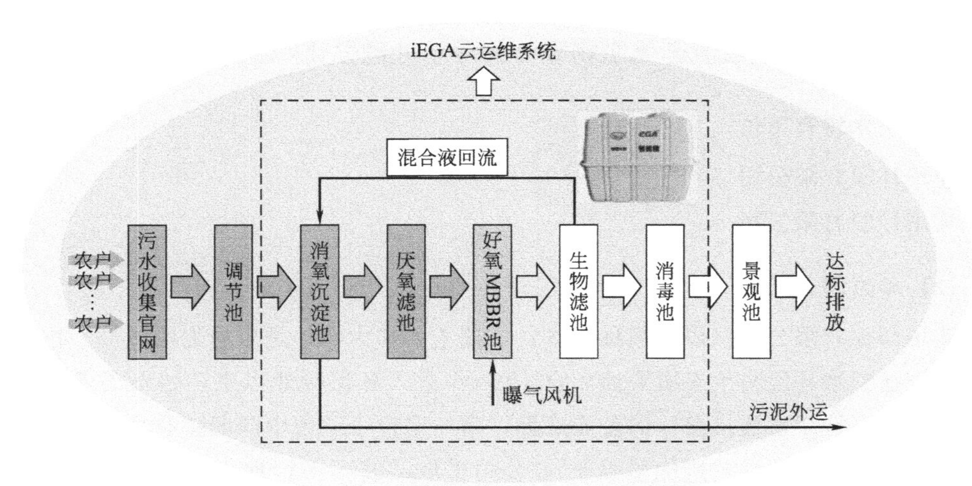

图 3-10　示范工程流程图

表 3-17　设备效益分析

项目	参数
主要工艺停留时间及设备	①停留时间：消氧池 3.0h；厌氧滤床 6.0h；好氧 MBBR 池 8.0h；生物滤池 2h；消毒池 0.5h。 ②空气泵：$1m^3/d$ 为 40L/min；$10m^3/d$ 为 100L/min
应用效果	出水达到 GB 18918—2002 中一级 A(除 TP)排放标准，保护当地水环境
投资费用	设计费 10000 元；设备费 30000 元；施工绿化费 40000 元
运行费用	实际运行费用 0.6 元/t
能源、资源节约和综合利用情况	主要是处理了农户产生的生活污水，保证了排放达标

4）获奖情况

① 2017 年第三届环保创新创业大赛季军；

② 2018 年首届环保装备创新挑战赛创新奖；

③ 2018 年中国中小企业创新创意大赛二等奖。

(10) 技术服务与联系方式

1）技术服务方式

项目设计、施工、安装、调试、运维。

2）联系方式

单位名称：江苏裕隆环保有限公司

电话：0510-87838682

传真：0510-87895522

邮箱：sales@ylep.com

邮编：214214

通信地址：江苏省宜兴市高塍镇工业集中区华汇路 6 号

3.2.7 基于厌氧缺氧流态化生物载体的污水处理强化脱氮除磷技术及应用

(1) 技术持有单位

浦华环保有限公司

浦华控股有限公司

(2) 单位简介

浦华环保有限公司（以下简称浦华）依托于清华大学，是启迪集团成员。作为一家中国创新型水环境与生态服务商，自1988年进入环保行业以来，始终秉承"办健康企业，走可持续发展之路"的企业宗旨，市场定位于"为中国城镇和大中型企业节能减排、生态文明建设提供优质服务"。公司采取"技术＋管理＋资本"的发展战略模式，以改善城镇供水水质、提高城镇污水处理效率为重点，通过PPP、BOT、TOT、DBO等方式，为不同行业水环境和生态修复项目提供包括综合治理前瞻性规划、咨询、投融资、工程建设、高效节能环保设备生产及产品集成，以及运营管理在内的整个项目全过程服务。主营业务为水务和生态环境治理服务。凭借二十多年环保领域的丰富经验和成功业绩，浦华专注于城乡污水处理与雨洪管理服务，形成了用于污水厂改造的浦华污水处理升级包（纤维转盘过滤、全流程MBBR、高精度除砂、污泥厌氧发酵）和用于海绵城市建设和雨洪管理的浦华雨洪管控包（内涝控制、CSO控制、初雨控制）。公司业务范围包括水环境咨询评价、给水处理、高精度除砂、市政污水处理、工业废水处理、废水资源化处理（中水回用）、农村和小城镇特色水务服务、雨洪管理、地表水环境修复、海绵城市建设、景观水体生态综合治理、自有专利环保成套设备供应工程服务、低碳节能环保技术转移与产业化服务、集成大气污染治理动态评估与管理技术平台的智慧环保以及高附加值先进环保产品的引进、消化与研发。通过提供国际先进节能的环保产品进出口服务，浦华供应链构建了国内外环保产品营销网络。作为国家高新技术企业和"十一五"863计划课题牵头承担单位，目前公司拥有"用于污水深度过滤处理的纤维转盘滤池"等百余项专利技术产品，其中多项成果转化工程被列入国家重点环保实用技术A类、国家重点环保示范工程、高新技术成果转化项目和火炬计划及政府采购计划项目等。公司业绩遍布全国，截至目前已完成包括三峡工程、南水北调、国家大剧院、香港策略性污水排放、淮河治理等在内的4000多个咨询项目和十余个水务项目，是全球最大的盘式过滤供应商。

浦华控股有限公司（以下简称浦华控股）成立于2004年，是国家认定的高新技术企业和北京市科委认定的北京市设计创新中心。浦华控股业务运作模式是以技术创新为核心，通过技术引进消化、自主研发等多种方式，开发出多项适合中国国情、具有国际先进水平的环保技术，并完成工程设计、工业设计，建立应用示范和产品生产基地，多项创新成果被列入国家环保重点实用技术、高新成果转化、火炬计划和政府采购计划，其中“强化脱氮除磷功能的恒水位改良型SBR工艺”等获得过“环境保护科学技术奖”。浦华控股拥有工程咨询、环境工程设计、市政工程设计、环保工程承包、机电安装承包、环保设施运营等资质，核心业务涉及工业与城镇污水处理可研设计咨询服务、工程总承包、关键设备开发设计、设施运营等，积累了大量的工程设计和技术服务经验，聚集了大批的专业技术人才，特别是在中小规模市政污水处理工程设计方面做了大量工作，在国内具有较大的影响，赢得了良好的市场品牌美誉，得到了众多客户和合作伙伴的信任与青睐。

(3) 适用范围

适用于新建污水处理厂和现有污水厂提标改造、产能提升、节能降耗等，具有广阔的推广应用前景。

(4) 主要技术内容

1）基本原理

流态化生物载体（fluidized biological carriers，FBC）技术通过在厌氧区和缺氧区、好氧区投加流态化生物填料对活性污泥系统进行优化或设置独立后置缺氧填料区，是强化生物脱氮除磷并提高污水处理厂出水水质的一个有效方法。FBC工艺是传统MBBR工艺与活性污泥工艺在厌氧、缺氧、好氧段的有机结合。即借助了移动床生物膜工艺的特点，在生物反应池中投加可挂膜的悬浮填料，填料具有较高的比表面积，生物膜在填料内外表面都能大量生长。在缺氧或厌氧反应池中，通过机械搅拌及推流实现FBC工艺；在好氧区通过空气搅拌实现FBC工艺。该工艺在厌氧区强化了厌氧水解酸化作用，大量的挥发性脂肪酸（VFA）为释磷菌提供了大量的、容易吸收利用的碳源，大量释磷；在缺氧区实现双泥龄系统，使长泥龄菌种得到富集，实现污水中菌种的精细化分工，从而大大提高反硝化效率，再根据厌氧氨氧化、短程硝化反硝化的特性加以调试，可以在主流工艺中实现厌氧氨氧化、短程硝化反硝化及传统反硝化协同处理的功能，使生物池出水总氮大幅降低，在好氧区实现碳化和硝化功能，使氨氮减少。

厌氧氨氧化菌（anaerobic ammonium oxidation，Anammox）是一类细菌，属于浮霉菌门，包括*Candidatus Brocadia*、*Candidatus Kuenenia*、*Candidatus Scalindua*和*Anammoxoglobus*属。它们至今未能成功分离得到纯菌株，因此尚未获得正式命名和分类。它们可以在缺氧环境中，将铵离子（NH_4^+）用亚硝酸根（NO_2^-）氧化为氮气：

$$NH_4^+ + NO_2^- \longrightarrow N_2 + 2H_2O,\quad \Delta G^{\ominus} = -357kJ/mol$$

它们对全球氮循环具有重要意义，也是污水处理中重要的细菌。

基于厌氧缺氧流态化生物载体的污水处理强化脱氮除磷技术是一种节能节碳工艺，采用大A（厌氧、缺氧）小O（好氧）的理念，强化污染物在A段的去除效率，降低O段能耗。同时强化内碳源（污泥和污水中）的合理开发、分配和利用，以降低外购碳源的费用。该技术以生物悬浮填料为载体，将Anammox菌固化在一种新型生物悬浮填料上，这种填料具有较高的比表面积，生物膜在填料内外表面都能大量生长，为 Anammox 菌提供了良好的生长环境，大大提高了系统的 Anammox 菌浓度和活性，实现 Anammox 技术脱除 TN。厌氧区投加填料，填料上的生物膜可使外回流带来的 NO_3^--N 迅速反硝化，降低了厌氧段的 NO_3^--N 浓度（反硝化菌优先利用 VFA 进行反硝化反应），同时将来水中的有机物分解为 VFA，足够多的 VFA 使得聚磷菌在厌氧段可以对磷进行快速彻底地释放，为好氧段吸收过量的磷做准备。

缺氧池投加悬浮填料，通过一定时间的挂膜和驯化，填料上富集的高浓度反硝化菌可加快系统反硝化速率，使得反硝化反应在有限的水力停留时间内进行完全。

在缺氧或厌氧反应器中，通过机械搅拌使填料移动。其主要原理是污水连续经过装有移动填料的反应器时，在填料上形成生物膜，生物膜上微生物大量繁殖，这些漂浮的载体随反应器内混合液的回旋翻转作用而自由移动，起到净化水质的作用。由于微生物被固定在载体上，反硝化菌等增殖速度慢的微生物也能生长繁殖。生物膜的生物相是相当丰富的，形成了由细菌、真菌等一系列微生物群体所组成的较为稳定的生态体系，因此反应池中可达到较高的生物量，可使传统污水脱氮节省能耗 40%左右。并通过对系统内碳源进行充分管理利用，最大限度地利用生物除磷，减少化学除磷；最终达到降低工程投资、节约运行成本的目的。

2）技术关键

基于厌氧缺氧流态化生物载体的污水处理强化脱氮除磷技术是公司自主创新项目。

首先，本项目设计了一种无回流大处理量新型厌氧、缺氧 FBC 反应池，通过水力模型模拟计算、不同密度填料的组合、搅拌机功率位置的选择、分层能量流场控制等措施解决了填料的流化状态困难等多项难题，实现了池内良好的流化状态，单池日处理规模可达 100000m^3。

其次，项目选用的改性生物悬浮填料是 HDPE＋改性材料，是国内首创、国际领先的一种新型生物悬浮填料。HDPE 本身是疏水性材料，经改性后，填料的亲水性、生物亲和性、附着的微生物活性都大大提高，新陈代谢加快。而且在改性材料中有对生物酶的增强性成分（尤其是针对硝化细菌的酶促进成分的配方），能促进生物酶的催化作用、硝化细菌的硝化作用，提高填料的硝化细菌硝化能力，使微生物对水中污染物的分解能力和氨氮的去除能力大大提高。此外，通过优化悬浮填料的体积特征，达到微生物的最大活性，提供了在同一反应池中同时固定不同种类微生物的可能性，提高了处理效率。

最后，通过对出水口和放空口的重新设计，有效地克服了厌氧、缺氧悬浮填料易堵塞、易堆积的问题。

3）科技创新点及技术特点

① FBC 工艺包采用双泥龄技术，在西安第四污水处理厂工程应用过程中形成了较为稳定的主流厌氧氨氧化，属于重大发现。

② 国内首次在大规模生产性工程中，采用厌氧缺氧流态化生物载体工艺强化脱氮除磷，该技术是一种节能节碳工艺，实现系统内碳源的充分利用。在实际工程中，TN去除率87.6%，TP去除率96.1%，出水TN平均值7.0mg/L，TP平均值0.19mg/L。

③ 在大型市政污水处理厂厌氧、缺氧池中投加填料，实现完全流化。厌氧、缺氧FBC技术未大规模推广的主要难点是实现填料的流化状态困难。研发人员通过水力模型模拟计算、不同密度填料的组合、搅拌机功率位置的选择、分层能量流场控制等措施解决了多项难题，实现了池内良好的流化状态。在厌氧、缺氧段可利用现有池型，采用无终点循环模式，无需复杂的填料回流设施。

④ 提出二沉池强化脱氮改造技术，将二沉池污泥泥位提高，利用底泥中内碳源发生反硝化反应，使外回流污泥中硝酸盐浓度比出水降低5～10mg/L，实现二沉池局部反硝化强化生物除磷。

⑤ 在大型市政工程中发现稳定厌氧氨氧化菌的存在。实际工程中生物膜呈褐红色，处理过程中有明显的短程反硝化和厌氧氨氧化现象发生。在节约传统污水厂大量反硝化所必需碳源的同时可节省脱氮能耗40%左右。

⑥ 在污水处理主流程中有明显的厌氧氨氧化现象发生，经菌种鉴定存在厌氧氨氧化菌群，其对TN的去除贡献率能达到15%。

⑦ 该工艺较传统A/A/O工艺可提高TN去除效率20%、TP去除效率25%以上，从而吨水处理可节约化学药剂费用0.15～0.25元；可减少污泥产生量15%，节省能耗15%，节约占地面积20%。

4）工艺流程图及其说明

工艺流程如图3-11所示。主要工艺过程为：

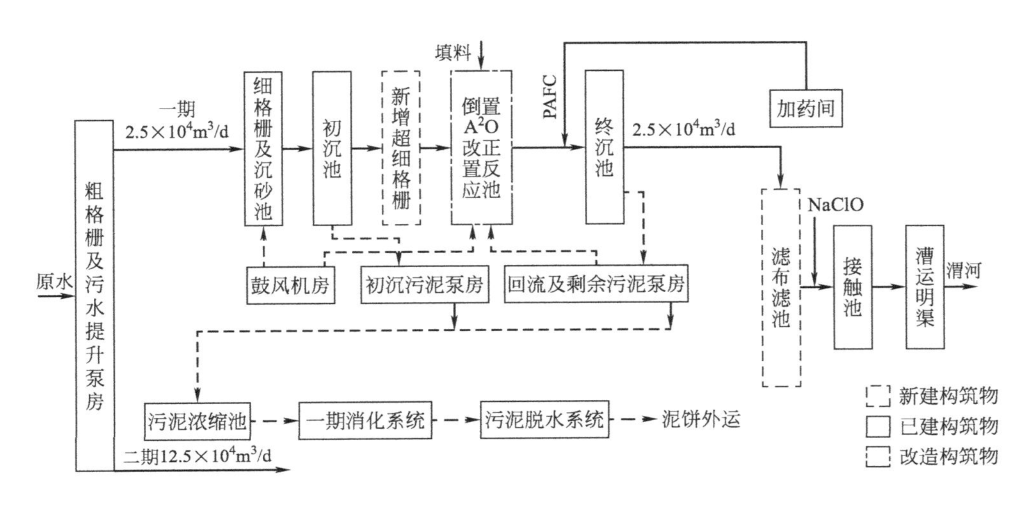

图3-11 工艺流程图

① 预处理段处理效率的调整，通过栅渣和沉砂的淘洗、初沉池污泥的发酵技术，

提高水中溶解性 BOD 的浓度，改善 C/N 比值，实践证明每去除 1mg TP，大约需要 7～10mg/L 的 VFA。

② 生物处理段 FBC 工艺，采用活性污泥和生物膜复合工艺，对污水中氮、磷、COD 等指标高效去除。并通过回流污泥预浓缩技术，降低回流的硝酸盐量，提高系统的除磷能力。同时延长厌氧、缺氧停留时间，充分利用系统内碳源进行脱氮除磷。

③ 化学加药除磷单元。作为辅助单元，在生化处理出水不理想的情况下，对出水的磷、色度、SS 等指标进一步去除。

④ 污水深度处理。高效、节能的纤维转盘过滤工艺，保证出水 SS 达到 6mg/L 以下。

(5) 技术指标及使用条件

1）技术指标

本技术应用于污水厂的升级改造，基本无需增加占地，充分发掘系统内碳源和厌氧氨氧化技术进行脱氮除磷，出水稳定优于《城镇污水处理厂污染物排放标准》(GB 18918—2002）一级 A 标准的水平，主要指标达到或接近北京市《城镇污水处理厂水污染物排放标准》(DB11/ 890—2012）A 标准。污泥产量较传统一级 A 标准污水处理厂减少 15%。

2）经济指标

投资成本上讲，传统污水厂一级 B 升级一级 A，吨水投资成本一般为 600～900 元，本工艺的吨水投资成本在 400～600 元之间，工程建设投资节省 25%～30%，同时占地节省 10%～20%。

3）条件要求

采用此项技术具有投资省、占地小、运行成本低等突出优点，适用于新建污水处理厂和现有污水厂提标改造、产能提升、节能降耗等，具有广阔的推广应用前景。

4）典型规模

$5\times10^4 m^3/d$；$10\times10^4 m^3/d$；$20\times10^4 m^3/d$；$25\times10^4 m^3/d$；$30\times10^4 m^3/d$。

(6) 关键设备及运行管理

1）主要设备

潜水搅拌器、改性生物填料、回转式网板超细格栅、双曲面搅拌器、拦网装置、纤维转盘滤池、配套闸门及电气设备等。

2）运行管理

① 升级改造新增处理单元少，水厂无需增加管理操作人员，因此人工费用基本不变。本技术实施后除磷主要采用生物方法，无化学污泥产生，每年可节约大量的药剂费用和因投加化学药剂所增加的污泥处置费。

② 系统虽然增加了不少设备，但是通过工艺运行参数的优化，尤其是实现厌氧氨氧化，减少了好氧区的停留时间，节约了部分曝气量，实现了节能降耗。按照 0.7

元/kWh 计算，水厂由 GB 18918—2002 一级 B 升级一级 A 标准，平均每吨水处理电费仅增加 0.011 元。

3）主体设备及材料的使用寿命

主体设备及材料使用寿命不低于二十年。

(7) 投资效益分析

1）投资情况

以西安第四污水处理厂为例：总投资 6700 万元，设备投资 5000 万元，主体设备寿命 15 年以上。

2）运行成本和运行费用

西安第四污水处理厂由 GB 18918—2002 中一级 B 升级一级 A 标准，采用本技术每年可节省化学除磷药剂费 900 万元，污泥处置费 150 万元，吨水电费仅增加 0.011 元。我国执行一级 A 标准污水处理厂的平均电耗达到 0.306kWh/m^3。本技术实施后工程电耗仅为 0.247kWh/m^3，运行费用为 0.6 元/(m^3 · d)。

3）效益分析

① 本技术可广泛用于已有污水处理厂的技术改造和再生水利用项目，有效解决污水处理厂升级改造中面临的普遍问题，为当地污水资源生态化提标改造提供有力支撑，以最经济的方式保护当地的水环境。

② 技术的应用能够实现节水降耗、增加再生水厂产量，提高水资源的重复利用率，对我国城市化建设、城市水污染的控制起到非常重要的作用。

③ 本技术用于升级改造工程占地小，模块化、集成化程度高，能耗低，可为国家节约大量宝贵的能源和土地资源，为业主节约大量建设和运营成本。

④ 该技术与传统污水处理技术相比，相同投资造价和运行费用的情况下，可降低废水中 TN 排放量的 15%，TP 排放量的 25%。污水处理工艺的改进能够减少 15%的污泥排放量。显然，该技术的推广应用具有巨大的环境效益，为地表水环境的稳定和改善提供强有力的技术支撑。

(8) 专利和鉴定情况

1）专利情况

① 发明专利

一种厌氧、缺氧 MBBR 反应池（专利号：ZL201410509327.1）

② 实用新型专利

一种填料分隔装置（专利号：ZL201420556169.0）

污泥缺氧和强化水解厌氧的多格式 A^2O 系统（专利号：ZL201520073265.4）

一种污水活性初沉水解池（专利号：ZL201520456984.4）

基于厌氧缺氧流态化生物载体的污水处理方法及系统（专利号：ZL201621468082.3）

一种亚硝态氮制备装置（专利号：ZL201822097952.6）

2）论文及会议报告

① 论文

a. 钱亮、贺北平等，西安第四污水处理厂一期工程升级改造经验总结，《中国给水排水》2016 年 1 月，第 32 卷第 2 期，第 74 页，CN 12-1073/TU 。

b. 钱亮、贺北平等，城市污水 A^2/O 移动床生物膜工艺菌群结构分析，《中国给水排水》2016 年 5 月，第 32 卷第 9 期，第 20 页，CN 12-1073/TU。

c. Keke Xiao，BeipingHe，LiangQian，et al. Nitrogen and phosphorus removal using fluidized-carriers in a full-scale A^2O biofilm system，《Biochemical Engineering Journal》，Volume 115，15 November 2016，Page 47-55.

d. 钱亮、贺北平等，投加生物填料实现 AAO 工艺改造的案例分析，《净水技术》2017 年 1 月，总第 36 卷，第 82 页，CN 31-1513/TQ。

e. 钱亮、贺北平等，低碳氮比污水提标改造工程设计及运行效果分析，《中国给水排水》2019 年 7 月，第 35 卷第 14 期，第 81 页，CN12-1073/TU。

② 会议报告

a. 钱亮，面向类Ⅳ类排放标准解决方案——FBC 深度脱氮除磷工艺，中国污水处理厂提标改造高级研讨会（第二届），2018 年 9 月，安徽合肥。

b. 钱亮，面向类Ⅳ类及更高排放标准的解决方案——基于流态化生物载体深度脱氮除磷技术，中国污水处理厂提标改造高级研讨会（第三届），2019 年 8 月，浙江宁波。

3）鉴定情况

① 组织鉴定单位：中国环境科学院组织院士专家组

② 鉴定时间：2016 年 11 月 16 日

③ 鉴定意见

a. 研发了"基于厌氧缺氧流态化生物载体的污水处理强化脱氮除磷"技术的新型悬浮生物填料，为强化脱氮除磷奠定了生物基础。

b. 设计了一种大型无终点循环模式的厌氧缺氧 FBC 反应池，在西安市第四污水处理厂改造工程中的应用证明：缺氧反硝化时间由传统的 5～6h 减少为 2.6h，同时提高了脱氮效率，出水水质优于 GB 18918—2002 一级 A 排放标准。

c. "基于厌氧缺氧流态化生物载体的污水处理强化脱氮除磷"技术是一种节能节碳新工艺，在污水处理中实现了一定程度的厌氧氨氧化，并充分利用了污泥内碳源及厌氧 FBC 技术强化水解作用。首次在大型污水处理中得到应用，降低了污水处理厂的运行费用。

d. 该技术具有投资省、占地小、运行成本低等突出优点，适用于新建污水处理厂和现有污水厂提标改造、产能提升、节能降耗等，具有广阔的推广应用前景，整体上达到国际领先水平。

(9) 推广与应用示范情况

1) 推广方式

本技术可在全国范围污水处理厂新建和升级改造以及再生水利用市场中进行推广，特别适合新增占地困难的污水厂的升级改造工程，亦适用于占地面积受限的污水处理厂新建工程，占地面积可节省10%～20%。本技术既可以进行整体性应用，也可以将其中单项技术进行应用。

2) 应用情况

西安第四污水处理厂一期升级改造工程（$25\times10^4m^3/d$）；

汉中市城市污水处理厂（$10\times10^4m^3/d$）；

燕郊西五污水处理厂提标改造工程（$5\times10^4m^3/d$）；

广东霞山污水处理厂提标扩容项目（$30\times10^4m^3/d$）；

山西太原晋阳污水厂提标改造项目（$20\times10^4m^3/d$）。

3) 示范工程

西安市第四污水处理厂升级工程

规模：$25\times10^4t/d$

总投资：6700万元

运行费用：0.6元/($m^3\cdot d$)

业主：西安市污水处理有限责任公司

① 案例概况

西安市第四污水处理厂总占地面积为37.44hm^2，服务面积约89km^2。一期工程建设规模为$25\times10^4m^3/d$，二期工程建设规模为$12.5\times10^4m^3/d$，现有总处理规模$37.5\times10^4m^3/d$。原出水水质执行《城镇污水处理厂污染物排放标准》（GB 18918—2002）的一级B标准，其中一期工程2008年10月建成并投入运行，2012年11月开始升级改造，2013年4月出水水质稳定达到一级A标准，目前已稳定运行六年多。

② 技术优势

a. 基于厌氧缺氧流态化生物载体的污水处理强化脱氮除磷技术采用大A（厌氧、缺氧）小O（好氧）的节能节碳工艺，强化污染物在A段的去除效率，降低O段能耗。同时强化内碳源（污泥和污水中）的合理开发、分配和利用以降低外购碳源的费用。

b. 对二沉池进行工艺调整，利用底泥中内碳源发生反硝化反应，使外回流污泥中硝酸盐浓度比出水降低5～10mg/L，实现了二沉池局部反硝化强化生物除磷。

c. 通过水力模型模拟计算，不同密度填料的组合、搅拌机功率位置的选择、分层能量流场控制等措施解决了多项难题，实现了池内良好的流化状态。在厌氧、缺氧段利用现有池型，采用无终点循环模式，无需复杂的填料回流设施。

③ 主要工艺及设备参数

初沉池水力停留时间1h。在厌氧缺氧区投加填料，填料投加比为15%～30%。

活性污泥浓度3500～5500mg/L。厌氧区氧化还原电位（ORP）控制在－300mV以下，缺氧区ORP控制在－180mV以下。好氧末端溶解氧控制在1.5mg/L以下。混合液回流比100%～200%，外回流比50%～100%。厌氧区硝酸盐浓度控制在2mg/L以下，来水配水优先考虑厌氧区，二沉池泥位控制在1.5m左右。

④ 应用效果

示范工程应用效果详见表3-18。

表3-18 示范工程应用效果

项目		COD/(mg/L)	SS/(mg/L)	TP/(mg/L)	NH_3-N/(mg/L)	TN/(mg/L)
2012.3	进水	212～1589 (583)	170～2710 (630)	3.97～15.59 (6.37)	19.92～40.50 (33.76)	33.43～75.56 (46.10)
	出水	22.9～40.4 (29.0)	6～20 (12)	1.38～2.77 (2.77)	0.12～3.11 (1.09)	11.99～19.37 (17.82)
2015.1—7	进水	258～1036 (484)	224～789 (410)	6.84～17.31 (4.99)	16～47 (28.60)	17～68 (56.58)
	出水	15.2～29.8 (22.1)	4-7 (5)	0.14～0.41 (0.19)	0.11～2.75 (0.27)	4～8 (6.0)
一级A标准①		≤50	≤10	≤0.5	≤5	≤15
北京A②		≤20	≤5	≤0.2	≤1	≤10
北京B②		≤30	≤6	≤0.3	≤1.5	≤15

① GB 18918—2002中一级A标准。

② DB11/ 890—2012中相应标准。

注：1. 括号内数值为月平均值，

2. 表中TP的数据取自化学除磷单元之前，不代表水厂最终出水。

3. “2012.3”为改造前数据；“2015.1—7”指的是2015年1—7月份的所有日常检测数据汇总所得。

由表3-19可以看出，改造后工程出水稳定优于《城镇污水处理厂污染物排放标准》（GB 18918—2002）一级A标准的水平，主要指标达到或接近北京市《城镇污水处理厂水污染物排放标准》（DB11/ 890—2012）A标准。

⑤ 二次污染防治情况

本技术与其他污水处理工艺一样产生的二次污染物主要是污泥，但是较传统一级A标准污水处理厂可减少15%的污泥排放量，产生的污泥主要通过浓缩、消化和脱水等处理形成泥饼外运。并且本技术实施后除磷主要采用生物方法，无化学污泥产生，可节约因投加化学药剂所增加污泥的处置费用。

⑥ 能源、资源节约和综合利用情况

西安第四污水处理厂由GB 18918—2002中一级B升级一级A标准，采用本技术每年可节省化学除磷药剂费900万元，污泥处置费150万元，吨水电费仅增加0.011元。我国执行一级A标准污水处理厂的平均电耗达到0.306kWh/m^3，本技术实施后工程电耗仅为0.247kWh/m^3。

(10) 技术服务与联系方式

1) 技术服务方式

公司可采用多种形式提供技术服务，如技术咨询、工艺设计、工程服务、工艺调试等全过程综合服务。

2) 联系方式

单位名称：浦华环保有限公司

浦华控股有限公司

联系人：焦恩

电话：13718726972，010-82150556

传真：010-62791103

邮箱：jiaoen@thunip.com

邮编：100084

通信地址：北京市海淀区清华科技园科技大厦C座27层

3.2.8 高效生化生态耦合农村污水模块化处理技术及应用

(1) 技术持有单位

安徽国祯环保节能科技股份有限公司

(2) 单位简介

安徽国祯环保节能科技股份有限公司成立于1997年2月，是深交所创业板上市公司，公司长期致力于水资源综合利用。建立和拥有完备的产业链优势，能提供治理水污染所需的全方位服务，业务范围涵盖市政污水处理、工业废水处理、小城镇污水、小流域治理等，专业从事环保工程的设计研发、工程承包、设备研发与集成、运营管理和投融资服务。现为国家高新技术企业，省创新型企业，省产学研联合示范单位，博士后科研工作站设站单位，安徽省污水处理工程技术研究中心依托单位，安徽省污水处理产业技术创新战略联盟理事长单位。公司成立了专职研发机构，与国内30多家高校科研院所建立了广泛的合作关系。

(3) 适用范围

适用于农村及小城镇污水处理。

(4) 主要技术内容

1) 基本原理

“高效生化生态耦合农村污水模块化处理技术及应用”是在工艺上借鉴生物膜法中的生物接触氧化法和流动床工艺，并整合了人工生态浮岛、精确曝气和化学除磷的理念，将污水处理的生态处理技术与生化处理技术充分有机结合。对现有污水处理设施的性能进行提升和技术示范，强化现有AAO工艺的脱氮除磷效果。

该项技术的主要原理为：

① N、P经过光合作用被植物吸收，同化为植物生命体，通过植物收割去除；

② 植物根系的有氧运输，使得根系上附着生物膜，具备同时硝化反硝化的微环境；

③ 填料上附着生物膜，具备同时硝化反硝化的微环境。

2）技术关键

① 模块化生物膜法＋水生植物改良AAO强化脱氮除磷污水处理技术

通过"模块化生物膜法＋水生植物改良AAO强化脱氮除磷污水处理技术"的应用，使得现有AAO工艺具备了同步硝化反硝化的能力，强化了原有AAO工艺脱氮及除磷效果。主要出水水质指标COD_{Cr}、NH_3-N、TN、TP等去除效果更加稳定，尤其对TN的去除效果有明显改善，在不投加碳源的情况下，TN去除率提高10％以上。处理后出水水质稳定达到《城镇污水处理厂污染物排放标准》（GB 18918—2002）中的一级A标准。生态除磷与生物除磷技术的结合，显著提高了TP的去除总量，提高率达20％，且同时降低了辅助化学除磷药剂的消耗。化学除磷运行费用节省20％以上。

② 化学除磷技术

探索了氢氧化钙协同硫酸亚铁化学除磷机理、PAC除磷机理、三氯化铁除磷机理，以及不同药剂化学除磷对比研究等，有利于指导设计和实际运行。

③ 精确曝气技术

通过更换风机的电机和从动轮，直接降低风机能耗20％以上。在保证出水稳定达标的前提下，有效满足处理要求。通过将连续曝气调整为间歇曝气，结合生物膜＋水生植物改良AAO强化脱氮除磷技术之后，整体污染物的去除率和去除总量均有显著提高，污染物去除效果更加稳定，出水水质稳定达到地表水准Ⅳ类水标准。

3）科技创新点与技术特点

① 针对重点流域农村分散型点源污水处理进水碳源浓度低、脱氮除磷效果差的问题，以及处理出水难以高效稳定地达到高标准排放的现象，综合考虑出水受纳水体功能，以确保处理出水稳定达到优于GB 18918—2002中一级A标准为目标，通过工艺论证与运行优化，综合解决了低碳源浓度进水高效、经济的生物脱氮除磷问题，形成了高效、低成本农村分散型点源污水处理工艺集成技术。

② 首次研发了以生态处理技术和生化处理技术有机结合的模块化生物膜法＋水生植物改良AAO强化脱氮除磷污水处理技术，形成了相关具有自主知识产权的关键技术和设备。

③ 将技术升级与节能降耗紧密结合，力求达到污染物高效去除的同时，运行费用增加最低。通过新技术集成应用与良好的运行管理，在提升农村分散型点源污水处理厂出水水质的同时，降低污水处理厂的运行成本，提升了环境景观效果和环境服务

的技术附加值，促进科技成果的产业化。

4）工艺流程图及其说明

图 3-12 为模块化生物膜法＋水生植物改良 AAO 工艺流程图。工艺模块由上部和下部两部分组成，上部为人工浮岛部分，下部为填料部分。污水在填料部分与填料接触进行生化反应，去除有机物、氮、磷等；填料部分的上、下两层格网之间设置竖向格网对填料进行拦截；净化后的污水上升至出水部分，出水部分上部设置人工浮岛，人工浮岛上种植多根系水生植物，污水中的污染物在此部分被植物进一步吸收净化。

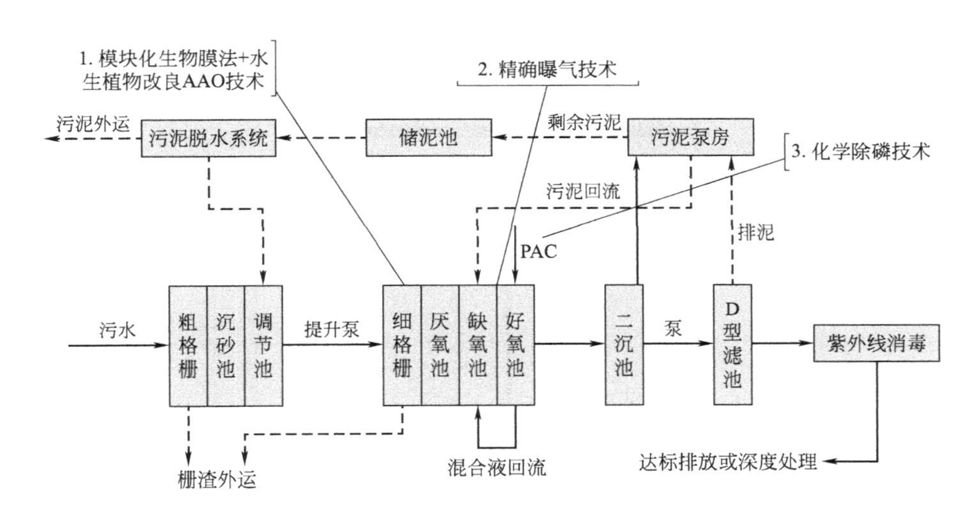

图 3-12　模块化生物膜法＋水生植物改良 AAO 工艺流程图

(5) 技术指标及使用条件

1）技术指标

采用该技术的农村污水处理厂出水主要水质指标稳定达到地表水准Ⅳ类标准，即 COD＜40mg/L，NH_3-N＜2.0mg/L，TN＜10mg/L，TP＜0.3mg/L，满足《巢湖流域城镇污水处理厂和工业行业主要水污染物排放限值》（DB34/ 2710—2016）相关排放要求。

2）经济指标

两个村镇污水处理技术示范厂，在综合应用模块化生物膜法＋水生植物改良 AAO 强化脱氮除磷污水处理技术、化学除磷技术、精确曝气技术对某 AAO 工艺农村污水处理厂进行改造后，在出水达到《巢湖流域城镇污水处理厂和工业行业主要水污染物排放限值》（DB34/ 2710—2016）要求的地表水准Ⅳ类标准基础上，示范厂的电耗、药耗均有显著的降低。

3）条件要求

需要适宜的示范场地，合适的人员配置及水量、水质要求。

4）典型规模

200～2000 m^3/d。

（6）关键设备及运行管理

1）主要设备

主要设备为复合生态反应模块（见图 3-13）。

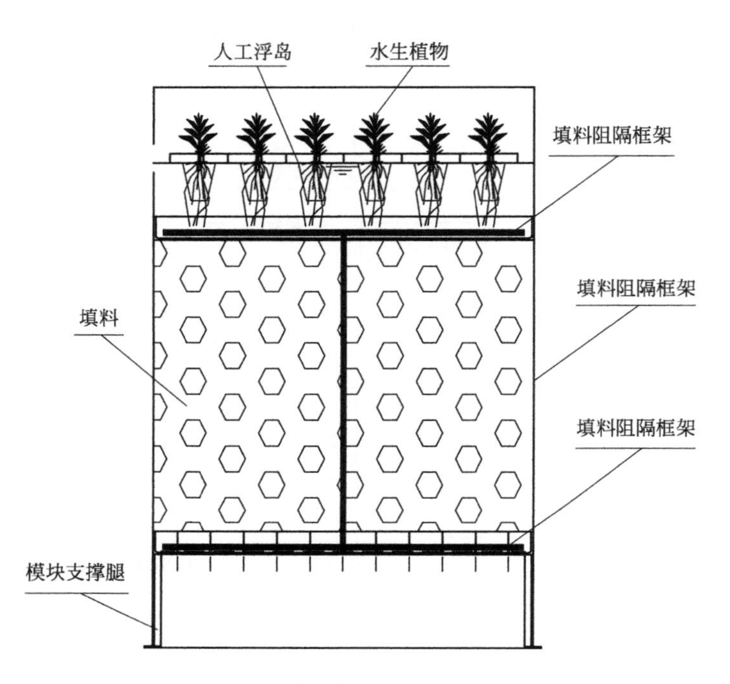

图 3-13　常规复合生态模块构造

2）运行管理

当进水浓度较低时，采用间歇曝气运行。

3）主体设备或材料的使用寿命

主体设备和材料的使用寿命不低于 10 年。

（7）投资效益分析

1）投资情况

单个模块造价 3 万元以内。

2）运行成本和运行费用

以 $500m^3/d$ 处理规模，处理后出水达到 GB 18918—2002 中一级 A 标准的农村污水处理项目为例，采用 AAO 活性污泥法处理成本约为 0.66 元/t，而采用高效生化生态耦合农村污水模块化处理技术达到相同处理标准，处理成本约为 0.55 元/t，节约运行费用 16.7%。

3）效益分析

经济效益方面，在出水排放达标的基础上，肥东县元疃镇污水处理厂实现了吨水电耗、单位耗氧污染物耗电量、单位氨氮耗电量及化学除磷药剂单耗分别降低19%、44%、55%和45%；肥东县长乐乡污水处理厂则实现了吨水电耗、单位耗氧污染物耗电量、单位氨氮耗电量及化学除磷药剂分别降低41.77%、37.71%、84.39%和45.54%。

环境效益方面，元疃镇污水厂和长乐乡污水厂可实现年均COD减排量19.28t和2.45t，水污染物的削减可有限降低水体污染带来的环境损失，提高土地的环境价值和利用率。

(8) 专利和鉴定情况

1）专利情况

① 发明专利

一种模块化兼氧污水处理设备（专利号：ZL201210468782.2）

一种模块化复合生态污水处理沉淀设备（专利号：ZL201510808063.4）

② 实用新型

一种模块化复合生态好氧污水处理设备（专利号：ZL201420699983.8）

一种模块化复合生态兼氧污水处理设备（专利号：ZL201420699999.9）

2）鉴定情况

① 组织鉴定单位：中国环境保护产业协会

② 鉴定时间：2018年10月30日

③ 鉴定意见

研发了模块化生物膜与水生植物耦合强化脱氮除磷技术、精准曝气和化学除磷技术，形成了具有自主知识产权的高效生化生态耦合农村污水模块化处理技术，为分散型农村生活污水处理提供了一种新型实用技术。

该技术成功应用于合肥市肥东县多项污水处理工程，经第三方检测，出水主要污染物达到《巢湖流域城镇污水处理厂和工业行业主要水污染物排放限值》（DB34/2710—2016）的要求；形成了《乡镇污水处理厂运行管理标准》等四项安徽省地方标准及企业标准。

综上所述，该成果为农村分散污水的高效处理提供了一套实用的技术与应用范例，在生化生态耦合污水处理技术方面达到国内领先水平。

(9) 推广与应用示范情况

1）推广方式

技术示范。

2）应用情况

肥东县元疃镇污水处理厂、肥东县长乐乡污水处理厂、肥东县梁园镇污水处理厂、肥东县陈集乡污水处理厂、肥东县桥头集镇污水处理厂。

3）示范工程

① 肥东县长乐乡污水处理厂：长乐乡污水处理厂设计处理规模为200m^3/d，主要出水水质达到地表水Ⅳ类标准，吨水电耗降低了41.77%，单位耗氧污染物耗电量降低了37.71%，单位氨氮耗电量降低了84.39%，化学除磷药剂单耗降低了45.54%。

② 肥东县元疃镇污水处理厂：元疃镇污水处理厂设计处理规模为500m^3/d，主要出水水质达到地表水Ⅳ类标准，吨水电耗降低了19%，单位耗氧污染物耗电量降低了44%，单位氨氮耗电量降低了55%，化学除磷药剂单耗降低了45%。

(10) 技术服务与联系方式

1）技术服务方式

本技术可提供技术应用、设备安装调试及维护服务、设备供货服务和培训、技术咨询等服务。

2）联系方式

单位名称：安徽国祯环保节能科技股份有限公司

电话：0551-65311215

传真：0551-65311215

邮编：230088

通信地址：安徽省合肥市高新区创新大道2688号16楼

3.2.9 氧化沟工艺高标准处理城镇污水及节能降耗集成技术

(1) 技术持有单位

安徽国祯环保节能科技股份有限公司

北京工业大学

(2) 单位简介

安徽国祯环保节能科技股份有限公司成立于1997年2月，是深交所创业板上市公司，公司长期致力于水资源综合利用。建立和拥有完备的产业链优势，能提供治理水污染所需的全方位服务，业务范围涵盖市政污水处理、工业废水处理、小城镇污水处理、小流域治理等，专业从事环保工程的设计研发、工程承包、设备研发与集成、运营管理和投融资服务。现为国家高新技术企业，省创新型企业，省产学研联合示范单位，博士后科研工作站设站单位，安徽省污水处理工程技术研究中心依托单位，安徽省污水处理产业技术创新战略联盟理事长单位。公司成立了专职研发机构，与国内30多家高校科研院所建立了广泛的合作关系。

北京工业大学是国家"211工程"重点建设的大学，先后承担了包括重点项目、国际重大合作项目在内的近50项国家自然科学基金项目，还有包括国家水专项、国家科技支撑计划在内的60多项国家及省部级科研项目，获得国家与省部级科技进步奖和优秀教学成果奖10余项。北京工业大学建有“城镇污水深度处理与资源化利用技术国家工程实验室”、北京市“水质科学与水环境恢复重点实验室”“污水脱氮除磷处理与过程控制”北京市工程技术研究中心、北京市国际科技合作基地等研发基地，拥有实验室面积10000余平方米，拥有价值5000余万元的先进的仪器设备。从事水污染控制领域研究工作的专业技术人员近40人，其中具有博士学位的教师35人，博士化率高达93%；拥有中国工程院院士2人，国家杰出青年科学基金获得者2人，国家优秀青年科学基金获得者3人，1人入选教育部长江学者特聘教授，2人入选教育部新世纪优秀人才计划，7人入选北京市科技新星计划。

(3) 适用范围

本技术适用于高排放标准要求下的新建和原有氧化沟工艺污水处理厂的提标改造。

(4) 主要技术内容

1）基本原理

污水经预处理后进入二级处理和深度处理。二级生物处理采用氧化沟工艺，应用了高效低耗曝气技术与设备、消除跌水充氧技术、低碳源投加深度脱氮技术和强化生物除磷及化学除磷技术等多项氧化沟工艺高标准排放深度节能降耗关键技术。深度处理采用精确控制技术的“混凝、过滤、消毒”工艺，其中过滤采用反硝化深床滤池工艺，消毒采用二氧化氯消毒工艺，除臭采用生物滤池除臭工艺。处理后的污水处理厂出水主要水质指标可达到地表水准Ⅳ类标准，同时节省运行成本。

2）技术关键

① 高效低耗曝气技术及设备

采用DSC型倒伞表面曝气设备，比国家行业标准JB/T 10670—2014规定的动力效率高出16.8%，达到国内倒伞表面曝气机的领先水平。根据DSC型倒伞表面曝气设备工作性能曲面，开发了污水处理表面曝气设备节能控制软件，确保倒伞表面曝气机在优化工况下运行。

② 跌水充氧消除技术

通过对污水处理厂全流程跌水复氧点的测定和实施消除跌水充氧的措施，不仅保证了反硝化滤池良好的脱氮效果，同时达到了节约外加碳源投加量、节能降耗的目的。

③ 低碳源投加深度脱氮技术

通过改进运行方式、优化运行参数和强化现有工艺，充分利用污水厂进水碳源进行反硝化；同时采用同步硝化反硝化技术的强化策略，最大程度地利用原水中碳源，同时通过低碳源投加深度脱氮及实时控制技术，可获得高效的脱氮效果。

④ 强化生物除磷及化学除磷技术

根据反硝化除磷的反应机制和影响因素，结合氧化沟工艺运行特点进行优化改进，解决现有生化处理工艺中碳源不足、脱氮除磷不能同时高效进行的问题。结合混凝沉淀、过滤等手段，筛选出合适的化学除磷药剂，在化学除磷的基础上，高效去除悬浮固体、胶体物质，同步降低出水 SS，确保尾水总磷和 SS 达标排放。

⑤ 深度处理单元精确控制技术

以除磷在线实时控制系统为基础，优化化学除磷药剂投加方式、投加比例和反应条件，在运行成本低于同类标准的情况下，确保尾水总磷稳定达标排放。

3）科技创新点与技术特点

① 通过工艺论证与运行优化，充分发挥氧化沟工艺的优势，开发了氧化沟节能技术，实现出水主要指标稳定达到地表水Ⅳ类标准。

② 将技术升级与节能降耗紧密结合，力求升级改造后运营费增加最低。通过对氧化沟工艺的优化运行，探索出包括高效低耗曝气技术与设备、消除跌水充氧技术、低碳源投加深度脱氮技术、强化生物除磷及化学除磷技术、深度处理单元精确控制技术等多项氧化沟工艺高标准排放深度节能降耗关键技术。

③ 将升级改造设计与运营紧密结合，通过新技术集成应用与良好的运行管理，在提升污水处理厂出水水质的同时，降低污水处理厂的运行成本，提升了环境服务的技术附加值，促进科技成果的产业化。

4）工艺流程图及其说明

图 3-14 为氧化沟工艺高标准处理城镇污水及节能降耗集成技术工艺流程图。污水经预处理后进入二级处理和深度处理。生物处理采用氧化沟工艺，深度处理采用"混凝、过滤、消毒"工艺，其中过滤采用反硝化深床滤池工艺，消毒采用二氧化氯消毒工艺，除臭采用生物滤池除臭工艺。处理后的污水处理厂出水主要水质指标可达到地表水准Ⅳ类标准，同时节省运行成本。

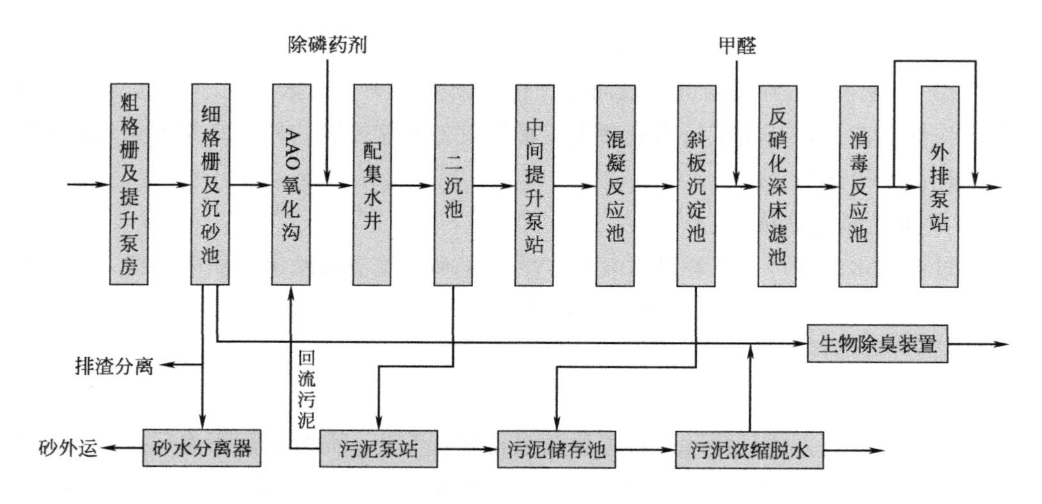

图 3-14 氧化沟工艺高标准处理城镇污水及节能降耗集成技术工艺流程图

(5) 技术指标及使用条件

1）技术指标

采用该技术的污水处理厂出水主要水质指标稳定达到地表水准Ⅳ类标准，即COD低于30mg/L，NH_3-N低于2.5mg/L，总氮低于10mg/L，总磷低于0.3mg/L，满足《巢湖流域城镇污水处理厂和工业行业主要水污染物排放限值》（DB34/ 2710—2016）相关排放要求。

2）经济指标

在出水稳定达标的前提下，吨水电耗控制在0.25～0.30kWh，耗氧污染物电耗控制在1.20～1.50kWh/kg COD，与同等规模执行GB 18918—2002一级A标准的污水处理厂能耗相当。

3）条件要求

本技术需要采用高效的倒伞型表面曝气设备，配合污水处理表面曝气设备节能控制软件，使污水处理厂表面曝气设备的运行控制更高效、可靠，与此同时节省曝气能耗。

本技术需要采用在线除磷实时控制系统，优化化学除磷药剂投加方式、投加比例和反应条件，确保尾水总磷稳定达标排放。

4）典型规模

本技术应用在处理规模为$4\times10^4m^3/d$以上的污水处理厂时效果特别显著。

(6) 关键设备及运行管理

1）主要设备

DSC型倒伞表面曝气机是国祯环保研发的高效表面曝气设备，配合自主开发的污水处理表面曝气设备节能控制软件，使污水处理厂表面曝气设备的运行控制更高效、可靠，与此同时节省曝气能耗。

在线除磷实时控制系统，可以优化化学除磷药剂投加方式、投加比例和反应条件，在运行成本低于同类标准的情况下，确保尾水总磷稳定达标排放，同时降低除磷药剂成本和污泥产率，有效节约污泥脱水和处置费用。

2）运行管理

DSC型倒伞表面曝气机间歇运行，运行时间可以由中控室控制人员根据污水处理表面曝气设备节能控制软件给出的建议手动控制，也可以在自控系统控制下自动控制。

在线除磷实时控制系统根据化学除磷试剂的差别设置了除磷药剂的形态和除磷药剂的种类，每种药剂采用不同的控制策略，根据进水水质、水量变化，计算除磷药剂量，并可以根据水厂的实际情况进行参数调整，对不正常的情况进行报警，并能根据加药泵的电流和流量变化，制定下次维护时间。

3）主体设备或材料的使用寿命

DSC 型倒伞表面曝气机使用寿命长达二十年。

(7) 投资效益分析

本技术采用的 DSC 型倒伞表面曝气设备和在线除磷实时控制系统属于一次性投资，运行和维护成本较低。与常规生物脱氮除磷技术相比，常规技术在保证处理效果的条件下实现节能降耗较难，并且在内循环流量达到 300%的情况下，TN 去除率通常为 50%～60%，基本不能满足 GB 18918—2002 中一级 A 排放标准。本技术不仅能保证出水稳定达到地表水准Ⅳ类标准，而且能有效控制运行费用的增加。出水标准从 GB 18918—2002 中一级 A 标准提升到地表水准Ⅳ类标准后，吨水处理费用增加幅度约为 0.1～0.2 元。在出水执行准Ⅳ类水标准且出水水质稳定达标的前提下，合肥经济技术开发区污水处理厂、肥东县污水处理厂和蔡田铺污水处理厂三座技术示范污水处理厂的单位耗氧污染物电耗比技术应用前降低 10%以上，与同等规模执行 GB 18918—2002 中一级 A 标准的污水处理厂能耗相当。节省了大量的运行费用，经济效益显著。

通过本技术的实施，环境效益也十分显著。实现氧化沟工艺处理出水达到地表水Ⅳ类标准，仅合肥经济技术开发区污水处理厂、肥东县污水处理厂和蔡田铺污水处理厂三座技术示范厂，每年削减主要污染物的量就达到：COD 14070t，BOD 56524t，SS 10339t，氨氮 1714t，总氮 2014t，总磷 254t。水污染物的进一步削减，减少了水体污染带来的直接经济损失，节省了排污费和污水处理费用，水循环利用节省了水资源，城市景观水体质量的改善可以提升居住环境，避免了土地利用价值丧失所带来的巨大经济损失。

(8) 专利和鉴定情况

1）专利情况

① 发明专利

一种达标地表水Ⅳ类之改良氧化沟工艺（专利号：ZL291610245877.6）

② 软件著作权

污水处理厂表面曝气设备选型、维护与精确控制软件 V1.3（授权号：2018SR526037）

污水处理厂精确化学除磷控制软件 V1.0（授权号：2018SR770774）

2）鉴定情况

① 组织鉴定单位：中国环境保护产业协会

② 鉴定时间：2017 年 10 月 31 日

③ 鉴定意见

a. 研发并集成了倒伞曝气机高效低耗曝气技术及软件、跌水充氧消除技术、低碳源投加深度脱氮技术、强化生物除磷和化学除磷技术、深度处理单元精确控制技术等关键技术，污水处理厂出水达到了地表水准Ⅳ类标准（DB34/ 2710—2016），并实现了节能降耗。

b. 该技术应用于合肥经济技术开发区污水处理厂三期工程，污水处理量 $10\times10^4m^3/d$，经第三方检测，处理后出水主要污染物达到《巢湖流域城镇污水处理厂和工业行业主要水污染物排放限值》(DB34/ 2710—2016) 的要求。

c. 该成果可用于高排放标准要求下的新建和原有氧化沟工艺污水处理厂的提标改造。

d. 该成果理论研究较深入，并指导了工程实践。工艺、设备和控制系统集成度较高，运行稳定，出水效果好，能耗低。

综上所述，该成果为城镇污水的高标准处理提供了一种经济实用的技术，在同类技术中达到国内领先水平。

(9) 推广与应用示范情况

1) 推广方式

技术示范。

2) 应用情况

目前，本技术已经在合肥市经济技术开发区污水处理厂、肥东县污水处理厂、蔡田铺污水处理厂、合肥小仓房污水处理厂一期、十五里河污水处理厂一期、合肥望塘污水处理厂、长丰县污水处理厂、霍山县污水处理厂、芜湖市天门山污水处理厂、南陵县污水处理厂、郎溪县污水处理厂、和县污水处理厂、亳州国祯污水处理厂、亳州市南部新区污水处理厂、利辛县污水处理厂、怀远县国祯污水处理有限公司、蒙城清流污水处理厂、蒙城县第二污水处理厂、黄石山南污水处理厂、江海污水处理厂一期、阳春市城区污水处理厂、兰考县污水处理厂、双柏县污水处理厂、遵化市污水处理厂、故城环卫污水处理厂、衡水市武邑县污水处理厂、即墨区污水处理厂等 27 个污水处理厂应用，合计处理规模达到 $187\times10^4m^3/d$，每年节约运行成本 2300 余万元。

3) 示范工程

合肥经济技术开发区污水处理厂三期工程位于合肥经济技术开发区南部，设计处理规模 $10\times10^4m^3/d$，总投资 3.43 亿元，采用 AAO 氧化沟工艺，出水水质稳定达到《城镇污水处理厂污染物排放标准》(GB 18918—2002) 中一级 A 标准，工艺流程图见图 3-15。

针对集中污水处理厂出水标准越来越严格的需求和集中污水处理厂提标改造成本高的问题，国祯环保和北京工业大学以合肥市经济技术开发区污水处理厂三期工程为对象，开展氧化沟工艺污水处理厂地表水准Ⅳ类排放标准下节能降耗关键技术研究，集成高效低耗曝气技术与设备、跌水复氧消除技术、低碳源投加深度脱氮技术、化学除磷精确控制技术开发出氧化沟工艺污水处理厂地表水Ⅳ类排放标准下节能降耗关键技术。

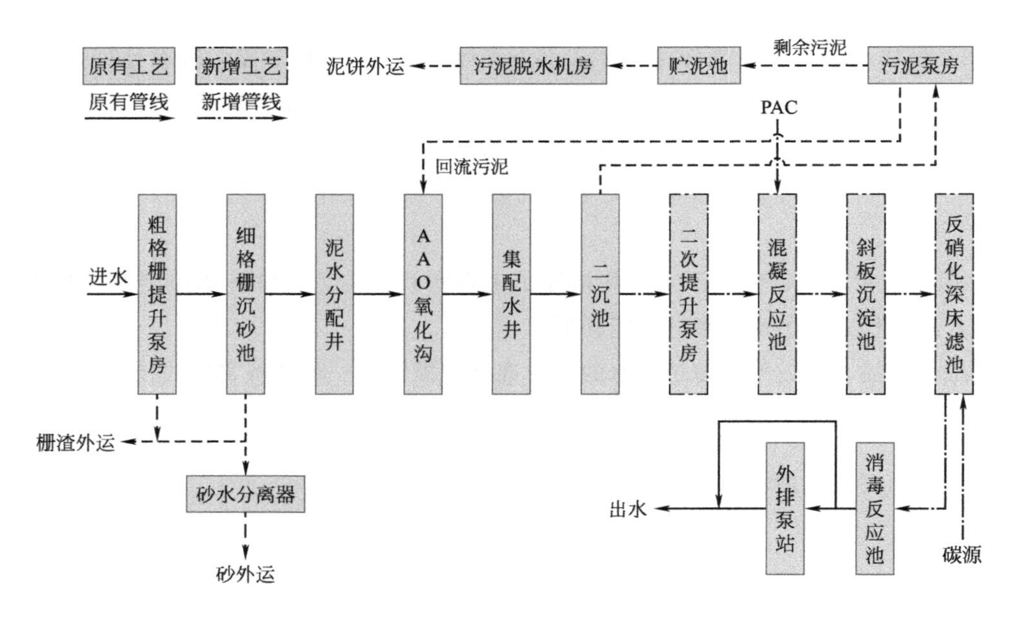

图 3-15 合肥经济技术开发区污水处理厂三期工程工艺流程图

2017 年 7 月起，采用该集成技术对合肥市经济技术开发区污水厂进行了技术改造及其运营管理。应用该技术后，污水处理厂出水水质主要指标达到了地表水Ⅳ类标准（COD＜40mg/L，NH_3-N＜2.5mg/L，TN＜10mg/L，TP＜0.3mg/L）。实现单位吨水耗电量、单位氨氮耗电量分别降低了 13%、26%以上，脱水药剂、除磷药剂和碳源成本分别降低了 45%、40%和 45%以上。技术示范后运行成本降低了 24%以上，比同区域同标准污水厂吨水电耗低 12%以上，节能节药效果显著。

4）获奖情况

2019 年，巢湖流域污水处理厂达到地表Ⅳ类水标准关键技术及应用获安徽省科学技术奖二等奖。

（10）技术服务与联系方式

1）技术服务方式

本技术可提供技术应用、设备安装调试及维护服务、设备供货服务和培训、技术咨询等服务。

2）联系方式

单位名称：安徽国祯环保节能科技股份有限公司

电话：0551-65311215

传真：0551-65311215

邮编：230088

通信地址：安徽省合肥市高新区创新大道 2688 号 16 楼

3.2.10 焦化废水全过程综合控污集成处理技术

(1) 技术持有单位

北京赛科康仑环保科技有限公司

(2) 单位简介

北京赛科康仑环保科技有限公司成立于2011年，位于中关村国家自主创新示范区核心区，是国家高新技术企业。在工业全过程污染控制、废弃物资源化处理领域拥有深厚的研发实力，并与中国科学院等国内外优势科研单位开展长期科研合作，主要为有色金属、钢铁、煤化工、电力、新材料等行业提供“技术咨询—技术开发—工程设计—工程承包—项目运营”全套环境防治解决方案。已开发焦化废水无害化与资源化处理、脱硫废液资源化处理等多项创新工艺，核心技术达到国内或国际领先水平。公司拥有100余项专利，开发出40余套具有自主知识产权的废水处理设备及各类环保药剂，建成投运示范工程70余套。已获国家科学技术进步二等奖、国家技术发明二等奖、环保部环境保护科学技术一等奖2项、国家重点环境保护实用技术2项、国家环保重点示范技术示范工程2项，参编国家标准4项。

(3) 适用范围

适用于钢铁、煤焦化、煤气化、能源化工、电厂等行业的废水处理。

(4) 主要技术内容

1) 基本原理

针对焦化废水高COD、高色度，处理难度大，含有大量固体悬浮颗粒、有毒有害难降解有机污染物如苯并芘、无机污染物如氨氮和硫化物等特点，提出了“预处理—生物处理—深度处理”全过程优化的废水处理方案。首先，在预处理阶段，加入高效脱硫脱氰药剂，去除废水中的大部分硫化物和氰化物，从而满足生化进水要求。然后通过控制碳生物氧化-沉淀耦合及强化硝化-沉淀耦合过程，提升生化处理单元对有机物的降解能力，强化去除难降解有机污染物。最后采用混凝吸附-高级催化氧化-多膜组合脱盐等深度处理工艺，实现COD、总氰达标，确保出水稳定达到国家及地方污水排放标准或者回用要求。

2) 技术关键

① 真空碳酸钾脱硫废液无害化预处理技术

将高效混凝技术与化学反应处理相结合，研发高效脱硫脱氰药剂，开发了独特的真空碳酸钾脱硫废液无害化处理技术，实现了脱硫废液解毒预处理。该技术操作简单，安全可靠，出水水质稳定，抗水量冲击负荷大，运行成本低，无废气、废液、固体废弃物等。

② 生物强化脱碳脱氮集成处理技术

通过控制碳生物氧化-沉淀耦合及强化硝化-沉淀耦合过程，提高了菌群的专一性及抗冲击性能，提升了生化处理单元对有机物的降解能力。强化生物脱碳脱氮集成处理技术解决了传统生物脱氮工艺抗冲击能力差、处理成本高、处理效果差等问题。

③ 高效混凝脱氰脱碳处理技术

针对焦化废水生化处理出水特点，研发了适合难降解有机废水处理的专用高效絮凝剂，可有效解决混凝剂针对性不强，运行成本高以及COD、色度和总氰化物去除效率差等问题。实际应用中，COD去除率可达到50%以上，出水总氰低于0.2mg/L，色度去除效果明显。药剂安全可靠，成本低，操作方便，不会产生二次污染。

④ 臭氧催化氧化资源化处理技术

通过使用少量臭氧作为氧化剂，在高效的专用催化剂Kl-CO_3、Kl-CO_4作用下，中性条件下将难降解有机物选择性氧化分解，有效去除水中难降解有机物，显著提高臭氧利用率至90%以上，使处理后的废水COD、色度、苯并芘等指标达到国家新标准直排要求。性能稳定，不产生二次污染。

⑤ 膜脱盐回用处理技术

通过超滤、低压反渗透、电渗析，形成了高效反渗透浓水处理技术，解决了高有机污染物、高盐反渗透浓水的深度处理问题。淡水回收率≥80%，处理浓水中的盐含量提高到12%～15%，可低成本资源化回收废水中的无机盐，解决了工业废水"零排放"问题。系统运行稳定、脱盐率高、膜清洗周期长。

3）科技创新点与技术特点

① 本技术创新提出了真空碳酸钾脱硫废液无害化处理技术，并研制了一种高效脱硫脱氰药剂，降低了废水生物毒性，为生化单元源头解毒。

② 本技术创新提出了通过短程精馏-生物耦合脱氮技术、强化生物脱氮协同脱碳技术，COD降低20～50mg/L，抗冲击能力提高30%，成本降低20%，为深度处理源头抑制污染。

③ 本技术创新提出了混凝吸附-高级催化氧化-多膜组合脱盐的深度处理工艺，处理后的出水COD、色度、苯并芘等均达到国家新标准直排要求及地方最高排放标准，出水水质稳定，淡水回收率≥80%，实现工业废水"零排放"。

④ 本技术创新提出了基于焦化废水中毒性污染物的生命周期分析，通过单元技术强化和全过程集成优化，化工与环保理念相融合，实现焦化废水的低成本、稳定近零排放与资源化。

4）工艺流程图及其说明

图3-16所示为焦化废水全过程处理工艺路线图。炼焦过程产生的焦化废水通过蒸氨预处理，去除水中的挥发性氨，使水质指标达到生化处理的进水要求。煤气净化过程产生的真空碳酸钾脱硫废液含硫化物和氰化物浓度较高，采用高效脱硫脱氰药剂，可有效将硫化物和氰化物浓度降至生化处理单元的水平。生物强化脱碳脱氮是通过碳生物氧化-沉淀耦合及强化硝化-沉淀耦合，强化难降解有机污染物的去除。生化

出水采用混凝沉淀技术，加入高效混凝剂，有效提高COD、色度、氰化物的去除效果。混凝出水经臭氧催化氧化，将难降解有机物深度氧化分解。最后通过多膜组合脱盐技术，淡水产率可稳定达到80%以上，实现焦化废水的资源化回用及近零排放。

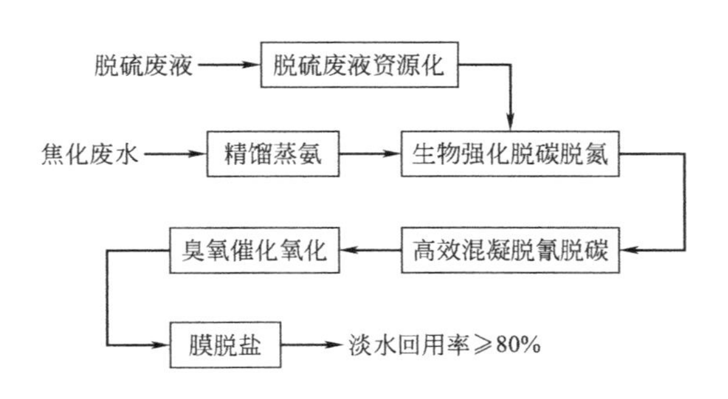

图3-16 焦化废水全过程处理工艺路线图

(5) 技术指标及使用条件

1）技术指标

进水：COD 4000～30000mg/L，氨氮1000～8000mg/L，总氰10～60mg/L，苯并芘1000μg/L，电导率1000～4000μS/m。

最终出水：COD≤50mg/L，氨氮≤5mg/L，总氰≤0.2mg/L，苯并芘≤0.03μg/L，电导率≤100mS/m；膜脱盐淡水产率≥80%。

2）经济指标

以鞍山盛盟煤气化有限公司焦化废水处理工程项目为例，工程规模2400m^3/d。使用该技术后，每年可减排COD约3700t、氨氮1500t、氰化物155t、苯并芘3kg，每年节约排污费1300万元以上，实现生产回用水5.8×10^5t以上，节约生产成本187万元以上，产生经济效益1487万元。

3）条件要求

无地域等特殊条件要求。

4）典型规模

2400m^3/d；3600m^3/d；4800m^3/d。

(6) 关键设备及运行管理

1）主要设备

脱硫脱氰反应釜、高效精馏脱氨塔、好氧反应-沉淀耦合一体化反应器、非均相臭氧催化氧化装备。

2）运行管理

设备建成后，项目组专业工程人员负责设备初次调试工作以及操作人员的现场培训工作。设备运行稳定且处理出水指标合格后，主要由工程所属单位负责日常的运行管理工作。项目组定期对已建成工程进行跟踪与回访，并对出现的故障问题提出解决方案或到现场进行排查与检修。

3）主体设备或材料的使用寿命

10 年左右。

(7) 投资效益分析

1）投资情况

总投资 2583 万元，其中，设备投资 1051 万元。

2）运行成本和运行费用

吨水运行费用 14～17 元。

3）效益分析

本技术已在沈煤、鞍钢、攀钢等企业建立 27 套工程，其中 22 套已经运行，累计废水处理规模 4.327×10^7t/a，实现节水和废水回用 1.1×10^8t，节约成本 1.03 亿元；减排 COD 3.18×10^5t，氨氮 2.4×10^4t，总氰 1491t，苯并芘 3.2t，减少排污费 6.8 亿元以上，增收 7.8 亿元以上。经核算，吨水处理成本较目前传统技术处理成本降低 10%以上。

本技术的应用将极大优化钢铁、煤焦化、煤气化、新能源化工等行业综合废水处理系统，有效解决煤化工废水污染难题，保障企业的可持续发展。且对于所在流域水环境质量改善具有重要意义，有效改善了周边人们生存的大环境，提高了人们的生活质量，具有显著的环境效益与社会效益。

(8) 专利和鉴定情况

1）专利情况

授权发明专利 31 项，实用新型 27 项，其中部分专利如下：

① 发明专利

一种难降解有机废水综合处理和零排放处理方法及其系统（专利号：ZL201511007249.6）

一种工业废水处理用的活性污泥的培养方法（专利号：ZL201410652440.5）

一种锂电池正极材料生产废水的资源化处理方法及其系统（专利号：ZL201510071592.0）

一种腈纶废水的处理工艺（专利号：ZL201410447725.5）

一种高 COD、高含盐量、高重金属含量的中低浓度氨氮废水的脱氮处理方法（专利号：ZL201410218477.7）

② 实用新型

一种用于工业废水深度处理的复合氧化处理系统（专利号：ZL201821246278.7）

一种用于反渗透浓水有机物去除系统（专利号：ZL201820864720.6）

一种用于工业废水近零排放工艺处理系统（专利号：ZL201820711573.9）

一种活性炭在线自动再生系统（专利号：ZL201820864722.5）

一种用于焦化废水深度处理回用系统（专利号：ZL201820710950.7）

2）鉴定情况

①组织鉴定单位：中国环境科学学会

②鉴定时间：2017年2月20日

③鉴定意见

通过技术创新与优化集成，形成了基于全局优化的焦化废水全过程强化处理成套技术，实现了低成本运营与高效治污的同步结合，在鞍钢股份有限公司等17项工程中成功应用。鉴定委员会认为，研究成果整体上达到国际先进水平，其中酚油萃取协同解毒技术与药剂、高效脱氰技术与药剂、非均相催化臭氧氧化技术与催化剂及处理效果等达到国际领先水平。

(9) 推广与应用示范情况

1）推广方式

行业调研，网络宣传，参加展会、论坛，客户拜访等。

2）应用情况（表3-19）

表3-19 主要用户名录

单位名称	项目名称	处理规模	投运时间
鞍钢股份有限公司（五期）	焦化废水处理项目	$4800m^3/d$	2017年
青海江仓能源发展有限责任公司	焦化厂剩余氨水处理项目	$720m^3/d$	2016年
武汉平煤武钢联合焦化公司	钢铁生产废水处理项目	$11520m^3/d$	2015年
攀钢集团煤化工厂	钢铁生产废水处理项目	$3600m^3/d$	2012年

3）示范工程

鞍山盛盟煤气化有限公司焦化废水处理工程项目，处理规模$2400m^3/d$，总投资2583万元。工艺流程为：水解酸化—强化短程硝化反硝化（缺氧反硝化＋碳氧化＋短程硝化＋完全硝化）—混凝沉淀—纤维过滤—催化氧化—膜脱盐，最终出水并入锅炉补水系统，浓盐水熄焦或冲渣。工程2013年投入运营，至今已稳定运行6年，处理后出水COD≤50mg/L、氨氮≤8mg/L、氰化物≤0.2mg/L、苯并芘≤0.03μg/L，出水水质满足国家《炼焦化学工业污染物排放标准》（GB 16171—2012）和辽宁省《污水综合排放标准》（DB21/ 1627—2008）要求，实现了污水零排放。

4）获奖情况

2019年度《国家鼓励的工业节水工艺、技术和装备目录》

2019年度《国家先进污染防治技术目录（水污染防治领域）》

2018年度国家科学技术进步奖二等奖

2018年度国家重点环境保护实用技术

2018年度、2015年度国家鼓励发展的重大环保技术设备依托单位

2015年度《国家先进污染防治示范技术目录（水污染治理领域）》和《国家鼓励

发展的环境保护技术目录（水污染治理领域）》

2015年度《节水治污生态修复先进适用技术指导目录》

2013年度国家技术发明奖二等奖

（10）技术服务与联系方式

1）技术服务方式

公司技术团队可提供全方位的技术支持，包括技术咨询、技术开发与设计、工程承包与运营、工程售后。

2）联系方式

单位名称：北京赛科康仑环保科技有限公司

联系人：张爱琳

电话：010-82676234

传真：010-82676234-8002

邮箱：alzhang@saikekanglun.com

邮编：100083

通信地址：北京市海淀区中关村东路18号财智国际大厦C座2008

3.2.11 以多流向强化澄清工艺为核心的钢铁企业综合污水处理与回用技术

（1）技术持有单位

中冶节能环保有限责任公司

（2）单位简介

中冶节能环保有限责任公司，是以中冶建筑研究总院有限公司的核心技术与管理力量为主体成立的公司制企业，主要从事工业与民用建筑设计、总承包，专业工程设计、施工承包，环保设施投资运营等业务，是钢铁工业环境保护国家重点实验室、国家环境保护钢铁工业污染防治工程技术中心、工业环境保护国家工程研究中心的依托单位。在钢铁联合企业废水处理及回用领域，先后承担了大量的工程实践转化及相关研究工作，研究成果获得"环境保护科学技术奖二等奖""中冶集团科学技术一等奖"等奖项。

中冶节能环保有限责任公司承担了"十五"国家科技攻关项目《钢铁企业用水处理与污水回用技术集成研究与工程示范》、"十一五"国家科技支撑计划《大型钢铁联合企业节水技术开发》、"十二五"国家科技重大专项《重点流域冶金废水处理与回用技术产业化》等多项国家课题的研究任务，对钢铁联合企业单项供水、用水、排水技术进行集成；并以各工序对水质、水量的不同要求，按系统工程的做法整合钢铁工业用排水全生命周期的用水清洁生产、节水减排优化控制、水系统智能化运行管理、节水降耗等技术，并在多家钢铁公司完成了工程示范。

(3) 适用范围

适用于我国钢铁行业综合污水处理与回用领域，并可以拓展到钢铁行业原水处理以及矿区的矿井水处理与回用领域。

(4) 主要技术内容

1）基本原理

该成套工艺针对钢铁企业总排口综合污水，以加强预处理为基础，以自主知识产权技术多流向强化澄清器和V形滤池为核心，以反渗透膜法脱盐进行深度处理并辅以回用水含盐量控制技术，最终回用于工业循环冷却水系统作为补充水。多流向强化澄清器更适合占地紧张、处理来水水质水量变化幅度大并要求节省投资和管理简单的应用场合。单池面积及数量可根据工程具体情况灵活组合。

2）技术关键

本技术关键在于多流向强化澄清器的系统优化。如搅拌混合提升设备中搅拌叶片与提升整流桶的配套，水力条件的参数选择；刮泥设备对回流污泥浓度的影响及回流点、回流量的相关关系；污泥沉淀与回流的浓度与流量调整。重点研究多流向强化澄清池污泥回流、沉淀区污泥浓度自动监测与控制，出水水质监测及反馈调节自动控制系统等。

3）科技创新点与技术特点

① 发明了智能加药系统。

② 发明了刮泥机自动控制与过载保护装置。

③ 发明了自动排泥系统。

④ 一体化系列化的示范设备设计，系列化后设备的各种灵活组合可分别满足不同处理水量的工程需求。

4）工艺流程图及其说明

工艺流程图如图3-17所示。钢铁企业综合污水经过粗、细格栅到调节池，然后经提升泵站到多流向强化澄清器和V形滤池，产水经过自清洗过滤器到超滤反渗透深度处理系统。配合循环水含盐量控制技术，出水直接回用或者与其他水种勾兑回用。

(5) 技术指标及使用条件

1）技术指标

① 以多流向强化澄清与V形滤池工艺成套的技术占地面积大大减小，主体工艺占地面积仅为常规工艺的50%～60%。其中多流向强化澄清器沉淀区表面负荷稳定达到10～15$m^3/(m^2 \cdot h)$；V形滤池滤速达到8～12m/h；外运污泥含水率<60%。

② 经处理后，工业企业外排综合污水污染物的去除率达到SS>90%，COD>70%，石油类66%；回用水水质达到SS<5mg/L，COD<30mg/L，油<2mg/L。处理后的水回用于生产系统，大幅降低了钢铁企业的吨钢取新水量。

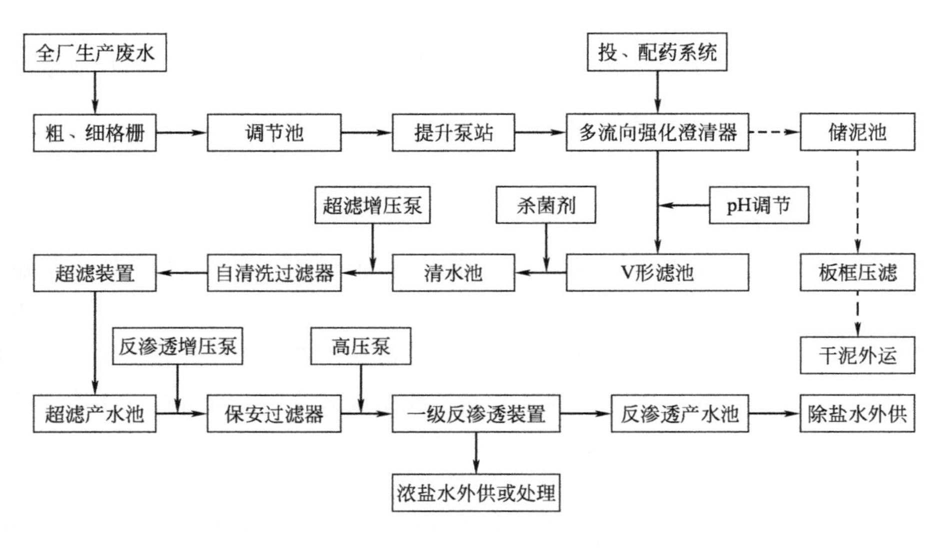

图 3-17　工艺流程图

2）经济指标

该工艺处理技术可达到国际先进水平，主体工艺占地面积仅为常规工艺的 1/2 左右；关键设备已国产化；自控系统自主开发，工程投资仅为国外同类设备的 1/3。

3）条件要求

含有悬浮物、油等污染物的工业排放口综合污水。

4）典型规模

典型的处理规模一般为 30000～50000m^3/d。

(6) 关键设备及运行

1）主要设备

多流向强化澄清器、V 形滤池。

2）运行管理

利用污泥浓度与刮泥机扭矩大小的关系来决定刮泥机的开停；用刮泥阻力扭矩反映出可靠的污泥浓度值，通过可编程控制器 PLC 控制排泥泵及回流泵的开停。

通过将沉淀量和刮泥阻力之间的参数关系转化为数学模型，通过参数设定及工程量变换控制污泥回流泵的运行频率及开启时间，从而达到自动化控制。

通过在线监测澄清池的进、出水 pH 值等系统调整加药泵的运行频率及运行时间。通过设定该 PID 负反馈系统的各个参数，以达到准确控制加药量的变化，从而达到维持系统 pH 和浊度稳定的效果。

3）主体设备或材料的使用寿命

设计寿命 20 年。

(7) 投资效益分析

1) 投资情况

以 $3\times10^4 m^3/d$ 的钢铁企业总排口综合污水处理处置工程为例，其总投资约为 4600 万元。

2) 运行成本和运行费用

运行费约为 0.83 元/m^3。

3) 效益分析

以 $3\times10^4 m^3/d$ 的钢铁企业总排口综合污水处理处置工程为例，处理工艺在 V 形滤池后出水可达到如下平均去除率：SS 70.4%，COD 70.5%，石油类 66%；其出水水质可达到：SS<5mg/L，COD<30mg/L，油<2mg/L，可返回生产系统循环使用，大幅降低钢铁联合企业的吨钢取新水量。本工艺的关键设备已实现国产化，自控系统进行自主开发，整体技术达到国际先进水平。与传统设备比较处理效果提高 25%以上，国产化率达到 83%，与进口设备比较，设备制造成本降低约 44.69%，降低了工程造价和运行成本。

污水经处理后 20000m^3/d 回用于热轧生产线浊环水系统，10000m^3/d 脱盐水补充至生产新水系统。

工程实施后，每年减少新水用量 $8.98\times10^6 m^3$，吨钢新水单耗为 2.79m^3，吨钢耗水降低 20%以上，全厂水的重复利用率达到 98%。同时每年减少外排污水 $1.095\times10^7 m^3$，节约资金额约 1206 万元（工业用新水费 1.38 元/m^3，排污费 0.80 元/m^3，污水处理厂运行费 0.83 元/m^3）。每年减少 SS 排放 1530t，COD 排放 281t，石油类 64.8t，污水减排率达到 80%以上。经济、社会、环境效益十分显著。

(8) 专利和鉴定情况

1) 专利情况

① 多流向强化澄清器（专利号：ZL200820233945.8）

② 一种中心传动刮泥机过载保护装置（专利号：ZL200910210415.3）

③ 一种污泥自动排放装置（专利号：ZL200910210146.8）

2) 鉴定情况

① 组织鉴定单位：中国环境科学学会

② 鉴定时间：2018 年 6 月 30 日

③ 鉴定意见

多流向强化澄清器：研发、设计、制造了反应、澄清、浓缩及污泥回流集成装置，利用体外循环污泥，显著提高并改善絮凝和澄清效果，提高了排泥浓度，确保出水浊度和外排泥浆浓度的稳定性，节约工程用地约 50%，减少药剂投加量约 25%，与传统设备比较处理效果提高 25%以上，国产化率达到 83%，与进口设备比较，设备制造成本降低约 44.69%，降低了工程造价和运行成本。

在课题执行期内，多流向强化澄清器推广应用于4项工程，设备产值约830万元，取得了良好的经济、社会、环境效益。

综上所述，评价委员会认为该三项设备国产率均达到83%以上，制造成本较进口产品下降40%以上，处理效果较传统设备提高20%以上；研发的关键装备在课题执行期内市场销售额达3940万元。

评审委员会建议：进一步拓宽行业推广和应用范围。

(9) 推广与应用示范情况

1）推广方式

国家科技支撑计划项目、国家水专项课题工程示范，EPC工程总承包。

2）应用情况

① 营口京华钢铁有限公司；

② 日照钢铁控股集团有限公司；

③ 马来西亚马中关丹产业园；

④ TPCO（天津钢管集团股份有限公司）美国项目（得克萨斯州Texas）；

⑤ 马钢（合肥）钢铁公司；

⑥ 唐山新宝泰钢铁有限公司；

⑦ 攀钢西昌钢钒有限公司。

3）示范工程

营口京华钢铁有限公司综合污水处理与回用示范工程项目主要处理营口京华钢铁有限公司厂区外排生产废水，处理出水作为全厂生产系统补充水进行回用，达到节能减排、保护环境的目的。处理规模为$3.5\times10^4m^3/d$，占地面积$1.46\times10^4m^2$。

该处理工艺在预处理段运行稳定，出水可以稳定达到膜处理进水要求。反渗透出水水质可达到：SS≈0mg/L，电导率≤160mS/m，油≈0mg/L，氯离子≤45mg/L，可返回生产系统循环使用，大幅降低钢铁联合企业的吨钢新水耗量。本工艺的关键设备已实现国产化，设备投资仅为国外同类设备的50%；自控系统进行自主开发，整体技术达到国际先进水平。

为了实现综合污水长期循环回用，根据钢铁企业各工序水质要求，将回用水按比例进行多样性、经济性调控，最大限度提高污水回用率。营钢污水处理项目投产后，预计污水排放量每年减少$1.086\times10^7m^3$，每年减少SS排放量1235t，COD排放量473t，石油类排放量102.2t，体现出优良的环境效益和社会效益。

4）获奖情况

技术获得2011年环境保护科学技术二等奖、2012年中冶集团科学技术一等奖；日照钢铁公司综合污水处理与回用示范工程项目获颁"冶金行业优质工程奖"；马钢（合肥）钢铁公司综合污水处理与回用工程被确立为2009年国家重点环境保护实用技术示范工程。

(10) 技术服务与联系方式

1) 技术服务方式

EPC总承包工程。

2) 联系方式

单位名称：中冶节能环保有限责任公司

电话：010-82227639

传真：010-82227153

邮箱：mcchbsc@163.com

邮编：100088

通信地址：北京市海淀区西土城路33号8号楼

3.2.12 高负荷地下渗滤污水处理复合技术

(1) 技术持有单位

广州中科碧疆环保科技有限公司

(2) 单位简介

广州中科碧疆环保科技有限公司是中国科学院“百人计划”引进回国学者陈繁荣研究员（教授）创立的研发型高新技术环保企业。

中科碧疆以中国科学院广州地球化学研究所雄厚的研发实力为依托，专注于水环境治理技术的研发、孵化与应用推广，并在分散式污水处理领域取得了重大技术成果。

中科碧疆与中科院广州地球化学研究所联合研发的“高负荷地下渗滤技术”已获得了7项中国发明专利授权。该技术具有处理效果好、占地小、运行能耗低、管理维护简便、受气候影响小等优点，公司采用该技术已在全国16个省（市）建成村镇和学校园区生活污水处理设施近900座，日处理污水总量超过85000t。

(3) 适用范围

本技术适用于全国范围内小城镇、农村、学校等领域的生活污水处理，采用模块化设计，处理规模为3～5户至10000m^3/d，根据实际情况可灵活设计、使用。

(4) 主要技术内容

1) 基本原理

“高负荷地下渗滤技术”是一种（仿）生态污水处理技术。该技术系统为间歇性进水，运行过程处于湿-干交替的环境，主要分为好氧段和缺氧段。

好氧段，滤料表面的好氧和兼氧微生物将有机物分解成CO_2和H_2O；氨氮则通过亚硝化和硝化作用转化为NO_2^-和NO_3^-。

缺氧段，反硝化菌利用污水中的有机碳和老化生物膜，将 NO_2^- 和 NO_3^- 转化为 N_2，其脱氮效果与污水中的有机碳/总氮比值有关。

整体过程不排放有机污泥，总磷通过滤料吸附和形成磷酸盐沉淀去除。

2）技术授权专利

一种无动力高负荷地下渗滤污水处理复合系统及方法（专利号：ZL201610326326.2）

一种高负荷地下渗滤污水处理复合系统（专利号：ZL201310585691.1）

高氨氮浓度有机废水处理组合装置及方法（专利号：ZL201310573287.2）

高效脱氮人工土地下渗滤污水处理复合系统及方法（专利号：ZL201110351599.X）

高效脱氮除磷地下渗滤污水处理方法及装置（专利号：ZL201110352812.9）

一种高水力负荷地下渗滤污水处理复合系统（专利号：ZL200610122506.5）

高效防堵土壤生物废水处理系统（专利号：ZL03126761.0）

一种厌氧、缺氧 MBBR 反应池（专利号：ZL201410509327.1）

3）技术创新点

① 通过结构创新，自检反馈调控渗滤系统中的水分运移路径，避免水流受阻和系统堵塞，合理分配污染物负荷，从而大幅度提高渗滤系统的负荷能力；

② 通过优化不同功能-结构层的滤料配方，强化污染物的去除能力，提高污染物分解和转化速率，保障污水处理效果；

③ 通过运行模式创新，采用间歇性进水，落干期间适量通风，形成好氧-缺氧交替的环境，不仅有利于脱氮，而且避免了淹水曝气的供氧方式，从而大大降低了运行能耗；

④ 通过微生物强化，提高各单元的去污效率；

⑤ 通过集成创新，实现不同处理单元之间的协同耦合功能，不仅可以提高污染物去除效率，而且将保障系统的长期稳定运行。

4）技术特点

① 克服了常规土地-生态处理技术用地面积大的缺点，地表可规划为公园绿地，也可用做旱地；

② 机电设备少，且均为间歇短时工作制，故障率非常低，因此克服了生物处理技术多故障、需要高强度专业维护的缺点；

③ 渗滤系统采用间歇性进水、落干时期适量通风供氧的运行模式，运行能耗低；

④ 系统稳定性强，耐冲击负荷能力强，并可在冬季低温条件下正常运行；

⑤ 无二次污染，系统不散发异味，不排放有机污泥，噪声小；

⑥ 使用灵活，适用规模从 3～5 户至 10000m^3/d，根据实际情况灵活设计使用。

5）工艺流程图及其说明

图 3-18 为高负荷地下渗滤复合技术污水处理工艺流程图。生活污水经过格栅后进入沉淀池，然后进入厌氧池，经过水解酸化后进入调节池。潜污泵间歇性地将调节池中的污水送入高负荷地下渗滤系统，污水在渗滤系统内通过布水管网均衡分配于整

个布水层，当污水在滤料中横向运移和向下渗滤的同时，污水中的污染物被滤料拦截、吸附，待水落干后，适量向好氧段充入新鲜空气，附着于滤料表面的微生物将还原性物质分解和转化，然后进入缺氧段，进行反硝化脱氮，并进一步去除污水中残留的有机物。与此同时，渗滤过程伴随着总磷的吸附和金属磷酸盐沉淀。

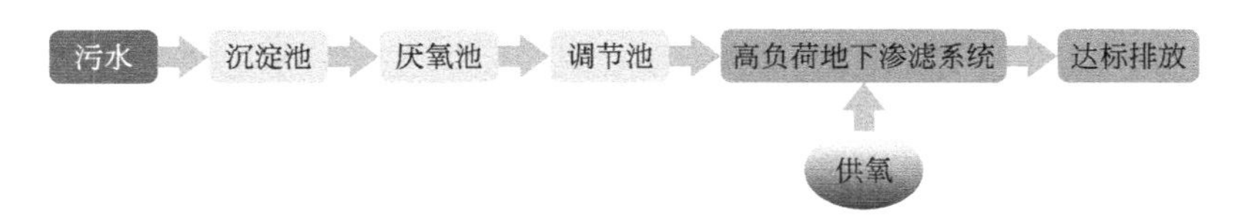

图 3-18 高负荷地下渗滤复合技术污水处理工艺流程图

(5) 技术指标

① 占地面积小，高负荷地下渗滤系统吨污水的渗滤面积仅需 0.8m^2；

② 一次性投资小，系统的规模小，建设成本明显降低；

③ 运行能耗很低，吨污水电耗约 0.1kWh（抽水约 0.06kWh，供氧 0.01～0.02kWh）；

④ 操作维护简便，少故障，不排放有机污泥，运维管理成本低；

⑤ 效果好，运行稳定，出水主要指标优于《城镇污水处理厂污染物排放标准》（GB 18918—2002）中一级 A 类排放标准。

(6) 关键设备及运行管理

1）主要机电设备

本技术主要机电动力设备为一台水泵和一台调温通风成套装置（含风机及其辅热组件），设备均为自动控制。水泵每天累计运转约 4h，风机（升压约 2kPa）每天累计运转约 2h，不仅能耗低，而且设备使用寿命长。

2）运行管理

日常管理主要是定期清理栅渣、沉砂。机电设备不仅数量少、故障率低，而且可由普通水电工检修及更换。

3）主体设备或材料的使用寿命

池体及高负荷地下渗滤系统使用寿命 50 年以上，控制系统、潜污泵、调温通风成套装置平均使用年限约 10 年。

(7) 投资效益分析

1）投资情况

本技术系统的建设投资估算如表 3-20 所示，表中所列投资包括工艺流程中所有污水处理设施，但不含地表景观绿化、在线监测等附属设施。

表 3-20 高负荷地下渗滤系统投资估算

序号	规模/(m³/d)	土建投资/万元	安装投资/万元	总投资估算/万元
1	20	7.5	12.5	20.0
2	50	12.0	23.0	35.0
3	100	20.0	35.0	55.0
4	500	65	130.0	195.0
5	3000	280	710	990

2）运行成本

① 电耗：高负荷地下渗滤系统的电耗包括污水提升、通风供氧和冬季辅热三部分，气温15℃及以上时约0.07kWh/t，气温−20℃时约0.2kWh/t。

② 日常管理：定期清除格栅垃圾可以由环卫人员兼顾。每年抽吸清理1次沉淀池污泥，处置费约0.05元/t污水。

③ 设备维护：设备维护费约为0.1～0.2元/t（与处理规模及数量分布有关）。

综上，运营成本约为0.2～0.35元/t。

3）效益分析

自2001年起，本技术经过18年的持续研发和11年的应用升级，形成了完整的技术体系，技术水平国际领先。与传统技术对比优势非常明显，详见表3-21。

表 3-21 常用村镇生活污水处理技术对比

技术类型	人工湿地	生物处理技术（SBR、接触氧化）	高负荷地下渗滤技术
技术特点	生态处理 设备简单	工业化处理 设备复杂	仿生态处理 设备简单
占地要求	10～20m²/t，需种植水生植物	<1m²/t，需与人群隔离	约1m²/t，地表可绿化、美化
建设投资	大	一般	一般
运行管理	电耗<0.1元/t，需及时清理、复种水生植物	2～3元/t，多故障，需高强度专业维护	电耗约0.1元/t，维护简便
受气候影响	大	较大	小
二次污染	蚊虫、异味	污泥排放、异味	很小

现有集镇和农村生活污水处理技术主要分为生物处理和生态处理两大类。这两大类技术的痛点是：生物处理技术建得起、用不起、难维护；生态处理技术所需的土地过大，受温度影响很大，在我国没有广泛推广的价值。

目前，因终端维护难度大、运营费用高导致农村污水处理设施大量闲置甚至废弃，是我国农村污水治理中亟待解决的难题。

"高负荷地下渗滤技术"在保留了常规地下渗滤技术主要优点的同时，既克服了生物处理技术能耗大、维护管理复杂的缺点，又克服了人工湿地技术占地面积很大(所需投资也高)、冬季不能正常运行、夏季可能滋生蚊虫的缺点。为保障我国村镇生活污水处理设施的持续正常运行，该技术在大多数情况下具有不可替代性，是一项真正建得起、用得起、效果好、可持续的村镇生活污水处理技术。

(8) 鉴定情况

1) 技术鉴定单位

自2010年至今分别经过了住建部，科技部，环保部，江西环保厅，广东省住建厅、环保厅等多个部委和地方政府论证推荐和奖励。

2) 鉴定时间

① 2017年入选广东省科技厅、环保厅编制的《广东省水污染防治技术指导目录》；

② 2016年入选广东省住建厅编制的《广东省农村生活污水处理适用技术和设备指引》；

③ 2015年通过江西省环保厅组织的专家论证；

④ 2014年与浙江省嵊州市政府达成技术示范区战略协议；

⑤ 2010年、2012年、2013年，入选环境保护部《国家鼓励发展的环境保护技术目录》；

⑥ 2010年入选国家住建部、科技部联合编制的《村镇宜居型住宅技术推广目录》。

3) 鉴定意见

“高负荷地下渗滤技术”具有占地少、不改变土地用途、受气候条件影响小、能耗低、运维简便、效果稳定、适用范围广的特点。

(9) 推广与应用示范情况

1) 推广应用方式

中科碧疆主要采用ETC＋O（建设＋运维）模式和区域技术合作模式进行技术推广。

2) 应用情况

2008年以来，公司采用“高负荷地下渗滤技术”先后建成集镇、园区和农村生活污水处理设施近900座，分布于海南到吉林的16个省（市）。特别是2014—2016年浙江省“五水共治”期间，采用该技术在浙江省建成村、镇生活污水处理终端300余座，得到广大干部、群众的高度肯定，为此，该技术的研发和应用负责人陈繁荣研究员于2016年获得了“浙江省美丽乡村建设突出贡献者”荣誉称号。

3) 经典案例

① 项目名称：义乌市佛堂镇新塘西村生活污水处理工程

② 建设单位：义乌市佛堂镇人民政府

③ 案例概况：污水处理站位于佛堂镇新塘西村，主要处理新塘西村居民生活污水，设计规模为$80m^3/d$，于2016年9月建设并调试完成，并于2016年10月通过建

设单位及相关部门验收，截至目前，本项目运行状态良好，出水水质稳定达标。

④ 工艺流程图（图 3-19）。

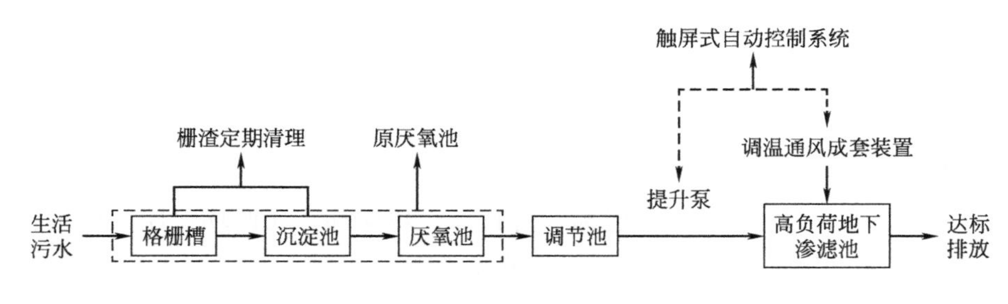

图 3-19 工艺流程图

⑤ 主要设备及能耗：主要设备为一台潜污泵（$Q=20\text{m}^3/\text{d}$，$H=7\text{m}$，$N=0.75\text{kW}$）和一套调温通风成套装置（风机：$Q=960\text{m}^3/\text{h}$，全压$=2980\text{Pa}$，$N=0.55\text{kW}$，加热器 $N=3.0\text{kW}$）。年电耗约为 2200kWh，吨污水电耗为 0.075kWh。

⑥ 应用效果（表 3-22）、投资费用（表 3-23）及运行费用（表 3-24）。

表 3-22 应用效果

项目	COD/（mg/L）	SS/（mg/L）	NH_3-N/（mg/L）	TP/（mg/L）
进水水质	318	80	31.1	3.31
出水水质	31	10	3.27	1.5
执行标准	≤60	≤20	≤15	≤2

表 3-23 投资费用

序号	名称	投资/万元
1	基础设施建设投资（含管网）	16.32
2	工艺安装投资	30.29
3	合计	46.61

表 3-24 运行费用

序号	项目名称	年成本/元	吨水成本/元	备注
1	能源消耗费	1320	0.05	日常清理 由环卫工人兼职
2	维护管理	4000	0.14	
3	运行费用合计	5320	0.19	

4）获奖情况

① 2015 年"高负荷地下渗滤技术"研发团队获中国科学院"2015 年度科技促进发展奖"之科技贡献二等奖；

② 2016年“高负荷地下渗滤技术”负责人陈繁荣研究员获“浙江省美丽乡村建设突出贡献者”荣誉称号。

(10) 技术服务与联系方式

1）技术合作模式

① EPC+O模式自行承接项目；

② 区域技术合作；

③ 作为技术方参与区域重大污水治理项目（如整县打包项目、PPP项目等）。

2）联系方式

单位名称：广州中科碧疆环保科技有限公司

电话：020-85290316，18902266744

邮编：510640

通信地址：广州市天河区科华街511号综合楼102室

3.2.13 适用于低C/N农村生活污水的局部亏氧曝气生物膜深度处理工艺及一体化设备

(1) 技术持有单位

天津市农业资源与环境研究所

(2) 单位简介

成立于1979年，2006年更名为天津市农业资源与环境研究所，隶属于天津市农业科学院。研究所现有职工44人，高级职称24人，硕士以上学位29人。研究所现有科技成果50余项，获部、市级科技进步奖30余项。

研究所主要研究方向为农村生态环境和废弃物处理资源化利用、植物营养与肥料、土壤和水资源高效利用。建立了农村废弃物、农业微生物分析测试平台。2012年由天津市科委批准组建了“天津市农村生态环境技术工程中心”，以打造国内一流产学研相融合的研究基地为目标，以建设农村生态环境的研究、应用、开发、推广、服务平台为宗旨，紧紧围绕农村生活污水、生活垃圾、畜禽粪污处理、蔬菜残余物等废弃物资源化利用，开展废弃物对面源污染、农产品安全和居民身体健康产生的影响等方面的工程技术研究，为天津市农业生产及农村环境提供技术咨询和农化服务。

农村生态环境和废弃物处理资源化利用是研究所近年来的重点研究方向，在农村生活污水和生活垃圾处理方面取得了多项成果。“农村生活污水厌氧好氧一体化处理技术”获2013年度天津市技术发明二等奖；“一体化生物膜高效组合工艺处理农村生活污水的研究”获2019年度天津市科技进步三等奖；“规模奶牛场粪污综合处理循环利用技术研究与示范”获2015年度天津市科技进步三等奖。

（3）适用范围

适用于村镇生活污水集中处理站、户用（多户联用）分散生活污水处理，应用场景包括农家院、水冲公厕、旅馆、餐厅等，尤其在低C/N污水中具有良好的脱氮除磷效果。

（4）主要技术内容

1）基本原理

农村生活污水通常各污染物浓度不高，但碳氮比极低，为保证出水氮磷指标达标，往往需要额外添加碳源；并且，农村生活污水水量在一天内波动大、水质随季节区别明显，冬季浓度低、夏季浓度高，因此常规、成熟的生物处理工艺需做出符合农村生活污水特点的适应性改变与优化。本工艺主体生物处理环节为A/O，其中前置的厌氧池为释磷专用池，预处理后的污水首先进入该池，优先保证聚磷菌碳源需求，使聚磷菌可首先富集，起到生物选择器的作用。之后的好氧池内敷设填料，同时曝气系统布置采用自有专利技术“局部循环供氧”方式，池体中间以柱形导流板圈出曝气区，曝气区底部设置布气装置，污水从曝气池一端进入池底，由曝气区内上升气泡形成的负压吸入，上升到顶部后四散落入导流板外的非曝气区，这样在整个好氧池内形成循环流态，池体由中间到四周具有溶解氧的变化梯度，污水交替经过好氧与缺氧环境，可在同一池形中完成硝化与反硝化作用。同时，控制较低的DO浓度，系统内较易形成短程硝化反硝化、同步硝化反硝化（SND）等脱氮途径，这样较传统脱氮途径可降低对碳源的需求，也实现了更低的能耗，符合农村高效经济的市场需求。

除了生物处理技术，在前端预处理收集、生物絮凝、除臭等技术环节也做出技术创新与优化，形成一系列专利，最终整合推出的一体化生物膜高效组合工艺设备运行能耗低、处理效果好且可扩展至多个规模，可灵活应用于村镇集中处理站与小型户用分散水处理。整套设备采用PLC自动控制，可远程设置运行参数，简化了后期管理，适合农村现状。

2）技术关键

① 好氧池局部循环供氧、低DO运行，营造有利于SND与短程硝化反硝化的环境，从而降低外加碳源、曝气等运行能耗；

② 厌氧池作为聚磷菌的生物选择器，只承担聚磷菌的释磷功能，规避含硝酸盐的处理液回流，优先利用原水中的碳源，通过独立、纯粹的厌氧环境保证系统的除磷效能；

③ 收集预处理系统吸取格栅、调节池和初沉池的优点，优化收集预处理结构，实现了多频次进水，有效降低基建投资成本；

④ 构建污水生物絮凝强化技术，包括高效生物絮凝菌的筛选、驯化、复配、发酵、固定及应用；

⑤ 研发生物除臭工艺，解决产生的各类有害、有味气体安全排放问题，氨、硫

化氢等恶臭气体去除率达到 90%以上。

3）科技创新点及技术特点

① 好氧池在曝气装置铺设、DO 控制方法上具有不同于传统硝化反硝化脱氮工艺的独有特点，由于营造了丰富多样的微环境，在同一反应池中实现同步硝化反硝化，且将生化反应引向碳源需求量更少、供氧能耗更低的脱氮途径。

② 研发了分散污水一体化收集预处理装置，将格栅、沉砂和调节 3 大功能集于一体，装置结构简单、操作方便，实现了一次性投资成本下降 25%，节约土地 30%。经预处理后的污水，BOD_5与COD_{Cr}的比值由 0.45 提高到了 0.51，SS 下降了 54%。

③ 创新了农村生活污水生物絮凝强化工艺和微生物除臭工艺。攻关了絮凝微生物高密度培养及固定化技术，絮凝微生物纯培养密度达到 100 亿个/mL 以上，原水碳源贡献达到 12.1%，提高了脱氮效能；利用 100%纯生物质菌种载体填料，进行特异菌微生物吸附分解，实现氨、硫化氢等恶臭气体去除率达到 90%以上，实现了污水处理站尾气的安全排放。

4）工艺流程图（图 3-20）及其说明

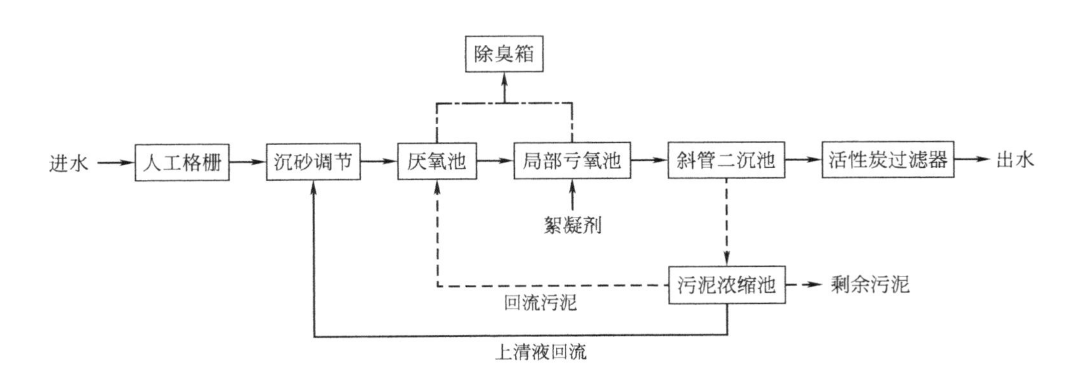

图 3-20　工艺流程图

整套工艺包含人工格栅、初沉调节、厌氧释磷、局部亏氧曝气、二次沉淀、活性炭过滤器、污泥浓缩、絮凝除臭 8 个技术环节。以微生物生化处理为主体，预处理区实施定期人工清渣；曝气池敷设悬浮填料提高微生物数量，在填料上生长厌氧、兼氧、好氧微生物，丰富生物相；二次沉淀池主要作用是泥水分离；污泥浓缩对剩余污泥进行浓缩减量及无害化；絮凝除臭提高絮体形成效率、补充脱氮所需碳源，净化氨、硫化氢等恶臭气体。

污水首先自流经人工格栅后，进入初沉调节池，利用污水泵一次提升，依次至厌氧池、好氧池、二次沉淀池。厌氧池内设置导流板和溢流板保证完全厌氧环境，顶部设置导气管，出水通过折流经布水板进入局部亏氧池。局部亏氧池内敷设生物填料，生物膜由外向内生长对氧耐受不同的微生物菌群，安装局部循环供氧装置，该装置的应用实现了缺氧区和好氧区同时存在并交替循环连续运行，进一步强化了好氧/缺氧交替作用，同时采用亏氧曝气模式，严格控制 DO 浓度，为碳源利用和硝化反硝化提供了有力的保证。局部亏氧池出水进入二沉池，经斜管沉淀后上清液进入活性炭过滤器，进一步去除 SS 并吸附少量未去除的 P 等物质。二沉池内污泥进入污泥浓缩池，浓缩污泥部分回流至厌氧池，降低二沉池污泥回流带入氧与硝态氮的风险，剩余污泥排放待进一步处理。

(5) 技术指标及使用条件

1) 技术指标

出水可达到《城镇污水处理厂污染物排放标准》(GB 18918—2002) 一级 A，较传统工艺节约曝气 25%，无需外加碳源。

2) 经济指标

采用本工艺的农村生活污水集中处理站，处理规模 $150m^3/d$，钢筋混凝土结构，建设投资 156 万元，运行成本 0.75 元/t。

3) 条件要求

处理目标水质为生活污水，包含粪污及其他生活杂用水，不建议排入畜禽养殖废水、工业废水或含有有毒有害化学成分的污水。

4) 典型规模

$50m^3/d$ 以上规模的集中污水处理站构筑物采用钢筋混凝土结构，$50m^3/d$ 以下规模的可制成单户或多户联用的一体化集成设备。

(6) 关键设备及运行管理

1) 主要设备

全套工艺包括人工格栅、初沉调节池、厌氧池、局部亏氧池（布气装置、生物填料、絮凝剂加药装置、鼓风机）、除臭设备、潜水泵、斜管二沉池、污泥浓缩池、活性炭过滤器、自动控制系统、在线监测设备等技术环节与设备。

2) 运行管理

无论是较大型的集中污水处理站还是户用型一体化反应设备都会配备 PLC 自动控制系统，所有带电设备运行工况可实时显示并通过自控柜的触屏调节。对于预算充足的项目亦可建立物联远程监控模式，实现 PC 端或手机 APP 端的智能监管。高度自动化的运行模式可有效弥补农村专业运维人员的缺失，每个项目只需要配备一名兼职维护工或业主自行做简单维护操作。

本单位对于各个投建项目也会在投用后进行长期、定时水质监测，提供技术指导。

3) 主体设备及材料的使用寿命

主体设备及材料使用寿命为 20 年。

(7) 投资效益分析

1) 经济效益

以处理能力 $150m^3/d$ 的农村集中污水处理站项目为例，构筑物为全地埋钢筋混凝土结构，地上建筑物1座，为设备间。建设总投资156万元，其中土建费用58万元，设备费62万元，其他运行调试等费用36万元。运行成本：工程总装机容量14.25kW，日均耗电125kWh，电费为0.42元/m^3；一名兼职维护人员，工资1500元/月，则人力成本为0.33元/m^3。总运行成本约0.75元/m^3。

目前该技术总投用规模约600m^3/d，则每年生产再生水资源20×10^4t，完全满足农业灌溉水质标准。按农业灌溉水3元/t计算，每年为自然村节约购水支出60万元。按每亩（1亩=666.67m^2）每季灌溉100m^3再生水计，每年生产的20×$10^4$$m^3$再生水可解决2000亩耕地用水，替代化学肥料氮12000kg、磷600kg。

2）环境与社会效益

该项技术的应用，以600m^3/d处理规模为例，每年可减少向环境排放污染物1000t，其中，有机碳（COD计）900t、氮90t、磷10t。项目实施期间可增加从业人员100人和技术服务、运行管理、维修维护等从业人员10人。通过项目的实施和一体化生物膜高效组合技术的应用，改变了村民的生活习惯，培养循环经济与环境保护理念，促进美丽乡村建设的深入发展，具有良好的社会效益。项目实施后，极大地减少了农村生活污水直接排放造成的周边水体富营养化和饮用水水源安全，有效减少了污水中有机污染物对大气、地下水和土壤的污染，有效阻断了传染病的传播途径，改善了乡村人居环境；再生水的农田利用也降低了农药的使用，有效减少了农药残留对产品和农业环境的污染，对卫生安全、食品生产和农业可持续发展提供了有效途径，避免了病原微生物通过环境传播造成的人畜共患疾病，具有良好的生态效益和环境效益。

(8) 专利和鉴定情况

1）专利情况

① 发明专利

分散污水一体化收集预处理装置（专利号：ZL201510155689.X）

一种分散污水生物絮凝强化装置及处理方法（专利号：ZL201510720853.7）

② 实用新型

适用于小型污水处理站的臭味生物去除装置（专利号：ZL201520803482.4）

用于处理分散生活污水的两级回流原水补碳生物膜装置（专利号：ZL201720125126.0）

用于分散生活污水处理的两级回流生物膜装置（专利号：ZL201720123003.3）

用于生活污水处理的厌氧局部循环供氧单级回流装置（专利号：ZL201720127491.5）

2）奖项与论文

① 奖项

“农村生活污水厌氧好氧一体化处理技术”获2013年度天津市技术发明二等奖；

“一体化生物膜高效组合工艺处理农村生活污水的研究”获2019年度天津市科技进步三等奖；

"规模奶牛场粪污综合处理循环利用技术研究与示范"获2015年度天津市科技进步三等奖。

② 论文（表3-25）

表3-25 论文发表情况

编号	论文名称	期刊	年卷页码
1	局部循环供氧生物膜技术处理分散污水脱氮除磷分析	农业机械学报	2017,48(2):294-299
2	两级交替回流/厌氧/局部供氧生物膜技术对分散污水有机物和氮的去除效果	环境污染与防治	2017,39(3):286-289
3	分段进水接触式 A^2/O 工艺用于处理度假村生活污水	中国给水排水	2017,33(10):97-99
4	局部循环供氧一体化生物膜技术处理分散污水效果	环境工程	2016,34(Z):421-423,428
5	农村污水处理复配絮凝菌的发酵条件优化及应用研究	天津农业科学	2015,21(9):34-38
6	农村污水处理用高效絮凝菌株的筛选与鉴定	天津农业科学	2015,21(12):24-28

(9) 推广与应用示范情况

1）推广方式

本技术非常适合低C/N的生活污水处理，除了农村村镇集中生活污水处理站，对于不具有统一下水管网的地区或用户，还可制备成户用型（多户联用）一体化生活污水处理设备，广泛应用于水冲公厕、餐馆、农家院等地。整套技术工艺可灵活扩展至多种规模。

2）应用情况（表3-26）

表3-26 技术应用情况

应用单位	处理规模/(m^3/d)
北京市延庆区珍珠泉乡人民政府	150
天津市宁河县大北涧沽村村委会	100、200(2处)
天津市农业科学院武清农业创新基地	150
天津市静海区某别墅区	100

3）示范工程

北京市延庆区珍珠泉乡污水处理项目。

规模：$150m^3/d$

总投资：156万元

运行费用：0.75元/t

① 工程概况

珍珠泉乡位于北京延庆区东部山区，村内无工业，基本无农业种植，山间自然风光优美，是以旅游度假产业为依托的新型乡村。新建的污水处理设施用于全村范围内的污水排放。待处理污水绝大部分为常住人口和游客产生的生活污水，另有少量餐饮废水。集中排放餐饮废水的餐馆设置隔油池，废水经初步隔油处理后排入管网，与生活污水混合进入新建污水处理站共同处理。

生活污水主要来源于乡政府、学校、家庭和旅舍等。常驻人员组成：村民587人、学校学生107人、政府办公人员138人，另外旅游旺季时外来流动人口高峰为1000人/d。全村具有自来水供应和排水管网。基于村往年自来水用量，综合考虑排污系数和旅游型人口波动规律，确定工程设计流量为150m^3/d。设计进水水质及出水标准见表3-27，出水要求达到《城镇污水处理厂污染物排放标准》（GB 18918—2002）中一级A标准。

表3-27 设计进水水质及出水标准 单位：mg/L

	COD_{Cr}	BOD	NH_3-N	TN	TP	SS
进水水质	150～420	60～170	18～35	25～45	3.0～6.7	50～150
出水标准	50	10	5(8)①	15	0.5	10

① 括号外数值为水温＞12℃时的控制指标，括号内数值为水温≤12℃时的控制指标。

由于没有工业、农业、养殖业等相关产业，全村污水表现为明显的城镇生活污水特征，碳氮比、碳磷比均不高，而该乡村承载着北京市内人口前往山区避暑度假的功能，环保要求高，各项排污指标要求严格达标，因此在低碳氮比、低碳磷比条件下实现良好的脱氮除磷功能是处理工艺设计的难点和主要考虑因素。另外作为以旅游业为经济支撑的乡村，污水量随旅游季节规律性变化突出，来村旅游的人越多污水生成并排放得越多，即旅游旺季比淡季产污多，周末比平日产污多。

② 应用效果

工程建成后，花费约2个月时间用于启动调试工作，通过接种污泥和控制DO、pH、碳源等运行参数成功驯化出可稳定运行的活性污泥系统。在曾经为期六周的跟踪监测中，每周三、周日取进水、出水水样，可涵盖平日与周末度假高峰两个时间。监测发现系统运行工况稳定，活性污泥生长代谢正常，所有指标可稳定达到排放标准的要求。

(10) 技术服务与联系方式

联系人：吴迪

单位名称：天津市农业资源与环境研究所

电话：13820243866，022-27950853

邮箱：wudi_1008@163.com

邮编：300384

通信地址：天津市西青区津静公路17公里处生物中心102室

3.2.14 复合潜流人工湿地

(1) 技术持有单位

贵州明威环保技术有限公司

(2) 单位简介

贵州明威环保技术有限公司成立于2007年5月，现有员工三十余人，主要从事工业污水处理、生活污水处理、农村环境综合整治、生态保护与恢复及环保技术咨询服务等，公司在水污染防治领域拥有专利近二十项，2010年旋流絮凝净水器项目获得国家科技部、省科技厅及贵阳市科技局中小企业技术创新基金支持并顺利通过验收。2018年被评定为高新技术企业。

(3) 适用范围

适用于中低浓度有机污水处理，特别适用于农村生活污水处理，也可以作为其他水处理中去除中低浓度有机物的单元处理设备。

(4) 主要技术内容

1) 基本原理

利用人工湿地（constructed wetlands，CW）处理污水是20世纪70年代发展起来的一种污水处理技术。由于具有净化效果好、工艺设备简单、运转维护管理方便、能耗低、对负荷变化适应性强、工程基建和运行费用低、可实现废水的资源化等特点，正越来越多地得到人们的关注。

根据污水在人工湿地中的流动方式可以把人工湿地划分为潜流型人工湿地和表面流人工湿地。潜流型人工湿地通常分水平潜流人工湿地和垂直潜流人工湿地两种，水平潜流人工湿地构造相对较简单，不易堵塞，但净化效果较差；垂直潜流人工湿地净化效果好，但是结构较复杂，易出现部分堵塞现象，当发生部分堵塞时，处理能力和处理效果将大幅度降低，且由于结构较复杂，维护较为不易；表面流人工湿地和自然湿地相类似，废水从湿地表面流过。这种类型的人工湿地具有投资少、操作简单、运行费用低等优点。缺点就是水力负荷低，去污能力有限。

2) 技术关键

本技术通过将水平潜流人工湿地、垂直潜流人工湿地和表面流人工湿地有机结合组成复合湿地单元。该复合湿地单元具有占地面积少、投资低、净化效果好、结构较简单、不易堵塞、维护方便、水力负荷较高等特点。

3) 科技创新点与技术特点

① 处理后出水的水质优于传统生物处理后的水质；

② 环境景观效果较好，污水处理站无异味，不滋生蚊蝇；

③ 选用多种植物搭配，保障在不同季节气候条件下有良好的处理效果；

④ 选用多年生挺水植物，避免植物死亡后造成填料堵塞；

⑤ 特别适应高寒地区的气候条件，水位线在填料面以下，冬季冰冻不会冻死植物；

⑥ 无动力设施，管理人员只需要定期清理格栅池和冬季将植物地面部分割掉即可，基本上无运行费用；

⑦ 可以种有一定经济价值的水生植物，解决污水处理运行费用问题。

4）工艺流程图及其说明

图 3-21 所示为工艺流程图。污水自流进格栅池（1）截留并去除污水中大颗粒物和悬浮物；格栅池出水流进厌氧水解池（2），难降解有机物水解为小分子有机物；厌氧水解池（2）出水经布水管（7）进入水平潜流人工湿地（3），污水在水平潜流人工湿地（3）中的填料层中水平流动。污水中的大部分污染物经水生植物（14）的营养吸收、填料内微生物的降解、填料层的吸附过滤等作用去除；水平潜流人工湿地（3）出水经布水管（7）进入垂直潜流人工湿地（4），污水中的污染物经植物的吸收、填料内微生物的降解、填料层的吸附过滤等作用进一步去除；为了保证出水稳定达标，垂直潜流人工湿地（4）出水流进表面流人工湿地（5）进一步净化，最后经出水管（15）出水。

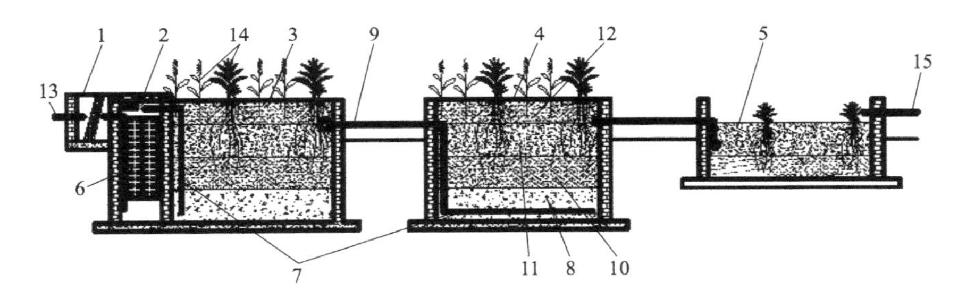

图 3-21 工艺流程图

1—格栅池；2—厌氧水解池；3—水平潜流人工湿地；4—垂直潜流人工湿地；5—表面流人工湿地；6—厌氧填料；7—布水管；8—碎石层；9—连接管；10—细砂层；11—砂质土层；12—栽植填料层；13—进水管；14—水生植物；15—出水管

(5) 技术指标及使用条件

1）技术指标

产品主要性能指标见表 3-28。

2）经济指标

运行费用主要是定期管护费，通常为 0.1 元/m^3废水以下。

3）条件要求

适用于中低浓度有机污水处理。

表 3-28 产品主要性能指标

指标	pH	BOD_5 /(mg/L)	COD_{Cr} /(mg/L)	SS /(mg/L)	氨氮 /(mg/L)	总磷 /(mg/L)	油类 /(mg/L)
进水	6.5～8.5	200	400	200	30	4	40
出水	6～9	≤20	≤60	≤20	≤8	≤1.0	≤20
去除率/%	—	≥90	≥85	≥90	≥73.3	≥75	≥50

4）典型规模

1～1000m^3/h。

(6) 关键设备及运行管理

1）主要设备

格栅池、厌氧水解池、湿地床。

2）运行管理

建成后只需定期清理维护（半年一次）即可，无动力运行。

3）主体设备或材料的使用寿命

主体设备使用寿命 30 年以上。

(7) 投资效益分析

1）投资情况

以农村生活污水处理为例，处理投资为 3000～6000 元/m^3废水。

2）运行成本和运行费用

运行费用主要为定期清理维护人工费，通常低于 0.1 元/m^3废水。

3）经济与环境效益

通常采用生物接触氧化法处理生活污水，水泵、风机长时间的运行是运行费用高的原因。人工湿地采用植物-微生物净化的方式，避免了长时间曝气产生的动力消耗。本技术通过厌氧水解-复合流人工湿地技术，有效克服了传统湿地技术中需要调节水量、长期运行湿地堵塞的常见问题，运行管理费用大大低于传统湿地技术。

(8) 专利情况

一种复合潜流人工湿地的污水处理装置（专利号：ZL201020126627.9）

(9) 推广与应用示范情况

1）推广方式

自行推广销售。

2）示范工程

平塘县四寨镇和平村农村环境综合整治项目，生活污水处理量为 147.2m^3/d，项目投资 65 万元，处理费用为：0.011 元/m^3，至今运行情况良好，达标率 100%。

3）获奖情况

本项目在2011年贵州省环保厅专项检查评比中获全省第一名。

(10) 技术服务与联系方式

1）技术服务方式

专业技术人员上门服务。

2）联系方式

单位名称：贵州明威环保技术有限公司

电话：0851-86557518，13984011115

传真：0851-86557518

邮编：550001

通信地址：贵州省贵阳市云岩区北京路241号

3.2.15 太阳能曝气强化湿地技术

(1) 技术持有单位

贵州明威环保技术有限公司

(2) 单位简介

贵州明威环保技术有限公司成立于2007年5月，现有员工三十余人，主要从事工业污水处理、生活污水处理、农村环境综合整治、生态保护与恢复及环保技术咨询服务等，公司在水污染防治领域拥有专利近二十项，2010年旋流絮凝净水器项目获得国家科技部、省科技厅及贵阳市科技局中小企业技术创新基金支持并顺利通过验收。2018年评定为高新技术企业。

(3) 适用范围

适用于中低浓度有机污水处理，特别适用于农村生活污水处理，也可以作为其他水处理中去除中低浓度有机物的单元处理设备。

(4) 主要技术内容

1）基本原理

传统湿地处理技术中，占地面积大和冬季处理达标率低一直是困扰湿地技术发展的制约因素。特别是在农村生活污水处理中，为了运行费用低而大量采用湿地处理技术，但是用地紧张和冬季不达标又成了湿地技术的致命伤。通过在湿地系统中增加太阳能曝气强化辅助处理，解决了这一难题，太阳能光伏发电驱动曝气机将空气压入超微孔曝气器，增加水体溶解氧，促使好氧微生物快速分解有机物，从而增强污水处理净化效果。

2）技术关键

本技术通过在湿地系统前增加太阳能曝气机、超微孔曝气器和填料，组成好氧生物接触氧化处理段，降低后续湿地处理负荷，从而缩减湿地面积，大大降低了项目投资，同时有效解决了冬季湿地处理效率差的问题。

3）科技创新点与技术特点

① 处理后的出水水质优于传统湿地处理后的水质；

② 有效解决湿地占地面积大的诟病；

③ 提高湿地处理效率，特别解决了在冬季传统湿地处理不达标的问题；

④ 维护简单，太阳能曝气设施2～3年维护一次即可，维护费用低廉。

4）工艺流程图及其说明

图3-22所示为工艺流程图。进水（1）自流进格栅池（2）截留并去除污水中漂浮物；格栅池（2）出水流进太阳能曝气池（3），其中，有机物经好氧微生物吸收分解为H_2O、CO_2和N_2等，大大降低了后续湿地处理的负荷，再经湿地处理后即可达标；太阳能曝气池内装有生物填料（9），所需氧气由太阳能光伏蓄能组件（6）供电驱动曝气机（7）产生压缩空气，压缩空气经超微孔曝气器释放供给微生物。

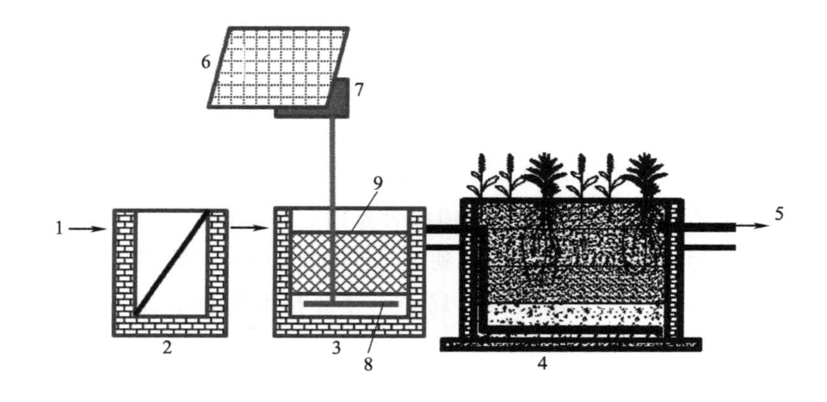

图3-22　工艺流程图

1—进水；2—格栅池；3—太阳能曝气池；4—人工湿地；5—出水；6—太阳能光伏蓄能组件；7—曝气机；8—超微孔曝气器；9—生物填料

太阳能光伏蓄能组件由太阳能电池板、控制器和蓄电瓶组成。

（5）技术指标及使用条件

1）技术指标

产品主要性能指标如表3-29所示。

2）经济指标

运行费用主要是定期管护费，通常为0.1元/m^3废水以下。

3）条件要求

适用于中低浓度有机污水处理。

表 3-29 产品主要性能指标

指标	pH	BOD_5 /(mg/L)	COD_{Cr} /(mg/L)	SS /(mg/L)	氨氮 /(mg/L)	总磷 /(mg/L)	油类 /(mg/L)
进水	6.5～8.5	200	400	200	30	4	40
出水	6～9	≤20	≤60	≤20	≤8	≤1.0	≤20
去除率/%	—	≥90	≥85	≥90	≥73.3	≥75	≥50

4）典型规模

1～1000m^3/h。

(6) 关键设备及运行管理

1）主要设备

格栅池、太阳能曝气池、湿地床、太阳能光伏蓄能组件、曝气机、超微孔曝气器等。

2）运行管理

建成后只需定期维护（2～3 年）即可，太阳能驱动运行。

3）主体设备或材料的使用寿命

主体使用寿命 30 年以上。

(7) 投资效益分析

1）投资情况

以农村生活污水处理为例，处理投资为 3000～6000 元/t 水。

2）运行成本和运行费用

运行费用主要为定期清理维护人工费，通常低于 0.1 元/m^3废水。

3）效益分析

本技术缩减了传统人工湿地面积，大大降低了项目投资，同时有效解决了冬季湿地处理效率差、处理不达标的问题，设备只需 2～3 年维护一次，维护简便成本低，经济效益显著。

(8) 专利情况

一种便于维修的太阳能曝气湿地污水处理装置（专利号：ZL201520548221.2）

(9) 推广与应用示范情况

1）推广方式

自行推广销售。

2）应用情况

① 荔波县小七孔镇觉巩组生活污水处理工程；

② 荔波县玉屏街道水甫村农村环境综合整治项目；

③ 瓮安县草塘镇古邑河道整治项目。

3）示范工程

荔波县玉屏街道水甫村农村环境综合整治项目，生活污水处理量为 85m³/d，项目投资 52 万元，处理费用为 0.02 元/m³，至今运行情况良好，达标率 100%。

（10）技术服务与联系方式

1）技术服务方式

专业技术人员上门服务。

2）联系方式

单位名称：贵州明威环保技术有限公司

电话：0851-86557518，13984011115

传真：0851-86557518

邮编：550001

通信地址：贵州省贵阳市云岩区北京路 241 号

3.2.16 低能耗·智能型 BME-MBR 一体化污水处理技术与装置

（1）技术持有单位

无锡博美环境科技有限公司

（2）单位简介

无锡博美环境科技有限公司是一家专业从事一体化污水处理设备技术开发与产品制造的高新技术企业。公司从成立以来始终专注于一体化污水处理设备的研发与生产，为各地政府、企业、医院、PPP 项目投资方、工程公司等客户提供一体化污水处理创新技术与产品解决方案，致力于为用户解决水污染问题的同时，创造更多价值。

公司拥有市政工程总承包叁级资质、环保工程专业承包三级资质、江苏省环境污染治理乙级资质和建筑业企业安全生产许可证，通过了 ISO9001：2008 质量管理体系认证、ISO14001：2004 环境管理体系认证、OHSAS18001 职业健康安全管理体系认证，被评为国家级高新技术企业、江苏省民营科技企业、江苏省环保骨干企业、宜兴市环保特色品牌企业、AAA 资信等级企业、无锡市 AAA 级重合同守信用企业。荣获 2018 年无锡市创新创业大赛-新能源与节能环保行业成长企业组第一名桂冠。

经过多年技术研发与实践探索，公司积累了多项一体化污水处理设备专利技术；培养和锻炼了经验丰富的技术团队；形成了专业化的设计、生产、服务体系，能为客户提供高品质的产品和服务。

公司拥有完整的一体化污水处理设备产品线，已完成一体化污水处理设备的标准化、系列化、智能化、信息化开发设计，并通过工业化、规模化生产持续提升效率与品质。针对村镇污水小规模集中处理、分户式就地处理、黑臭河道截污净化处理等不同应用场合，出水水质从 GB 18918—2002 中一级 B 标准到地表水准Ⅳ类的不同出水要求，均有相应产品可以满足要求。

(3) 适用范围

适用于黑臭河道截污净化处理和小规模集中式村镇生活污水处理。

(4) 主要技术内容

1）基本原理

主体工艺采用膜生物反应器（MBR）技术，MBR 是一种将膜分离技术与生物技术有机结合的新型高效污水处理工艺，它利用膜分离组件将生化反应池中的活性污泥和大分子有机物截留住，代替传统活性污泥法中的二沉池，大大提高了系统固液分离的能力。生化反应池中的活性污泥浓度可大大提高，水力停留时间（HRT）和污泥停留时间（SRT）可以分别控制，而难降解的有机物在反应器中不断反应和降解。膜生物反应器工艺通过膜的分离技术大大强化了生物反应器的功能。

2）技术关键

将生物接触氧化工艺、A^2O 工艺与 MBR 工艺进行有机结合，进一步强化了 MBR 的脱氮除磷性能，同时完善和改进了 MBR 的进水布水系统、出水系统、曝气系统、膜组件的结构形式、在线清洗系统和自动控制程序，有效提高了 MBR 的净化效率，延长了 MBR 膜使用寿命，简化了操作程序，降低了运行成本，使该工艺在技术实用性上取得重大突破，成功开发出了“低能耗、智能型一体化 MBR 污水处理装置”系列产品，单台处理能力 10～500m^3/d，得到了广泛应用。

3）科技创新点与技术特点

自主开发的“低能耗·智能型一体化 MBR”是一体化膜生物反应器的重大升级换代产品，是在现有一体化 MBR 的基础上，进行了多项技术创新并将这些创新技术进行了有机融合和高度集成。

① 科技创新点（表 3-30）

表 3-30 科技创新点

技术名称	创新点
一种无需抽真空的浸没式膜过滤系统出水装置	自主开发的发明专利技术。在 MBR 装置出水方式上实现了重大突破和创新，使得一体化 MBR 装置不再限于采用自吸泵出水或带抽真空设备的离心泵出水，而是可以直接采用普通离心泵作为出水泵，且无需配置抽真空设备，产水效率可提高 15%，产水系统能耗较未使用该技术的产品可降低 15%以上，有效降低了系统故障率，并且减少了产水系统配套设备，节约了安装空间和占地面积，属于行业首创，处于国际领先水平
一体化脱氮除磷 MBR 装置	自主开发的实用新型专利技术。将生物膜法、活性污泥法、物化除磷同步化学沉析技术与一体化 MBR 技术相结合，有效提高了 BME-MBR 装置的脱氮除磷效率，从而为减少 MBR 供气量和缩短水力停留时间提供了有力保证

续表

技术名称	创新点
一种用于一体化脱氮除磷MBR的气提回流装置	自主开发的实用新型专利技术。通过气提回流装置的集成优化应用，使得BME-MBR装置既能满足硝化液回流脱氮要求，又简化了回流系统，有效降低了回流系统能耗
一种用于保护MBR膜的进水格栅	自主开发的实用新型专利技术。将该技术应用到BME-MBR装置中，可有效保护膜组件，延长膜寿命，并且拆装方便，维护简单
一种低能耗恒流量出水MBR装置	自主开发的实用新型专利技术。使得BME-MBR装置始终保持恒流量出水，可有效延长膜和出水泵使用寿命，降低维护成本
一种预防和控制低负荷污泥膨胀的MBR装置	自主开发的实用新型专利技术。该技术可使BME-MBR装置避免发生低负荷污泥膨胀，确保MBR系统长期稳定运行
一种原位离线化学清洗的MBR装置	自主开发的实用新型专利技术。该技术的应用使得MBR系统离线洗膜时，无需将膜组件从膜池吊装出来放入另外专门的洗膜池中进行离线化学清洗，极大地提高了MBR系统的清洗效率，降低了维护费用
一种保温型分体式MBR装置和一种保温型一体化MBR装置	自主开发的实用新型专利技术，使得MBR装置在寒冷地区仍能在室外地上安装使用，既保证了低温下的处理效率，又便于维护管理
复合式SBR-MBR污水处理装置	自主开发的实用新型专利技术。使得BME-MBR装置在使用过程中更加灵活，即使MBR膜组件出现问题时，仍能保证正常出水
总之：将智能检测技术、物联网技术与一体化污水处理装置进行有机结合，极大地提高了污水处理装置的智能化水平，实现了无人值守和远程监控功能	

② 技术特点

a. 出水水质优良稳定

主体工艺采用了A^2O+MBR生物脱氮除磷加膜过滤工艺，并配置了化学强化除磷功能，出水水质全面优于GB 18918—2002中一级A标准，主要出水水质指标可达到地表水Ⅳ类标准。

b. 出水水量持久稳定、膜使用寿命长

常规市场同类产品初期出水水量尚能满足设计要求，但由于技术不够全面成熟，随着运行时间（通常0.5～1年）的延长，膜污堵情况会日益加剧，膜通量迅速减小，造成化学清洗频繁，当系统出水水量严重低于设计处理量时，不得不更换膜组件。

一体化BME-MBR污水处理设备由于集合了变频恒流量出水技术和智能在线化学清洗技术，可以有效控制和减轻膜污染，维持膜通量，延长膜使用寿命，确保出水水量的持久稳定。

c. 可有效控制和预防污泥膨胀

常规一体化MBR设备用于处理生活污水时，由于进水浓度偏低、MBR系统污泥浓度较高，经常会发生污泥膨胀现象，这种污泥膨胀通常是由于丝状菌异常繁殖引起的，这种污泥膨胀发生的初期，出水水质虽然不会发生重大变化，但是会有大量泡沫产生，严重影响环境美观和卫生，如不及时处理，当系统中丝状菌成为优势菌种时，出水水质会迅速恶化，伴随着MBR膜的迅速污堵，出水量急剧减少，直至系统彻底瘫痪。

一体化BME-MBR污水处理设备通过工艺优化和合理配置，结合智能化控制系统，可有效控制和预防污泥膨胀的发生，为污水处理系统长期稳定运行提供了保障。

d. 设备能耗低

一体化BME-MBR设备运行时的耗电设备主要包括鼓风机、出水泵、污泥回流泵等，由于采用无需抽真空的浸没式膜过滤出水技术、恒流量变频出水技术以及溶解氧综合利用技术等，一体化BME-MBR设备相较市场同类产品电耗可以节省约20%。

e. 集成度高、占地面积小

一体化BME-MBR污水处理设备为高度集成一体化设备，除格栅、调节池提升泵等配套设备以及污泥池外，其余设备全部集成在一体化设备箱体内，并且进行了结构优化设计和科学布置，项目现场无需另建风机房和控制间，相较市场同类污水处理设备，可节约占地30%以上。

f. 自动运行、无人值守

一体化BME-MBR系统中配置了液位计、电磁流量计、压差变送器及PLC可编程控制器。当调节池内水位达到启动液位时，PLC控制污水提升泵自动运行，污水进入MBR后经生化降解处理；当MBR膜池内液位在低液位以上时，出水泵在PLC的控制下间歇式自动开启和关闭，出水泵开启时，经生化降解后的水在泵的抽吸作用下经过膜过滤进入出水管路，通过出水管路达标排放。同时，在出水过程中，PLC根据电磁流量计反馈的信号，自动调节出水泵的运行频率，使出水泵始终保持恒定的设计出水量，整个过程无需人工值守，全自动运行。

g. 人机互动界面友好

一体化BME-MBR系统配置了10in（1in＝2.54cm）彩色液晶触摸屏人机界面，触摸屏上可以实时显示整个污水处理工艺流程、各个设备的运行状态、反应器内实时液位、出水泵实时流量、出水泵工作频率、过膜压差的信息以及出水泵开停时间、工作设备和运行设备的切换时间、MBR膜池运行的高低液位等控制参数，操作人员可随时查看系统的实时信息，并可对全部控制参数进行调整和修改，也可以通过触摸屏对各个设备进行手动开停操作。

h. 智能化、可远程监控

一体化BME-MBR智能系统通过实时监测液位、流量、压差、电流、电压等，可智能判断系统各单元及部件的运转情况，及时进行提示、报警、停机或对膜进行化学反洗。

当内部设备出现过载、短路、停机等异常情况时，PLC会及时采取停机措施，通过警报器发出声光警报，并在彩色液晶触摸屏上显示图像警报和提示信息。

当MBR系统运行一定时间后，过膜压差逐步增大，当过膜压差达到30kPa时，PLC即认为MBR系统需要进行在线化学反洗，PLC自动停止出水泵，并开启反洗水泵，进行在线膜清洗。

当进行在线化学反洗后效果不明显时，PLC即认为系统需要进行离线浸泡清洗，此时，PLC会通过警报器发出声光警报，并在彩色液晶触摸屏上显示图像警报和提示信息。

一体化BME-MBR设备还配备有物联网远程监控系统，通过4G网络实时传输设备运行工况到云端服务器，用户可通过PC终端或手机APP随时监控设备运行情况，也可实时接收设备报警信息，有效降低了设备维护的人工成本。

i. 污泥产量低

一方面因为MBR工艺本身具有的采用膜分离技术取代传统工艺重力沉淀实现泥水分离的特性，膜将悬浮物和生物菌全部截留在反应器内部，致使生化系统具有高出传统工艺数倍的污泥浓度；另一方面，一体化BME-MBR设备内置了大量生物组合填料，作为生物载体吸附大量微生物在其上生长繁殖，进一步提高了生化系统内的污泥浓度和数量。因此，生化系统污泥负荷极低，大量微生物处于内源呼吸阶段，微生物增殖速度缓慢，同时部分微生物会自身氧化分解以获取能量，进而污泥浓度会逐步减少，当活性污泥减少到一定程度，微生物的生长繁殖速度和消解速度逐步趋于一致，最终系统内有机物和微生物会达到一种平衡，活性污泥量基本保持恒定，因而剩余有机污泥量极少，只有少量无法生化降解的无机污泥需要排放，从而使系统在运行中有机污泥产量明显降低。

相较同类污水处理设备，一体化BME-MBR设备污泥产泥量能减少50%～70%。

j. 寒冷地区冬季运行稳定

当污水处理设备在寒冷地区冬季使用时，由于室外温度远低于10℃，污泥活性低，MBR膜通量也会降低很多，当环境温度较低时，存在出水水质不稳定、出水量不足、膜使用寿命短等问题。

一体化BME-MBR污水处理设备通过在MBR装置四周设置保温板，使MBR装置内部温度维持在15℃以上，保证了污泥活性和膜通量维持在设计范围内，从而使设备在寒冷地区的冬季仍能正常运行，满足设计出水水质，同时一体化BME-MBR装置无需放在室内或埋入地下，节省了建设设备间或土建开挖的费用，便于管理维护。

4）工艺流程图及其说明

图3-23所示为技术工艺流程图。

① 格栅渠：污水经管网收集输送至污水处理站，首先经格栅清除污水中含有的大颗粒固体或漂浮物，保证后续处理装置稳定运行。栅渣定期外运处置。

② 调节池：整个调节系统由调节池、提升泵、液位计等辅助系统组成。污水在此进行流量及浓度的缓冲和调节。污水经调节池提升泵提升进入一体化污水处理

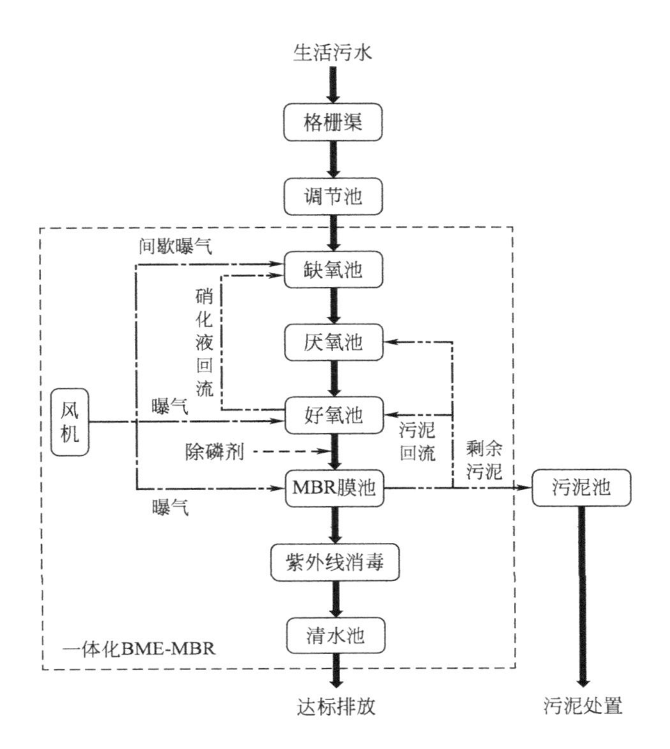

图 3-23 工艺流程图

注：虚线框内为一体化 BME-MBR 污水处理设备。

设备。

③ 一体化 BME-MBR 设备：由缺氧池、厌氧池、好氧池、MBR 膜池、清水池、设备间及相关配套设备等组成。

污水进入一体化 BME-MBR 设备，首先经提篮格栅进一步拦截水中毛发和固体杂物以保护膜组件，之后依次经过缺氧池、厌氧池、好氧池和 MBR 膜池，污水在高浓度悬浮活性污泥和填料固定生物膜的双重生物群体作用下充分降解，生物降解后的水经中空纤维膜过滤，净化后的清水在出水泵的抽吸作用下排出。在膜的高效截留作用下，细菌及悬浮物被截留在生化系统中，膜可以有效截留硝化菌，使硝化反应顺利进行，有效去除 NH_3-N；同时可以截留难降解的大分子有机物，延长其在系统中的停留时间，使之得到最大限度地降解。膜过滤出水经紫外线消毒后即可达标排放。

为加强脱氮效果，一体化 BME-MBR 设备生化工艺采用倒置 A_2O 工艺。MBR 膜池污泥部分回流至好氧池，由于 MBR 膜池中要保证膜的冲刷强度，曝气量大，水中溶解氧基本处于饱和状态，污泥回流至好氧池除补充活性污泥量外还可以为好氧池带去大量溶解氧，好氧池曝气量可以有效削减，溶解氧得到综合利用的同时降低了能耗。

好氧池末端设硝化液回流，采用提升泵将好氧池末端混合液回流至缺氧池，缺氧池位于工艺系统前端，优先满足反硝化碳源的需求，强化了处理系统的脱氮功能。在好氧池，活性污泥将入流中的有机氮转化成氨氮，通过生物硝化作用，将氨氮转化成硝酸盐；在缺氧池，反硝化菌将硝化液回流带入的硝酸盐通过生物反硝化作用，转化成氮气逸出到大气中，从而达到脱氮的目的。

在厌氧池，MBR 膜池回流污泥中的聚磷菌在厌氧环境下释放磷，以利于好氧池内的活性污泥摄取更多的磷；而在好氧池，聚磷菌超量吸收磷，并通过剩余污泥的排放将磷除去。

为保证出水总磷达标，一体化 BME-MBR 装置还配置了化学除磷功能，当生化除磷不能满足排放要求时，启用化学除磷。化学除磷启用后，加药装置根据设定的投加量将除磷药剂自动投加入 MBR 膜池内，除磷剂在膜池的水力搅拌混合作用下与水中的磷酸盐发生同步化学沉析及絮凝作用，再通过 MBR 膜的高效截留作用去除磷酸盐。工程实践经验表明，MBR 工艺中膜分离对总磷的截留有重要贡献，实施化学除磷只需形成膜能够截留的细小絮体即可，因此可以节省加药量，在 MBR 工艺中投加除磷药剂进行化学除磷，不仅可以取得很好的除磷效果，对污泥性状和膜污染控制也不会造成明显的影响。

采用的 MBR 膜孔径为 0.1～0.4μm，大肠杆菌大小（长×宽）约为（1～3）μm×(0.4～0.7)μm，因此大肠杆菌基本能被膜截留在池内，膜出水再通过紫外线辅助消毒后实现出水的达标排放。

④ 污泥池：MBR 系统运行中产生的少量剩余污泥先排入污泥浓缩池浓缩，浓缩后上清液回流至调节池，浓缩污泥定期外运处置。

⑤ 控制系统：整个污水处理过程由 PLC 全自动控制，除药剂补充外无需人工操作或干预，也可由自动控制切换为手动控制。

(5) 技术指标及使用条件

1）技术指标

① 污泥浓度：5000～12000mg/L。

② 水力停留时间：8～9h。

③ 膜通量：15～25L/(m^2·h)。

2）经济指标

① 吨水电耗：0.5～0.7kWh。

② 吨水药剂费：0.03～0.05 元。

3）条件要求

进水水质为生活污水或类似水质。

4）典型规模（表 3-31）

表 3-31 典型规模

设备型号	处理能力/(m^3/d)	外形尺寸/m			装机功率/kW
		L	W	H	
BME-MBR-Ⅰ-10	10	2.38	1.60	2.50	1.48
BME-MBR-Ⅰ-25	25	3.10	2.50	3.00	2.01
BME-MBR-Ⅰ-50	50	3.83	2.50	3.00	2.68
BME-MBR-Ⅰ-75	75	5.28	2.50	3.00	3.86
BME-MBR-Ⅰ-100	100	6.73	2.50	3.00	4.56
BME-MBR-Ⅰ-150	150	6.73	3.00	3.50	7.01
BME-MBR-Ⅰ-200	200	8.90	3.00	3.50	9.80
BME-MBR-Ⅰ-250	250	10.35	3.00	3.50	10.93
BME-MBR-Ⅰ-300	300	12.53	3.00	3.50	12.06
BME-MBR-Ⅰ-350	350	13.98	3.00	3.50	16.33
BME-MBR-Ⅰ-400	400	16.15	3.00	3.50	21.23
BME-MBR-Ⅰ-450	450	9.63×2	3.00	3.50	21.29
BME-MBR-Ⅰ-500	500	10.35×2	3.00	3.50	22.09

(6) 关键设备及运行管理

1）主要设备（表 3-32）

表 3-32 主要设备清单

序号	主要设备名称	序号	主要设备名称
1	调节池提升泵	14	电磁流量计
2	硝化液回流泵	15	反洗转子流量计
3	出水泵	16	紫外线消毒
4	污泥泵	17	出水电动阀
5	化学反洗泵	18	排泥电动阀
6	除磷计量泵	19	反洗电动阀
7	反洗加药桶	20	气搅拌电磁阀
8	MBR 膜组件	21	组合填料
9	膜架	22	提篮格栅
10	风机	23	电气控制系统
11	调节池液位计	24	箱体
12	膜池液位计	25	物联网系统
13	负压表		

2）运行管理

自动运行，无人值守，可远程监控。

3）主体设备或材料的使用寿命

主体设备使用寿命20年，膜使用寿命5～8年。

(7) 投资效益分析

1）投资情况

总投资和单方投资：单个污水处理站总投资30万～200万元，单方投资0.4万～3万元。其中，设备投资占比80%～90%。

2）运行成本和运行费用

吨水运行费用：0.5～0.6元。

3）效益分析

污水处理后可达到回用水质标准，用于绿化、冲厕、补充景观水，既消减了污染物排放总量，又可节约宝贵的自来水资源，经济、环境、社会效益显著。

4）经济与环境效益

以日处理200t生活污水回用为例，有关技术经济指标比较见表3-33。

表3-33 技术经济指标比较

指标	传统工艺一体化设备	常规一体化MBR设备	低能耗·智能型BME-MBR一体化污水处理设备
出水水质	COD<50mg/L	COD<50mg/L	COD<30mg/L
处理能耗	125～160kWh/d	130～150kWh/d	110kWh/d
占地面积	80～100m^2	45～60m^2	27m^2
智能检测	无	无	有
运行管理	需有专人管理	需有专人管理	可实现无人值守
远程控制	无	无	可实现远程控制
设备投资	70万～75万元	75万～80万元	65万元

(8) 专利情况

① 发明专利

一种无需抽真空的浸没式膜过滤系统出水装置（专利号：ZL201410132727.5）

② 实用新型

一体化脱氮除磷MBR装置（专利号：ZL201320253244.1）

一种用于一体化脱氮除磷MBR的气提回流装置（专利号：ZL201822162571.1）

一种用于保护MBR膜的进水格栅（专利号：ZL201822176069.6）

一种保温型分体式MBR装置（专利号：ZL201822231700.8）

一种低能耗恒流量出水MBR装置（专利号：ZL201822236383.9）

一种预防和控制低负荷污泥膨胀的 MBR 装置（专利号：ZL201822204005.2）

一种保温型一体化 MBR 装置（专利号：ZL201822205118.4）

一种原位离线化学清洗的 MBR 装置（专利号：ZL201822238772.5）

复合式 SBR-MBR 污水处理装置（专利号：ZL201320758043.7）

一种用于中水回用的浸没式膜过滤系统（专利号：ZL201420165247.4）

(9) 推广与应用示范情况

1）推广方式

主要通过直销和代理经销模式进行推广应用。目前已与多家大型环保水务公司建立战略合作伙伴关系，包括：博天环境、中联环、杰瑞集团、北控水务、碧水水务、海天水务、浙大水业、启德水务、新金山环保等，为这些大型客户提供不同规格的定制产品和技术服务。此外，博美环境面向全国招募区域代理经销商，已在广东、江苏、浙江、四川、湖南、湖北、福建、陕西、山西、吉林等省签约数十家经销商，建立和完成了众多示范项目。

2）应用情况（表 3-34）

表 3-34 主要用户名录

序号	项目名称	总处理规模	用户	单套设备处理量
1	武汉东西湖区蔬五支沟、蔬十支沟水体提质工程	6000t/d	武汉市东西湖新世纪市政建筑工程公司	500t/d
2	广元旺苍县白水镇污水处理厂一体化处理工程	1200t/d	白水镇政府	200t/d
3	乐山市市中区乡镇污水处理工程	800t/d	乐山市市中区环保局	200t/d
4	扬中市村庄生活污水治理项目	2520t/d	扬中市新农村建设投资发展有限公司	10～150t/d
5	颍上县行蓄洪区庄台生活污水处理设施工程	390t/d	颍上县重点工程局	30t/d
6	吴忠市村镇污水处理工程	200t/d	博天环境集团	200t/d
7	中联环股份一体化污水处理项目	300t/d	中联环股份	25t/d
8	无锡市锡山区农村污水处理项目	2500t/d	江苏启德水务	10～100t/d
9	绍兴柯桥区钱清镇一体化中水回用工程	150t/d	柯桥区钱清镇政府	150t/d
10	无锡市劳教所中水回用工程	600t/d	无锡市劳教所	600t/d
11	广东清远市石角镇中心小学污水处理工程	200t/d	清远市清城区环保局	200t/d
12	赫山区乡镇污水处理设施建设及运营 PPP 项目(岳家桥镇污水处理厂工程)	500t/d	杰瑞环境集团	500t/d
13	湖南益阳南县华阁镇河口污水处理工程	200t/d	华阁镇人民政府	200t/d
14	杭州市燃气集团抢修中心污水处理工程	100t/d	杭州市燃气集团	100t/d

3）示范工程

四川省旺苍县白水镇污水处理厂项目，设计污水处理量 $1200m^3/d$，污水处理系统自 2018 年 9 月 1 日开始试运行，出水水质稳定。经第三方检测机构检测，出水水质均优于《城镇污水处理厂污染物排放标准》（GB 18918—2002）一级 A 标准。

该厂采用 6 套博美环境研制生产的低能耗·智能型 BME-MBR-I-200 型一体化污水处理设备，单套处理能力 $200m^3/d$。

该项目作为旺苍县采煤沉陷区综合治理项目的重点工程、中央第五环境保护督察组督察整改重点项目，也是广元市农村人居环境整治三年行动的第一个污水处理项目，四川省、广元市及旺苍县各级政府高度重视。项目施工及调试运行期间，省市县各级领导多次实地调研、考察施工进度及运行情况，县污水处理厂及县其他乡镇也多次考察学习，均对设备运行及处理效果做出高度评价。2018 年 11 月 13 日，四川省电视台到访白水镇污水厂，将白水镇污水厂作为省环境保护督察组督察整改示范项目进行报道。

4）获奖情况

2015 年 9 月，一体化膜生物反应器污水处理装置获得江苏省科技厅颁发的"高新技术产品认定证书"，产品编号：150282G0288N。

2016 年，博美环境一体化膜生物反应器入选《中国宜兴环保科技工业园 2015 年度水处理关键技术与设备先进目录》，获 5 星评级。

乐山市市中区青平镇 $200m^3/d$ 生活污水处理工程荣获 2017 年度优秀工程奖。

2018 年荣获"创业江苏科技创业大赛优秀企业"。

2018 年荣获"无锡创新创业大赛优胜奖"。

2018 年荣获中国宜兴环保科技工业园"双创先进单位"。

(10) 技术服务与联系方式

1）技术服务方式

① 博美环境签约经销商享有的七大特权

a. 经销区域垄断特权，单一区域只设一个经销商，具有排他性和垄断性。

b. 经销商超低折扣出厂价特权，产品性价比超高。

c. 完成目标获得返利特权，销售越多收益越大。

d. 项目短期融资特权，面向经销商提供短期项目流动资金支持。

e. 推荐经销商获得返利特权。

f. 坐享其成特权，区域外经销商在签约经销商区域承揽业务，严格实行备案制，本区域签约经销商将获得 1%～3%的额外收益。

g. 共享博美环境平台资源特权，免费共享博美环境资质、业绩、品牌、专利、商标等。

② 博美环境签约经销商享有的三大服务保障

a. 商务支持与培训服务，博美环境提供项目全生命周期的商务咨询与培训服务，包括招投标有关法律法规、项目实施流程、销售策略与技巧、竞争对手资料分享、投标价格分析与指导等。

b. 技术支持与培训服务，博美环境提供项目全生命周期的技术咨询与培训服务，包括项目前期可行性研究、技术方案、现场踏勘、投标文件编制、图纸设计、安装调试、操作运行、维护管理等。

c. 质量保障与售后服务，博美环境产品整机质保三年，提供终生免费售后服务支持。

2）联系方式

单位名称：无锡博美环境科技有限公司

电话：4001288210，0510-87835700

传真：0510-87835622

邮箱：bme@cnbme.com

通信地址：江苏省宜兴市绿园西路999号谢桥科创园

3.2.17 污水处理领域新技术新装备的应用

(1) 技术持有单位

江苏绿神环保科技有限公司

(2) 单位简介

江苏绿神环保科技有限公司始建于1990年，是国内较早专业从事水质净化技术的企业，公司性质为有限责任公司，经营范围：环境污染防治设备、机电成套设备的制造、安装、销售；科技产品的研究、开发、设计；技术咨询服务；环境污染防治设备的批发、零售；自营和代理各类商品及技术的进出口业务。

公司通过30年的磨砺，已成为中国环保科技先进和骨干企业，在生活污水处理、城镇综合污水处理、工业有机污水处理方面形成三大类近30多个系列品种。共有水处理核心技术专利（中国）5项，尤其是印染污水，特别是印染退浆污水治理技术上有独特优势，达到国际领先水平。自主研制成功了污水处理领域先进的技术集成化新技术与高性能新装备。公司自主开发的技术集成化污水处理TST系列设备在德国慕尼黑环保水处理展会上得到环保专家高度评价，被认为是水处理设备的一次革命、环保技术发展的方向。公司已获得国家多项专利，被省政府、市政府命名为“科技进步先进企业”；被无锡市工商局评为“重合同、守信用企业”。

(3) 适用范围

① 城镇综合污水：城市污水处理厂、工业园区、工业集中区。

② 生活污水：村镇居民生活区、单位职工生活区、机场、车站、码头、学校、

矿山、医院、旅游度假区、高速公路服务区等。

③ 工业有机废水：纺织印染行业、造纸行业、制革行业、酿酒行业、食品加工行业、养殖屠宰行业、中成药制药行业等。

④ 黑臭河道、湖泊的生态治理。

(4) 主要技术内容

1）基本原理

该技术利用自主研发的多项工艺技术集成化设计。主要集气化固液分离技术、无级生物氧化技术、生物倍增技术、生物优化与浓缩技术、同步硝化与反硝化技术、污染物相互作用与转化技术及自动过滤技术于一体，从而在污水处理过程中能大幅提高污水处理效率，使 COD_{Cr} 的去除率达到 95%以上，并缩短生化处理水力停留时间。

2）技术关键

该技术由三大关键核心装备组合而成：①大幅度增加微生物膜的 BP 生物网络填料；②产生高浓度溶解氧的氧气锥；③MA 集大成多功能曝气机。

3）科技创新点与技术特点

技术集成化污水处理技术与装备，是以高密度超级生物膜法为关键核心技术，以气浮、过滤器为固液分离技术平台；以生物网络填料为生物悬浮固定化技术的载体；以氧气锥为选择优化生物菌群和生物高度浓缩提供必要条件；并结合多功能曝气机促使水体垂直流态为无（数）级生物氧化技术立体布局；该技术能对污水中不同状态、不同性质、不同成分的污染物进行多技术综合处理。

4）性能特点

① 高起点技术定位，高标准排放设计，前瞻性超越未来；

② 污水净化效率高，抗冲击负荷能力强，生物耐盐性好，水质稳定；

③ 填料性能优异，生物、化学特性良好，长期使用无需更换或添加；

④ 能满足自然生成氧化能力极强的发光葡萄球菌的实质性要求；

⑤ 氧气锥与普通曝气法同量溶解氧浓度相比节能 30%，运行费用低；

⑥ 采用免维护设计理念，维护保养简单。

5）工艺流程图

图 3-24 为技术的工艺流程图。

(5) 技术指标及使用条件

1）技术指标

集成化污水处理技术每单元日处理能力 200～10000m^3，日处理水量小于 200m^3 的特定设计，超过 10000m^3 的采用模块化组合设计。采用氧气锥供氧、生物网络载体、多功能曝气机，并建立污染物浓度梯度，加大回流率，使出水 COD_{Cr} 去除率达到 95%以上，BOD_5 减少到最小值。

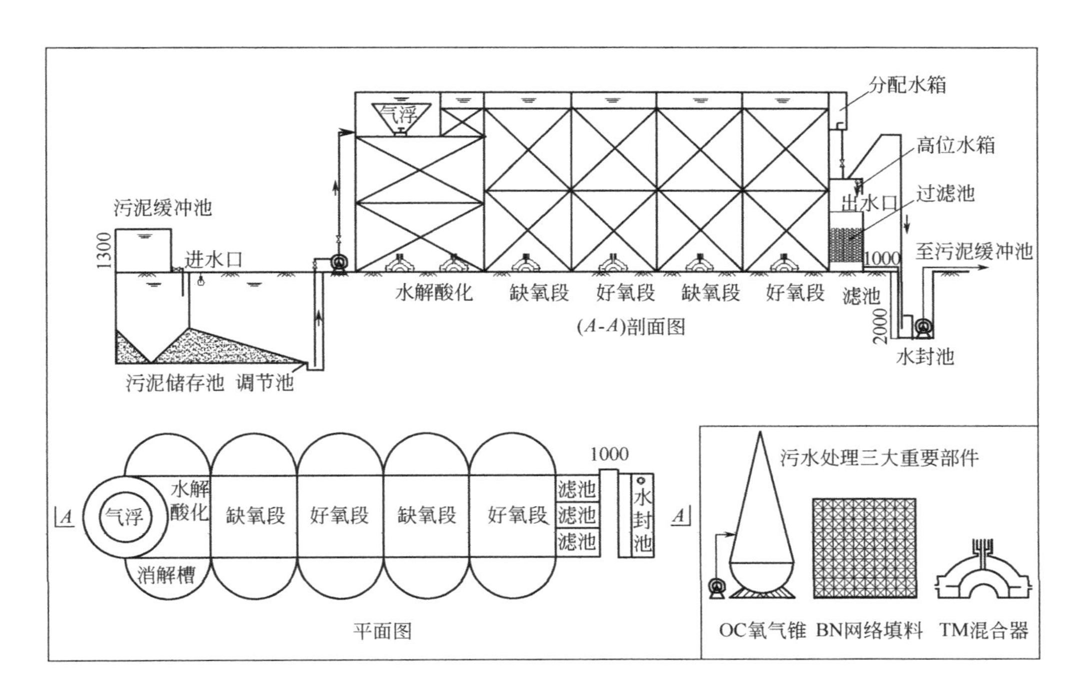

图 3-24　工艺流程图（单位：mm）

2）条件要求与技术适用范围

适用于黑臭河道、湖泊、城镇综合污水、生活污水、工业有机废水的生态治理等。

3）典型规模

10000m^3/d，单元最大模块处理量 10000m^3/d。

(6) 关键设备及运行管理

1）关键设备

① BP 生物网络填料

BP 生物网络填料由多层次无数个立体生物网络构成，填料结构科学合理、物理性能优异；填料的生物、化学特性及物理亲水性能良好，能汲取填料自身重量数倍的水量；BP 填料的比表面积巨大，空隙率高，是现有填料中比表面积最大的材料，被吸附和凝聚而承载的生物量最多，单位容积所凝聚的微生物膜量大约是活性污泥法的 20 倍，是常规生物膜法的 12 倍；BP 填料是由特种纤维束材料制成，耐酸、耐碱、防虫蛀，使用寿命长，二十年内无须更换和添加。

BP 生物网络填料上生长着各种各样的生物菌体，有好氧、缺氧、厌氧微生物共存，好氧生物与厌氧生物总量呈动态平衡，无数个生物网络填料相当于无数个多相生物反应器，硝化反应与反硝化反应同步进行，消除了磷的厌氧释放和氨氮转化与还原过程的时间差，具备同时除磷和脱氮功能。BP生物网络填料使多样性微生物高度浓缩，并悬浮固定在生物网络填料上形成生物膜滤层，具有生物氧化和生物过滤双重功能，具有自动补偿和自我更新滤层的能力，能自行分解消化被生物膜截留物。老化生物残渣在流水循环过程中作为营养源再次被生物利用，剩余部分消化成二氧化碳和水，因此不产生有机污泥。由于BP填料所吸附和凝聚的生物量极大，所以对DO的需求量激增，常规曝气法根本无法满足超量微生物对溶解氧的需求量，而且常规曝气法产生的大量气流会严重干扰微生物的吸附性能，降低生物凝聚能力，生物难挂膜并容易脱落，所以提供高浓度溶解氧是必须具备的条件，也是必然的选择。

② OD氧气锥

OD氧气锥供氧法是根据自然界瀑布效应原理发明的先进气体溶解装置，因该装置形状呈锥体简称氧气锥。氧气锥是利用水体不能被压缩却可以被渗透，气体可以被压缩还能膨胀的不同特性，通过氧气锥内部安装的若干组水力转换器将原水势能转换成动能，使进入水力转换器的气体连续向水体进行物理性渗透，并将含气水体迅速转换成势能。氧气锥有A、B两个功能，A功能是对含气水体进行扩散、混合、反射的作用过程；B功能是利用氧气锥形体的物理结构特性和流体压力，使含气水体在受压状态下进行N次切割与破碎，造成巨大的气、水接触界面，增强气水混合液富氧化的作用过程，从而使溶解氧达到饱和度，氧气锥的溶氧效率最高可达到100%。

氧气锥产生的富氧水中溶解氧浓度以氧源为60mg/L以上，以空气源为12mg/L；氧推动力分别是60KLa（以浓度差为推动力的体积溶氧系数）与12KLa，是曝气法的20倍与4倍；富氧水与原水的应用比分别是1∶10与1∶2，可以根据具体要求扩大或缩小比例；氧气锥的气、水比仅是曝气法的1%～2%，没有剧烈的流体搅动，属于静态供氧法，十分有利于微生物的凝聚、生长和繁殖，技术参数如表3-35所示。

表3-35 氧气锥技术参数

序号	名称	技术参数
1	以纯氧(O_2)为氧源	O_2=90%～93%
2	动力效率(EP)	0.15kg DO/kWh
3	单元充氧能力(RO)	33kgDO/(h·台)
4	氧转化率(O_2→DO)	100%
5	氧气锥出口溶解氧(DO)含量	60mg/L

③ MA多功能曝气机

MA多功能曝气机集曝气、混合、布水、搅拌功能于一体，能将溶解氧均匀地输送到不同位置点上与微生物接触，并促使和加快微生物的新陈代谢过程，最大限度利用生物载体的作用。多功能曝气机采用免维护设计理念，没有复杂的管路系统，长时间使用无须维护和更换。多功能曝气机呈椭圆形，可根据水处理规模因地制宜设计椭圆形的大小和安装数量。

2）运行管理

运行采用PLC电脑可编程序控制与自动操作，动态数据显示直观清晰，程序控制稳定，自动化程度高，操作精准，成本降低。管理方式：托管或自行管理。

3）主体设备或材料的使用寿命

主体设备使用寿命30年以上，生物载体可使用20年，配套设备寿命20年。

(7) 投资效益分析

经济效益分析：以绍兴滨海印染产业集聚区高浓度退浆污水处理为例，工程占地面积384m^2，按照该地工业污水处理收费标准：COD_{Cr} 67.6元/m^3，pH值3.4元/m^3，SS 6.4元/m^3，合计77.4元/m^3。处理前年缴纳排污费1145.52万元，处理后年缴纳排污费51.8万元，年节省应缴纳排污费1093.72万元。数据分析：年支出费用51.8(排污费)＋205.57(运行成本)＝257.37(万元)，年相对收入（绿色收入）1145.52－51.8－205.57＝888.15(万元)，投资回收期450(项目投资)÷888.15×12＝6.1≈7(月)，经济效益显著。

环境效益分析：年减少COD_{Cr}排放量2361t，环境效益显著。

(8) 专利和鉴定情况

1）专利情况

溶气生物流化床（专利号：ZL98227172.7）

静止沉淀槽（专利号：ZL98227173.5）

兼具好氧和厌氧的悬浮填料（专利号：ZL11220783.X）

集成化污水处理设备（专利号：ZL200520069436.2）

水压式溶气设备（专利号：ZL201420044765.0）

2）鉴定情况

① 组织鉴定单位

2002年10月经江苏省科技厅组织国家水污染治理委员会、清华大学、铁道部、广东电力设计院、西安市环保局等九个单位的十一位教授级水处理专家，在设备使用现场主持召开科技成果鉴定和专题技术论证会。

② 鉴定意见

TST技术集成化污水处理设备，是发明人经过三十多年的理论研究和长期实践经验积累的科技成果，与会专家考察后一致肯定："该产品技术路线可行，研究结论真实，填补了多项国内空白，是传统环保技术设计思路的新突破，代表了今后污水处理设备发展的方向，对促进我国环保产业发展具有深远意义"。专家们高度评价："技术集成化一体式设计，与其他产品相比较工作效率成倍提高，生产成本大幅下降，节能效果十分显著，其整体性能已达到国际先进水平，可以出口或替代进口，市场前景十分广阔"。

(9) 推广与应用示范情况

1）推广方式

自行推广销售或合作推广；采用网络推广、现场推广和用户推荐。

2）应用情况

表 3-36 所示为技术的主要应用案例。

表 3-36 主要应用案例

序号	工程名称	序号	工程名称
1	天津金美达印染集团公司(一、二期)印染污水处理工程	15	解放军某部油库含油污水处理工程
2	天津虹桥医院医疗污水处理工程	16	中卫铁路沙坡头污水处理工程
3	西安红十字医院医疗污水处理工程	17	南昆铁路南宁南站污水处理工程
4	贵州水城钢铁公司生活污水处理工程	18	新长铁路盐城站污水处理工程
5	天津市塘沽大沽化工厂化工污水处理工程	19	浙江省萧山发电厂污水处理工程
6	福安市柘荣啤酒厂污水处理工程	20	绍兴富强宏泰印染有限公司高浓度退浆污水处理工程
7	山东省交通医院医疗污水处理工程	21	江苏三泰啤酒厂污水处理工程
8	上海华能国际华城房地产污水及中水回用处理工程	22	神朔铁路神木站污水处理及中水回用工程
9	天津静海医院医疗污水处理工程	23	兰新铁路张掖站污水处理工程
10	南京市句容监狱生活污水处理工程	24	广西南宁机场污水处理工程
11	广西柳州钢铁厂生产污水处理工程	25	中国华仪电器集团公司污水处理工程
12	山东轻骑集团生产、生活污水处理工程	26	广东省三水电厂污水处理工程
13	西安汉斯啤酒厂污水处理工程	27	绍兴大昌祥印染有限公司(一、二、三期)印染污水处理工程
14	解放军 169 野战医院医疗污水处理工程		

3）示范工程

应用单位：绍兴富强宏泰印染有限公司

处理规模：日处理污水量 450m^3，年处理污水量 $1.48\times10^5 m^3$。

项目投资：450 万元，其中装备投资 350 万元。

污水性质：高浓度印染退浆污水。

水质成分：PVA 浆、淀粉浆、强碱、双氧水、硫酸钠、表面活性剂等。

原水指标：COD_{Cr} 16900mg/L（平均值），pH 值 14（稀释 10 倍后）。

工艺流程：印染污水→转鼓格栅→冷却塔→调节池→中和池→沉淀池→气浮→水解酸化池→一级好氧池→二级好氧池→三级好氧池→过滤器→出水。

主要装备：TST 技术集成一体化设备、BP 生物网络填料、OD 氧气锥、MA 多功能曝气机、PSA 制氧机、成套加药装置等。

投加药剂：浓硫酸、PAC、PAM、107＃催化剂、1263＃催化剂、NDP混凝剂。

设计参数：

① 填料总比表面积$6\times10^5m^2$；

② 水解酸化池DO浓度0.2～0.5mg/L；

③ 保持好氧生化池DO浓度5～7mg/L；

④ 水循环回流率500%；

⑤ 水力总停留时间（HRT）37h。

出水指标：COD_{Cr} 1000mg/L（平均值），pH值7。

运行成本（不含折旧费）：药剂费7.63元/m^3（其中硫酸费3.4元/m^3）、电费3.86元/m^3，人工费2.4元/m^3，合计单位运行成本13.89元/m^3，年运行成本205.57万元。

4）获奖情况

荣获江苏省科技成果三等奖，无锡市科技成果二等奖，宜兴市科技成果一等奖；2005年中国高新技术、新产品博览会金奖，第六届国际环保展金奖；“2000年中国环境保护产业骨干企业”；2007年国家重点环境保护实用技术“B类”证书，江苏省高新技术认定证书。

(10) 技术服务与联系方式

1）技术服务方式

专业技术人员上门服务。

2）联系方式

单位名称：江苏绿神环保科技有限公司

电话：0510-87861726，13801538098

传真：0510-82931168

邮箱：syy8098@163.com

邮编：214213

通信地址：宜兴屺亭街道中桥路环保生产基地

3.2.18 A^3/O-MBBR高效生物膜节能污水处理技术

(1) 技术持有单位

云南合续环境科技有限公司

(2) 单位简介

云南合续环境科技有限公司是一家研发、生产、销售标准化、智能化、信息化、高效节能分散式污水处理设备的国家高新技术企业，入选国家工信部符合《环保装备制造行业（污水治理）规范条件》企业名单（第一批），是国内分散式污水处理行业引领者。经过7年发展，合续环境拥有贝斯、耐斯、CHTank（中国罐）三大完整的分散式污水处理产品线，可满足城市无管网区域生活污水就地处理，城市黑臭水体控源截污，乡镇生活污水组团式集中处理，农村生活污水小集中、联户、分户处理等领域。

(3) 适用范围

适用于村镇生活污水治理、景区、集中住宅区、高速路服务区、学校、岛屿、部队等分散式生活污水处理、城镇无管网地区生活污水治理、河道截污、黑臭水体防治等。

(4) 主要技术内容

1）基本原理

将A^3/O工艺与MBBR工艺协同组合，优化设置功能明晰的预脱硝池、厌氧池、缺氧池和好氧池，以及剩余污泥回流和硝化液回流系统。剩余污泥回流至预脱硝区，在缺氧条件下充分去除回流污泥中的硝酸盐氮后进入厌氧池，使生物污泥在厌氧池释放磷的效率大大提高，好氧池的污泥吸磷能力也得到了充分提升，进一步强化了处理系统的脱氮除磷效果。创造性地采用气提工艺回流污泥和硝化液，有效降低了投资和能耗。

采用智能网络控制技术，结合自主开发的SCENE智能控制程序及物联网控制器硬件，可通过手机APP、互联网实现远程实时监控、数据传输、设备异常报警和远程调试及维护等功能，提高了运营管理效率，可实现无人值守。

2）技术关键

① 将活性污泥法和生物膜法的优势相结合，进行高效生物脱氮除磷，确保出水水质全指标稳定达到《城镇污水处理厂污染物排放标准》（GB 18918—2002）一级A标准。

② 采用气提回流技术替代污泥回流泵和硝化液回流泵，降低设备能耗的同时减少设备故障点；采用高效节能隔膜气泵替代回转式风机，进一步节省能耗。

3）科技创新点与技术特点

① 结构创新：采用环形布水的方式使水流呈紊流状态，泥水充分混合，减少死角和短流现象，克服了反应器布水不均的技术问题，提高了设备的使用效率。

② 工艺创新：采用沉淀与软性固定填料过滤相结合工艺，确保出水SS值稳定小于10mg/L，且其他的各项指标值如COD、TN及TP均有去除。软性固定填料过滤工艺依靠重力过滤，无需过滤泵与反洗泵，反洗水则通过气提排放，节能降耗。

③ 采用物联网控制及云平台技术，结合自主开发的SCENE智能控制程序及物联网控制器硬件，可通过手机APP、互联网实现远程实时监控、数据传输、设备异常报警和远程调试及维护等功能，可实现智能化、信息化管理。

4）工艺流程图及其说明

工艺流程如图3-25所示。经管道收集的生活污水进入格栅渠，通过格栅去除较大悬浮物后自流到调节池，在调节池中进行均质、均量处理，然后由调节池中的提升

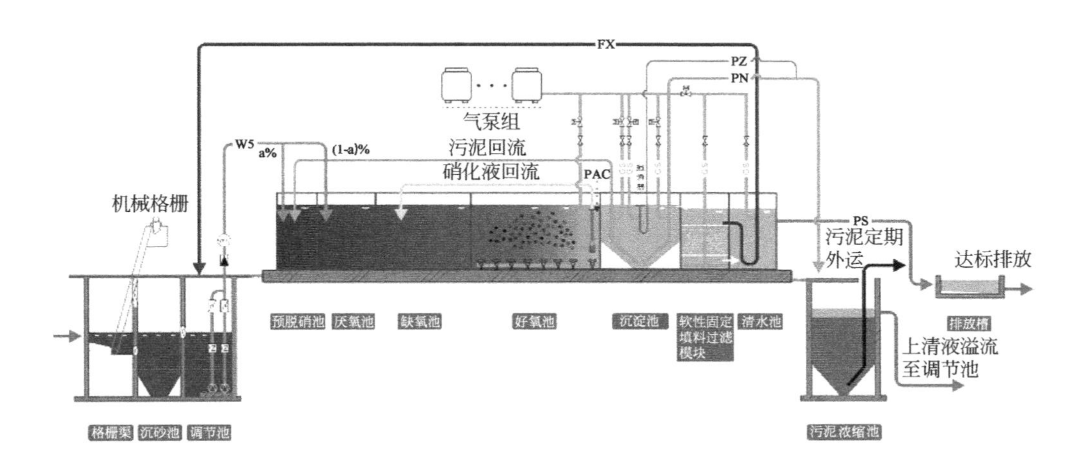

图 3-25 工艺流程图

泵泵入“贝斯”一体化污水处理设备中，依次流经预脱硝池、厌氧池、缺氧池和好氧池进行生化处理后，在沉淀池完成泥水分离，上清液再经软性固定填料过滤，清水进入清水池，最后经消毒杀菌后达标排放或回用。其中，硝化液由好氧池气提回流至缺氧池进行反硝化脱氮，沉淀池污泥斗中的部分污泥通过气提回流至预脱硝池补充污泥量并对污泥中的硝态氮反硝化脱氮，剩余污泥排入污泥浓缩池，经浓缩、干化后的污泥可外运填埋或堆肥。

(5) 技术指标及使用条件

1）技术指标

主要处理对象为生活污水，经过 A^3/O-MBBR 技术处理以后的出水 COD≤50mg/L；NH_3-N≤5mg/L；TN≤15mg/L；TP≤0.5mg/L；SS≤10mg/L，达到《城镇污水处理厂污染物排放标准》(GB 18918—2002) 一级 A 标准。

2）经济指标

设备投资约 2500～7500 元/m^3。运行成本约：电费 0.2 元/m^3、污泥处置费 0.1 元/m^3、药剂费 0.11 元/m^3。

3）条件要求

进水为常规的生活污水。

4）典型规模

可单台应用，处理规模 30～200m^3/d，或采用场站模式组合应用，处理规模可达 6000～10000m^3/d。

(6) 关键设备及运行管理

1）主要设备

整体设计工艺的主要设备有：格栅渠、沉砂池、提升泵、调节池、“贝斯”高效生物膜一体化设备、设备基础、污泥池、排放渠等。

2）运行管理

设备安装后，经调试出水达标后自动运行，无人值守，定期巡检。设备自带自主开发的“乡镇污水物联网智慧水务管理系统”，通过物联网技术，结合分散式污水处理设备自带的SCENE智能化控制程序及硬件，组建物联网控制中心及云平台，克服各乡镇配套的污水站点位置分散、距离遥远、设备工作状态难于掌握、工作人员状态难于监管等难题。该系统是基于物联网技术、互联网技术和自动控制技术而形成的标准化、智能化、可远程管控的智慧化运营管理工作平台，旨在从高效运维、集中管控、远程诊断、在线控制、设备管理、成本分析、运维众包等多个点切入，帮助乡镇污水运营企业有效缓解运维人员管理难、设备维护保养难、设备运营管控难、设备运行成本高等问题，真正实现农村污水治理专业化、运营管理智能化、人员管理规范化和响应机制快速化。

3）主体设备或材料的使用寿命

主体设备寿命：30年以上。

(7) 投资效益分析

1）投资情况

设备投资约2500～7500元/m^3。

2）运行成本和运行费用

运行费用：电费0.2元/m^3；污泥处置费0.1元/m^3；药剂费0.11元/m^3；人工费0.17元/m^3。

3）效益分析

设备占地面积小，相比普通活性污泥法节省35%。工程量小，直接设备化、标准化，投资少。设备全智能信息化，无人值守，定期巡检，集中管理，大大降低了运行成本及对专业人员的依赖。设备节能降耗，运行功率折合吨水耗电≤0.35kWh，经济效益显著。

(8) 专利和鉴定情况

1）专利情况

① 发明专利

一种A^3/O-MBBR一体化污水处理装置及污水处理方法（专利号：ZL201410777913.4）

气提式一体化污水处理装置（专利号：ZL201410432163.7）

② 实用新型

一种用于污水处理的好氧池及污水处理装置（专利号：ZL201420164363.4）

一种MBBR连续流序批式污水处理装置（专利号：ZL201621346349.1）

③ 外观专利

污水处理设备（贝斯2.5标准版30T）（专利号：ZL201830198833.2）

污水处理设备（贝斯 2.5 标准版 100T）（专利号：ZL201830198832.8）

污水处理设备（贝斯 3.0 加强版 100T）（专利号：ZL201830197956.4）

2）鉴定情况

① 组织鉴定单位：中科合创（北京）科技成果评价中心

② 鉴定时间：2019 年 3 月 29 日

③ 鉴定意见

该成果整体达到国内领先水平，其中在生物量递增填料及节能降耗方面达到国际先进水平。

(9) 推广与应用示范情况

1）推广方式

参与政府投标、经销商、区域渠道。

2）应用情况（表 3-37）

表 3-37 主要用户名录

应用单位名称	工程项目
陕西华阳建设工程有限公司	紫阳县污水处理项目工程 1600m^3/d
北京桑德环境工程有限公司	海口美舍河项目 7450m^3/d
石屏县住房和城乡建设局	石屏县县域污水处理工程项目 8895m^3/d
腾冲市越州水务投资开发有限责任公司	腾冲市农村人居环境治理污水处理一体化设备采购项目
湖南航天凯天水务有限公司	湖北松滋乡镇污水处理项目 1350m^3/d

3）示范工程

石屏县异龙镇赵家寨村 60m^3/d 污水处理站项目于 2018 年 1 月启动建设，并于同年 5 月正式投入使用。总投资 60 万元，其中设备投资 35 万元。项目经过近半年的稳定运行后，经第三方对场站进出水水质进行抽样检测，检测结果完全符合合同约定的相关指标要求，出水达到《城镇污水处理厂污染物排放标准》（GB 18918—2002）中的一级 A 排放标准。该项目已于 2018 年 12 月初完成了设备验收。

4）获奖情况（表 3-38）

表 3-38 主要获奖情况

获奖时间	获奖名称	授奖单位
2018 年 1 月	2017 分散式污水处理先进技术奖	中国国际贸易促进会建设行业分会、水工业专业委员会《水工业市场》杂志
2018 年 6 月	2018 年度中国乡镇污水处理优秀案例	E20 环境平台、中国水网
2019 年 11 月	云南省专利奖二等奖	云南省市场监督管理局
2019 年 12 月	中国环境保护产品认证	中环协(北京)认证中心

（10）技术服务与联系方式

1）技术服务

售后安装调试、质保期内维修、委托运营等。

2）联系方式

单位名称：云南合续环境科技有限公司

联系人：梅峰

电话：0755-88986677

邮箱：meif@hexutech.cn

邮编：518000

通信地址：深圳市宝安区桃花源科技创新园1号研发楼

3.2.19 兼氧状态下MBR膜处理高COD废水技术

（1）技术持有单位

广东绿日环境科技有限公司

（2）单位简介

绿日环境是专业的环保解决方案提供商，是环境健康领域的先进组织，为客户提供一站式、一体化、综合的、量身订造的综合环保服务。历经多年的发展，绿日环境已成长为一家涵盖工程设计及施工总承包，环保设施投融资及第三方运营托管，废水及回用水装备研发制造，技术咨询等板块的专业环保集团公司，公司拥有国家环保工程设计资质证书、施工资质证书和环境污染治理设施运营资质证书，已取得ISO9001：2008质量体系认证，是国家高新技术企业。

公司拥有一支强大的专业技术队伍，包括环境工程、环境科学、给排水、化工、建筑、结构、电气、自动控制、暖通空调、概预算、机械等专业人才，90%以上人员为本科硕士以上学历，多年从事相关专业，具有非常丰富的专业经验。同时公司也非常注重人才的培养，通过机制和提供培训机会，形成适合人才成长的环境。公司员工努力成长，共同为实现"天更蓝、水更清、地更绿、日子更美好"的美丽中国梦而奋斗。

公司与国内多所高等院校和科研机构、知名环保企业建立了广泛密切的合作，并与德国、加拿大、美国、荷兰、日本、法国等环保技术及产业化发达的国家有广泛的交流与合作，已经成为环境污染控制领域一个集产、学、研为一体的高新科技实体。公司强大的自主研发和技术能力、独特的经营模式、经验丰富的专业管理团队、极具竞争力的成本优势，为集团业务的快速发展提供了有力的保证。

（3）适用范围

该技术适用于处理高浓度的工业有机废水，包括电镀废水、食品废水、造纸废水、化工废水、制革废水、印染废水、油墨废水等。

(4) 主要技术内容

该技术充分结合了传统活性污泥技术与 MBR 膜技术，废水处理前期先进行驯化，使微生物逐步适应高浓度废水的条件，保持膜池在兼氧状态，使该条件下的兼氧微生物大量生长，吸附处理难降解的有机物，实现同步硝化反硝化反应。微生物长期在该环境中生存，会慢慢得到驯化，同时污染物的去除效率也会得到一定程度的提升。

1）基本原理

① 控制 MBR 膜池中的溶解氧并在高污泥浓度的条件下，活性污泥中的兼氧微生物进行断链反应使大分子有机物分解成小分子物质，同时部分微生物进一步分解，达到消解有机物的作用，并同步进行硝化反硝化脱氮，消除氨氮和总氮。

② 低溶解氧的条件下 MBR 膜组件的膜表面污泥能自我进行消化，减慢 MBR 通量的衰减速度，减少膜的反冲洗次数和更换频率。

通过以上条件达到在兼氧状态下的有机物降解和脱氮除磷。

2）技术关键

① 控制膜池溶解氧在 0.5～2.0mg/L，保持兼氧水平；

② 控制污泥浓度保持在 8000mg/L 的高污泥浓度条件；

③ 定期更换池内污泥，保证活性污泥的污泥龄。

3）科技创新点与技术特点

① 可采用复合式一体化设计，相对分置式及一体式膜生物反应器而言，大大降低了运行能耗，在一定程度上改善了污泥混合液的性质，提高了污染物去除率，延缓了膜污染。

② 相对于传统 MBR 工艺，兼氧 MBR 的曝气量较小，有效削减日常运行维护费用，同时膜表面的活性污泥在兼氧状态自我消解，减少了膜通量的衰减速度。

③ 与传统的降 COD、脱氮除磷设施（如 A/O 或者 A^2/O 等工艺）相比，兼氧 MBR 在同一反应池中同时进行硝化反硝化反应，有效减少了设备投入，降低了设施的运行维护费用。

④ 传统 MBR 的反冲洗采用曝气加反冲水的方式进行，兼氧 MBR 的反冲洗仅间歇曝气，利用膜表面的污泥自我消化，从而减慢 MBR 通量的衰减速度。

⑤ 运行方便、操作智能，全套工艺可在设备中采用 PLC 自动控制，节省人力物力，节约运行成本。

4）工艺流程图及其说明

图 3-26 所示为工艺流程图。高浓度工业有机废水经浓水处理收集池调节水质水量后，由泵提升至 pH 调节池，经混凝反应池和高效沉淀池进行物化反应，去除废水里部分悬浮杂质及有毒有害物质；废水经物化处理后通过脉冲装置进入厌氧槽，在微

生物的降解下大分子有机物降解为小分子有机物，提高废水的生化性能；厌氧槽出水进入活性污泥槽，在充氧曝气的作用下将有机物降解为水和二氧化碳；废水从活性污泥槽进入MBR槽后，在兼氧状态下同时进行硝化反硝化作用，进一步增大氨氮去除率；最终经处理后的废水提升至清水池并达标排放，被截留在MBR槽内的污泥则进行回用或排至污泥浓缩池处理。

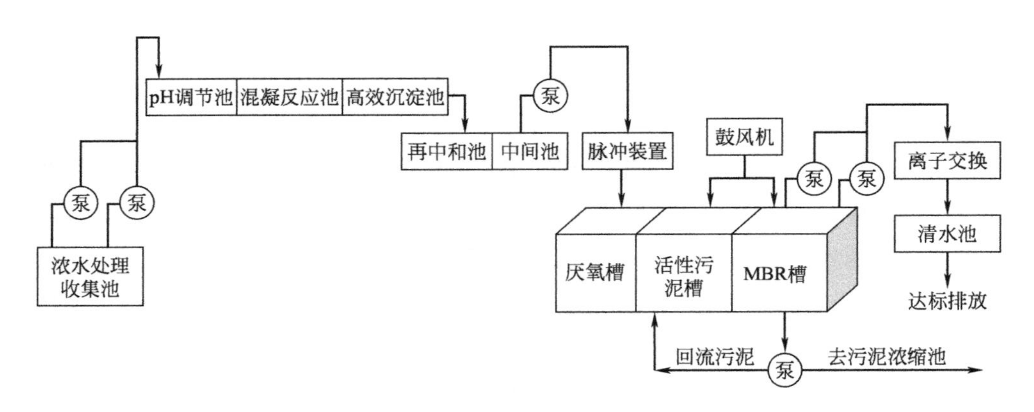

图 3-26 工艺流程图

(5) 技术指标及使用条件

1）技术指标

① 进水水质：以珠海市春生五金工艺有限公司电镀废水处理改造升级项目为例，该项目废水主要污染物浓度如表 3-39 所示。

表 3-39 废水进水水质 单位：mg/L（pH 除外）

水质指标	pH	COD_{Cr}	石油类	总铬	总铜	总镍	氨氮	总磷
含铬废水	2～5	100	—	100	20	—	—	—
化学镍废水	3～8	300	—	—	—	100	—	—
硫酸镍废水	3～6	100	—	—	—	100	—	—
含油废水	3～10	3000	150	—	20	—	15	5
混排废水	3～9	300	20	50	50	50	10	3
焦铜废水	5～8	300	5	—	100	—	—	—
酸碱废水	3～9	200	5	—	100	—	5	2

② 出水水质：要求达到《电镀污染物排放标准》（GB 21900—2008）的排放要求，主要指标见表 3-40。

2）经济指标

珠海市春生五金工艺有限公司电镀废水处理项目经改造升级后，投资增加 800 元/t，处理成本增加 0.23 元/t，因提标可提高废水处理收费标准约为 2 元/t。

表 3-40 电镀污染物排放标准（GB 21900—2008）

单位：mg/L（pH 除外）

序号	污染物	排放浓度限值	污染物排放监控位置
1	总铬	0.5	车间或生产设施废水排放口
2	六价铬	0.1	车间或生产设施废水排放口
3	总镍	0.1	车间或生产设施废水排放口
4	总镉	0.01	车间或生产设施废水排放口
5	总银	0.1	车间或生产设施废水排放口
6	总铅	0.1	车间或生产设施废水排放口
7	总汞	0.005	车间或生产设施废水排放口
8	总铜	0.3	企业废水总排放口
9	总锌	1	企业废水总排放口
10	总铁	2	企业废水总排放口
11	总铝	2	企业废水总排放口
12	pH 值	6～9	企业废水总排放口
13	悬浮物	30	企业废水总排放口
14	化学需氧量	50	企业废水总排放口
15	氨氮	8	企业废水总排放口
16	总氮	15	企业废水总排放口
17	总磷	0.5	企业废水总排放口
18	石油类	2	企业废水总排放口
19	氟化物	10	企业废水总排放口
20	总氰化物（以 CN^- 计）	0.2	企业废水总排放口
单位产品基准排水量 /（L/m^2镀件镀层）	多层镀	250	排水量计量位置与污染物排放监控位置一致

3）条件要求

① 废水无毒理性：该技术运用 MBR 膜池中的兼氧微生物处理废水，要求废水中的污染因子（如盐碱度、重金属）含量不会对微生物产生毒理作用。因此该技术不适用于直接处理含高盐和重金属的废水。

② 环境影响因子：由于微生物生长受环境温度影响较大，生物反应器在温度低于 13℃时处理效果下降，低于 4℃时几乎无处理效果。因此该技术要求环境温度不能长期低于 13℃。

4）典型规模

该技术使用不受规模限值，目前公司典型案例是“珠海市春生五金工艺有限公司电镀废水处理改造升级项目”，该项目处理废水水量为 1500t/d。更大的处理量配置更多的处理单元即可。

(6) 关键设备及运行管理

1) 主要设备

该技术的主要核心设备为 MBR 膜系统和曝气装置。其中，MBR 膜系统用于泥水分离，能有效将污染物截留在生化系统当中；曝气装置用于控制 MBR 膜池处于兼氧状态，使该条件下的兼氧微生物大量生长，吸附降解难处理的有机物，进行同步硝化反硝化反应，以提高污染物的去除效率。

2) 运行管理

以典型案例“珠海市春生五金工艺有限公司电镀废水处理改造升级项目”为例，运行管理包括每日维持生化系统及 MBR 膜系统正常运行，以及生化处理前物化系统所需药剂的投加。

3) 主体设备或材料的使用寿命

MBR 膜系统使用寿命在 2～4 年左右，曝气装置使用寿命在 5 年以上。

(7) 投资效益分析

1) 投资情况

以典型案例“珠海市春生五金工艺有限公司电镀废水处理改造升级项目”为例，该项目增加缺氧 MBR 工艺，总投资为 57.6 万元，其中设备投资为 29.5 万元。

2) 运行成本和运行费用

本项目运行成本主要在水电、药剂、人工、污泥处置。

① 水电费：本项目水耗主要为冲洗地面用水、配药用水、生活用水。冲洗地面用水及配药用水采用工艺处理后的达标排放水，可节省水费。

废水处理系统设备实际运行总功率 132kW，每度电按 1.5 元计，功率系数取 0.8。每天水电费用：$F_1=132\times20\times1.50\times0.8=3168$(元)。

② 药剂费（表 3-41）：每天药剂费用 $F_2=9000$(元)。

表 3-41 药剂用量

序号	药品名称	投加量/(mg/L)	日用量/kg
1	NaOH	约 400	600
2	H_2SO_4	约 100	150
4	PAC	约 50	75
5	PAM	约 10	15
6	还原剂	约 100	150
8	铁盐	约 800	1200

③ 人工费（表 3-42）：每天人工费用 $F_3=36000/30=1200$(元)。

表 3-42 人工费

序号	人员分类	人数	工资/(元/月)	合计/(元/月)
1	技术员	2	4000	8000
2	脱水机房、加药间、生化池	8	3500	28000
合计		10		36000

④ 污泥处置费：每吨废水约产生 3.1L 污泥，每天处理费：$F_4=(1500\times3.1)/1000\times2200=10230$(元)。

⑤ 总费用：$\sum F=F_1+F_2+F_3+F_4=3168+9000+1200+10230=23598$(元)。

吨水处理费用：$F/M=23598/1500=15.73$(元/t)。

3）效益分析

① 经济效益：本项目建设缺氧 MBR 水池 60m^3，投资额 57.6 万元，运行成本吨水增加 0.23 元，主要体现在电费及鼓风曝气方面。除去运营费用为 1.77 元/t 的效益，运行一年半可投资回收 68.8176 万元，除去维护费及货币贬值费用，约为 57.6 万元，1.5 年即可达到完成投资回收。

② 环境效益：由于国家近年来对电镀废水排放要求日益严峻，改造前该项目工艺已无法达到国家规定的排放标准。经过引入的污水处理新工艺后，目前污水能稳定达标，出水水质波动性较小，在珠海市环保局的水质抽查中，无水质超标情况。其低污染出水将改善污水外排对环境造成的影响，继而取得优良的环境效益。

(8) 推广与应用示范情况

1）推广方式

① 网络收集客户信息。

② 电话沟通了解客户，预约上门拜访或邀请来公司参观，参观示范工程，了解项目进而促使合作。

③ 通过专业技术交流会议进行推广。

2）应用情况（表 3-43）

表 3-43 主要用户名录

序号	用户名称	项目规模
1	珠海市春生五金工艺有限公司	1500t/d
2	肇庆市高要明兴五金工艺有限公司	1000t/d

3）示范工程

珠海市春生五金工艺有限公司为公司采用兼氧状态下 MBR 膜处理高 COD 废水技术的主要应用客户，“珠海市春生五金工艺有限公司电镀废水处理改造升级项目”将作为公司对该技术的示范工程进行推广。该项目建设增加缺氧 MBR 水池 60m^3，投资额57.6万元。污水处理工艺流程为：高浓度工业有机废水→浓水处理收集池→pH调节池→混凝反应池→高效沉淀池→再中和池→中间池→脉冲装置→厌氧槽→活性污泥槽→缺氧MBR槽→离子交换→清水池排放。该项目缺氧MBR槽采用的是公司"兼氧状态下MBR膜处理高COD废水"技术，此技术与传统处理工艺相比，能减少设备投入和MBR膜通量衰减速度，降低设备的运行及维护费用，并有效延长设备的使用寿命。

4）获奖情况

该技术获得由中国环境保护产业协会颁发的"国家重点环境保护实用技术"荣誉证书。

（9）技术服务与联系方式

1）技术服务方式

① 咨询服务：有专业工程师和资深工程师为客户做指引和解答。

② 上门服务：专业的维修工程师到现场为客户解决问题，并做简单的技术培训。

③ 在线技术支持：公司设有全天在线的专用QQ，可通过即时问答解决客户的问题。

④ 加急服务：紧急突发事件的服务需求，任何时间、任何地点公司均会响应并在两小时内派出工程师。

2）联系方式

单位名称：广东绿日环境科技有限公司

电话：4000688454

传真：020-82327290

邮箱：lrhbkj@126.com

通信地址：广州市天河区宦溪西路36号（东英商务园）C栋

3.2.20 分散式一体化污水处理设备

（1）技术持有单位

四川永沁环境工程有限公司

（2）单位简介

永沁环境成立于2009年，国家高新技术企业，四川环保产业50强，拥有十几项资质，45项专利等自主知识产权。公司专注于分散式一体化污水处理设备研发、制造、销售，拥有各类分散式一体化污水处理产品，涵盖农村生活污水、工厂生活污水、医院污水。公司秉承"定做的才是合适的"理念，为客户量身定做高端一体化污水处理设备。

(3) 适用范围

适用于农村环境连片整治、新农村建设、幸福美丽新村建设、厕所革命、农村水环境治理、办公楼、商场、宾馆、饭店、疗养院、学校、医院、高速公路、铁路、工厂、矿山、旅游景区等生活污水和与之类似废水的处理和回用。

(4) 主要技术内容

1) 基本原理

分散式一体化污水处理设备是在传统MBR工艺基础上进行了全面的技术提升。本设备实现了缺氧段（A段）、好氧段（O段）、MBR反应段的一体化集成，通过系统中复合菌群的生成，实现了污水、污泥的同步处理。并通过自主研发的软件控制整个系统运行。利用微生物共生原理，设置并创建了独有的兼氧环境，使微生物能形成完整的食物链，进一步强化了微生物的综合降解能力。同时利用系统中MBR膜的高吸附拦截作用，实现了污水中C、N、P、粪大肠菌群等的同步去除。本系统反应器的内部结构和运行过程，实现了高污泥浓度、低有机负荷的运行环境，能使微生物长期处于内源呼吸状态。该状态可使运行中增长的污泥通过氧化作用而自身降解，因此产生的剩余污泥量极少，一般1～2年排放一次污泥，基本能达到日常运行过程中不外排剩余污泥，从而实现了系统中污水的高效处理和污泥的减量化。

2) 技术关键

本技术将传统污水处理工艺中的多个环节缩减为一个，操作简单，不需专业人员管理，可实现无人值守。本技术日常运行中基本不外排有机污泥，无异味，对周边环境影响小。组合式安装可适应全地形地貌，装机功率小可用民用电源。利用物联网技术，实现无人值守，可通过电脑端和手机端远程监控、操作设备。

3) 科技创新点与技术特点

① 实现了污水中C、N、P、粪大肠菌群在同一反应器中的同步去除。

② 实现了日常运行过程中基本不排放有机污泥。

③ 运用污染治理自动化控制系统＋MBR反应器运管系统运行模式，实现了污水处理设施无人值守。

4) 工艺流程图及其说明

工艺流程图如图3-27所示，采取的主要工艺为：进水→预处理池（内部安装格栅、提升泵）→分散式一体化污水处理设备（内部含缺氧池、好氧池、MBR膜池、清水池）→紫外线消毒器→达标排放。

污水经预处理后首先进入分散式一体化污水处理设备中的A段缺氧单元，利用兼氧菌的作用，使有机物发生水解、酸化和甲烷化，去除废水中的有机物，并提高废水的可生化性，利于后续的好氧处理。A段缺氧单元出水流入O段好氧单元，此单元为本污水处理的核心部分，分两段，前一段在较高的有机负荷下，通过附着于填料上的大量不同种属的微生物群落共同参与下的生化降解和吸附作用，去除污水中的各

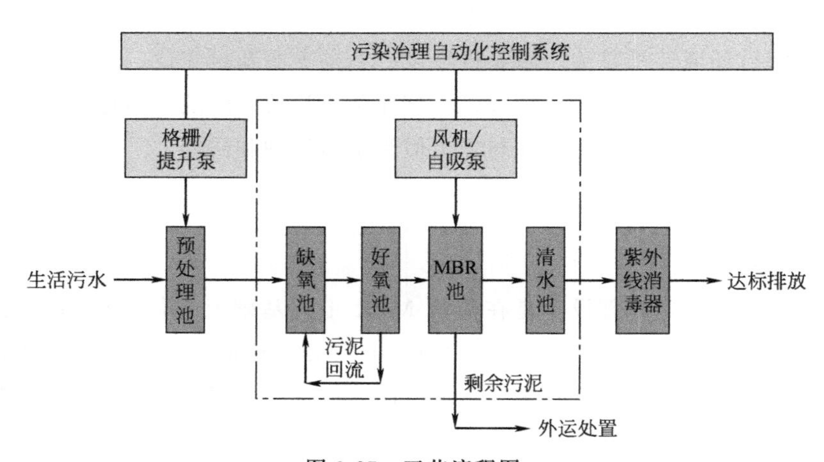

图 3-27 工艺流程图

注：虚线框内为一体化污水处理设备。

种有机物质，使污水中的有机物含量大幅度降低。后段在有机负荷较低的情况下，通过硝化菌的作用，在氧量充足的条件下降解污水中的氨氮，同时也使污水中的 COD 值降到更低的水平，使污水得以净化。

出水流入 MBR 单元，处理器中膜组件内附着生物膜，膜中的微生物对污水中的污染物质进行氧化分解。生物膜的占地面积小、氧利用率高，能进一步去除污水中的污染物质。利用膜分离组件将生化反应池中的活性污泥和大分子有机物截留住，代替传统活性污泥法中的二沉池，大大提高了系统固液分离的能力，出水经清水池流出再通过紫外线消毒器杀菌后使污水得以达标排放。O 段好氧单元硝化液部分回流至 A 段缺氧单元，提高脱氮除磷效率。本工艺产生污泥极少，MBR 膜组件达到使用寿命年限后更换即可。

(5) 技术指标及使用条件

1）技术指标

① 吨水电耗 0.4kWh；

② DO 小于 3mg/L，MLSS 大于 8000mg/L，污泥负荷小于 0.1kg BOD_5/(kg MLSS · d)，HRT 小于 10h。

2）产品达到的质量指标

出水水质可达到《城市污水再生利用 城市杂用水水质》(GB/T 18920—2002) 或《城镇污水处理厂污染物排放标准》(GB 18918—2002) 一级 A 标准。且日常运行过程中基本不外排有机污泥，对环境的二次污染影响小。

3）经济指标

① 日常运行过程基本无剩余污泥排放，节约了污泥处理费用；

② 管理简单，不需专业人员现场管理，实现无人值守，节约人工成本；

③ 设备占地面积不超过 $0.2m^2/t$ 水，节约征地成本；

④ 出水达《城市污水再生利用 城市杂用水水质》(GB/T 18920—2002) 标准，出水回用节约了水资源。

4）条件要求

本装备是一种全地形全自动的设备，能适应任何地理地形条件、模块化组装、施工周期短、工艺流程简单、占地面积小、出水水质稳定、结构紧凑、安装灵活。设备的适应性极强，能够很好地解决目前分散的点源污染问题。

5）典型规模

本技术装备现已在乡镇污水站、大型水电站、高速公路服务区、乡镇卫生院、工厂企业、农家乐、农村新型社区有数百个项目的应用实例，其单台设备污水处理量最大为 $500m^3/d$，可采用多台组合的方式扩大处理能力。

(6) 关键设备及运行管理

1）主要设备（表 3-44）

表 3-44 主要设备清单

序号	设备名称	型号规格	数量	备注
1	分散式一体化污水处理设备	根据项目实际需求非标设计	1套	自有专利 重点环境保护实用技术
2	MBR 膜组件	根据项目需求搭配	1套	
3	自吸泵	根据污水处理量选型	1台	
4	回转风机	根据曝气量选型	1台	
5	智能环保云管家系统	自动化控制系统，可远程操控 拥有电脑端、小程序端	1套	自有专利和软件著作权

2）运行管理

全自动运行，控制系统采用 PLC＋触摸屏，具有一键药洗、厂家界面、用户界面、物联网控制功能。系统搭载自有软件著作权的控制软件。

3）主体设备或材料的使用寿命

设备使用寿命较长，不少于 20 年。

(7) 投资效益分析

工程名称：温江区万春镇和林村污水一体化处理设备项目

1）投资情况

总投资和单方投资：项目总投资为 35.32 万元，其中设备投资为 18.00 万元，土建和管网投资 17.32 万元，处理规模为 $70m^3/d$。

2）运行成本和运行费用

① 项目电耗：每年 6000 元。

② 人工费：设备为无人值守，故此费用不计，列入维护管理费中。

③ 维护管理费：200 元/次，每年维护 4 次，则项目每年维护费为 800 元。

④ MBR 膜的更换费用，一般 5 年更换一次，则每年原材料费摊销约 5000 元。

⑤ 项目年运行费用合计为：11800 元；单位废水处理运行成本合计为：0.46 元/t水。

3）效益分析

① 经济效益分析

分散式一体化污水处理设备用于温江区万春镇和林村生活污水处理，其处理规模为 $70m^3/d$，占地面积 $30m^2$。项目服务人口约 2600 人，项目总投资 35.32 万元，其运行成本 0.46 元/t 水，其年运行费用为 11800 元，年回收再生水资源约 1.9×10^4t（水再生率仅按 75%计）。

② 环境效益分析

以项目监测报告估算，其进水 COD 为 200mg/L，BOD 为 200mg/L，SS 为 100mg/L，氨氮为 60mg/L。削减总量分别可达到 COD 减排 4.93115t/a，BOD 减排 5.04868t/a，SS 减排 2.42725t/a，氨氮减排 1.503362t/a，环境效益显著。

(8) 专利情况

① 实用新型

分散式一体化污水处理设备（专利号：ZL201420236292.4）

污染治理自动化控制系统（专利号：ZL201120340406.6）

② 外观设计专利

一体化污水处理设备（专利号：ZL201430294063.3）

③ 软件著作

MBR 反应器运管系统（证书号：软著登字第 1594263 号）

(9) 推广与应用示范情况

1）推广方式

线上推广：网站推广、搜索引擎推广、资源合作推广、事件营销、即时通信营销。

线下推广：参与政府采购、协作单位合作。

2）应用情况（表 4-45）

表 3-45　典型案例

序号	项目名称	内容
1	成都市温江区环境保护局	农村环境整治 13 个点位
2	成都市蒲江县国土局	新农村定居点污水处理 21 个点位
3	成都市邛崃市高何镇、道佐乡人民政府	420 灾后重建定居点 7 个点位

续表

序号	项目名称	内容
4	泸州市纳溪区环保局	3个点位
5	泸州市古蔺县二郎镇人民政府	农村环境整治7个点位
6	荥经县新添乡、附城乡、龙苍沟镇人民政府， 武胜县宝箴乡、新学乡人民政府 延长壳牌（四川）石油有限公司	9个点位

3）示范工程

温江区万春镇和林村污水一体化处理设备项目

① 规模：污水处理量为 $70m^3/d$，总占地面积 $30m^2$，其中土建占地 $16m^2$，设备占地 $14m^2$。

② 投资：以分散式一体化污水处理设备为主体的污水处理站的投资费用主要包括机电设备（提升泵、风机、自吸泵等）和设备配套的供货、安装、调试，以及系统管网、土建的建设，相较其他污水处理工艺，投资费用较低，总投资为35.32万元。

③ 工艺流程：污水—格栅调节池—分散式一体化污水处理设备。

④ 运行参数与运行经验：DO小于3mg/L；MLSS大于8000mg/L；HRT小于10h。

4）获奖情况（表3-46）

表3-46 获奖情况

时间	奖励名称及等级	授奖部门
2015年10月18日	成都市重点新产品	成都市科技局
2017年12月25日	2015—2016年武侯区专利奖/优秀奖	成都市武侯区人民政府
2017年12月25日	2015—2016年武侯区科学技术进步奖/三等奖	成都市武侯区人民政府
2018年12月18日	2018重点环境保护实用技术	中国环境保护产业协会

（10）技术服务与联系方式

1）技术服务方式

咨询服务、上门服务、在线技术支持、培训服务。

2）联系方式

单位名称：四川永沁环境工程有限公司

电话：028-64609933，18180573933

邮箱：office@scyongqin.com

通信地址：成都市青羊区光华东三路486号

3.2.21 多段多级 AO 除磷脱氮工艺

(1) 技术持有单位

中国市政工程西北设计研究院有限公司

(2) 单位简介

中国市政工程西北设计研究院有限公司是一家跨地区跨行业的大型设计单位，具有国家工程设计综合资质甲级证书，业务范围涉及国内外咨询、规划、设计、监理、工程总承包和项目管理等方面，可承担给水、排水、燃气、热力、道路、公路、桥隧、环境工程、城市风景园林、交通工程、轨道交通和工业与民用建筑、防洪等工程设计、咨询、规划、监理、项目管理和工程总承包业务。2000 年率先通过 ISO9001 质量体系认证，2009 年再获质量、环境和职业健康安全三体系认证。2011 年通过国家高新技术企业认证。

(3) 适用范围

多段多级 AO 除磷脱氮工艺适用于城市污水处理的生物除磷与脱氮。

(4) 主要技术内容

1）基本原理

多段多级 AO 除磷脱氮工艺，是一种高效除磷脱氮的污水处理新工艺，它将生物池依次设置成一级厌氧/好氧区＋多级缺氧/好氧区，采用多段进水方式，按一定比例将污水分别配入厌氧区和各级缺氧区；二沉池回流污泥回流到厌氧区，也可部分回流到各级缺氧区。

2）技术关键

多段多级 AO 除磷脱氮工艺，污水在生物池中依次经历厌氧/好氧、缺氧/好氧、缺氧/好氧的环境，上一级好氧区的硝化液直接进入下一级缺氧区进行反硝化，无需内回流；采用多段进水方式，为聚磷菌和反硝化菌及时提供碳源，同时降低了好氧区的有机负荷，提高了好氧区内硝化菌对异养菌的竞争力；在生物池内创造出由高到低的污泥浓度梯度。多段多级 AO 除磷脱氮工艺创造了聚磷菌、硝化菌和反硝化菌各自适宜生长的环境，提高了活性污泥中聚磷菌、硝化菌和反硝化菌的比例和活性，实现了高效除磷脱氮。

3）科技创新点与技术特点

① 创新点

a. 一级厌氧/好氧除磷＋多级缺氧/好氧脱氮，无内回流设备，除磷脱氮效率高。

b. 污水分段配入厌氧区和各级缺氧区，有效利用碳源，提高污泥浓度并形成污泥浓度梯度。

c. 专利池型设计，并在厌氧/缺氧区采用水力混合搅拌技术。

② 技术特点

a. 污泥浓度高；

b. 工程投资省；

c. 脱氮效率高；

d. 污泥产量低；

e. 运行成本低。

4）工艺流程图（图 3-28）

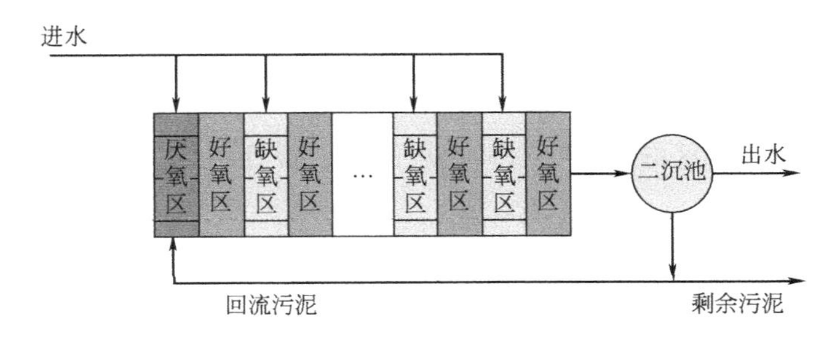

图 3-28 工艺流程图

(5) 技术指标及使用条件

1）技术指标

分级数：3～5 级（以 4 级为例）。

停留时间：总停留时间 9～16h。

配水比：厌氧池 30%～35%；第一缺氧池 25%～30%；第二缺氧池 20%～25%；第三缺氧池 10%～20%。

污泥回流：60%～100%。

污泥浓度：第一 AO 区 6000～8000mg/L；第二 AO 区 5000～6000mg/L；第三 AO 区 4000～5000mg/L；第四 AO 区 3500～4500mg/L。

污泥龄：15～20d。

污泥负荷：0.05～0.15kg BOD_5/(kg MLSS · d)。

2）经济指标

按照实际工程经验分析的结果，采用多段多级 AO 除磷脱氮工艺，可节省工程费用约 90 元/t 水，节省运行费用约 0.09 元/t 水。

3）条件要求

多段多级 AO 除磷脱氮工艺适用于城市污水处理的生物除磷与脱氮。

4）典型规模

不低于 $2\times10^4 m^3/d$。

(6) 关键设备及运行管理

多段多级AO除磷脱氮工艺采用特有的池型设计，污水通过进水渠分多段进入生物池内厌氧区和缺氧区，来自二沉池的回流污泥通过回流污泥渠进入厌氧区，污水和回流污泥通过水力混合导流板，利用水力混合搅拌作用替代传统的机械搅拌设备，形成分段混合整体推流式的水力流态，好氧区设置的曝气系统同时具备多级渐减曝气的系统特征，作为导流墙的隔墙与生物反应池壁形成整体水力流态系统。

多段多级AO除磷脱氮工艺采用MLDO多级低氧曝气控制系统，根据进水水质、各级配水量等前馈信号计算出各级好氧区的曝气量，然后结合各级好氧区的溶解氧反馈值计算出各级好氧区实际曝气量；根据各级好氧区末端氨氮的浓度调整各级好氧区各分支管阀门的开度比例；根据各级缺氧区硝氮的浓度来确定各级好氧区溶解氧的目标值。有利于保持缺氧区的缺氧状态，实现同步、短程硝化反硝化，节约运行费用，增强抗冲击负荷能力。

(7) 投资效益分析

按照实际工程经验分析的结果，采用多段多级AO除磷脱氮工艺，可节省工程费用约90元/t水，节省运行费用约0.09元/t水。

① 节省内回流设备的运行电耗

多段多级AO生物池内上一级好氧区的硝化液直接进入下一级缺氧区进行反硝化，无需内回流，与常规工艺相比，可省去内回流设备及其运行电耗。

② 降低污泥处理量

污泥处理阶段的浓缩、消化、脱水及传输等，能源消耗较大，其能耗约占污水处理厂总能耗的10%～25%。尤其是近年来对于污泥出厂含水率的要求愈加严格，进一步增大了污泥处理阶段的能耗。

多段多级AO除磷脱氮工艺由于采用分段进水，可以使生物池内形成较高的污泥浓度，并且多级AO交替的运行方式，都会促使污泥减量的发生。多段多级AO除磷脱氮工艺通过降低污泥产量，从根本上降低了污泥处理、处置过程中产生的能耗，达到节能降耗的目的。

③ 节省工程投资

由于多段多级AO除磷脱氮工艺的平均污泥浓度高，生物总量大，因此该工艺较其他工艺在同等条件下，所需生物池容积更小，节省占地面积，降低工程投资。

(8) 专利和鉴定情况

1) 专利情况

多段多级AO除磷脱氮反应系统（专利号：ZL200920169187.2）

一种多段多级AO生物反应池（专利号：ZL201020684396.3）

多段多级水力混合搅拌系统（专利号：ZL201220010337.7）

控制水力流态的自动调节堰板高度装置（专利号：ZL201720053688.9）

2）鉴定情况

① 组织鉴定单位：中国环境保护产业协会水污染治理委员会

② 鉴定时间：2013年9月12日

③ 鉴定意见

“多段多级AO除磷脱氮工艺”作为城市污水处理高效除磷脱氮新工艺，对BOD、COD、NH_3-N、TN、TP等污染物的去除率显著提高，运行成本有效降低。该技术已在多地多座污水处理厂应用，并实现稳定运行，节能效益显著。

该技术辅以化学除磷，可稳定达到《城市污水处理厂污染物排放标准》（GB 18918—2002）一级A标准。

将厌氧/缺氧区的折流板式水力混合技术应用于“多段多级AO除磷脱氮工艺”，实现了集成创新。总体达到国内先进水平。

该项技术已具备大规模推广应用条件，建议有关部门和行业协会予以大力支持，扩大推广应用。

(9) 推广与应用示范情况

1）应用情况

目前，多段多级AO除磷脱氮工艺已在云南、安徽、山东、天津、陕西、新疆、内蒙古、甘肃、河南、河北、广东、四川、辽宁等地多个大中型污水处理厂的新建和改造工程中进行成功应用，总规模达165.1×10^4 m^3/d，案例如表3-47所示。

表3-47 典型应用案例

序号	工程名称	规模/(m^3/d)
1	云南省曲靖市污水处理厂二期改造工程	8×10^4
2	山东省潍坊市污水处理厂升级改造工程	10×10^4
3	山东省潍坊市高新区污水处理厂升级改造工程	5×10^4
4	阜阳创业水务有限公司颍东污水处理厂一期工程	3×10^4
5	天津创业环保集团公司宁河现代产业区污水处理厂工程	2×10^4
6	文登创业水务有限公司葛家镇污水处理厂工程	0.5×10^4
7	西藏林芝市八一镇污水处理及收集系统建设工程	1.5×10^4
8	河南省内黄县污水处理厂升级改造工程	3×10^4
9	西宁市第四污水处理厂工程	3×10^4
10	西宁市第五污水处理厂工程	3×10^4
11	山东省泰安市第二污水处理厂扩建及升级改造工程	12×10^4
12	山东省泰安市第一污水处理厂升级改造工程	5×10^4
13	乌鲁木齐市雅玛里克山污水厂改扩建工程	7.5×10^4
14	西安市第一污水处理厂(邓家村污水处理厂)升级改造工程	12×10^4

续表

序号	工程名称	规模/(m^3/d)
15	西安市第二污水处理厂(北石桥污水处理厂)升级改造工程	15×10^4
16	唐官屯镇第一污水处理厂工程	0.4×10^4
17	内蒙古自治区呼伦贝尔市技术经济开发区谢尔塔拉污水处理厂工程	1×10^4
18	内蒙古自治区呼和浩特班定营污水处理厂改扩建工程	7×10^4
19	佛山市南海区里水镇和桂工业园污水处理厂改(迁)建工程	2×10^4
20	丽水市水阁污水处理厂提升改造工程	5×10^4
21	陡沟河污水处理厂二厂项目	10×10^4
22	眉山市仁寿县第二城市生活污水处理厂工程	3×10^4
23	克拉玛依市第二污水处理厂二期工程	10×10^4
24	水磨沟区虹桥污水处理厂改造(暨深度处理)工程	3×10^4
25	大连梭鱼湾污水处理厂工程	12×10^4
26	河南省鹤壁市淇滨污水处理厂节能增效升级改造工程	6.5×10^4
27	河北省文安县十马干渠达标治理工程	2×10^4
28	宁河现代产业区污水处理厂提标改造(一期)工程	2×10^4
29	永昌县污水处理厂扩建及提标改造工程	1×10^4
30	夏邑县第三污水处理厂工程	4×10^4
31	白银市白银区城区污水处理厂扩建(一期)工程	2×10^4
32	金寨县污水处理厂二期工程	1.5×10^4
33	突泉县突泉镇清源污水处厂提标改造及配套管网工程	1.2×10^4
34	朔州经济开发区神电固废园区污水处理厂工程	1.0×10^4
合计		165.1×10^4

2）获奖情况

①“多段多级 AO 除磷脱氮工艺在污水处理中的研究与应用”获 2019 年度环境技术进步奖二等奖。

②“多段多级 AO 除磷脱氮反应系统”获 2011 年度中国建筑优秀专利奖。

③“多段多级 AO 除磷脱氮工艺”获第八届甘肃省职工优秀技术创新成果三等奖。

④“一种多段多级 AO 生物反应池”获甘肃省专利奖三等奖。

⑤ 云南省曲靖市污水处理厂二期改建工程获 2011 年度全国优秀工程勘察设计行业奖市政公用工程二等奖。

⑥ 云南省曲靖市污水处理厂二期改建工程获 2009—2010 年度中国建筑优秀勘察设计（市政工程）一等奖。

⑦ 西安市第二污水处理厂（北石桥污水处理厂）升级改造工程获 2014 年度甘肃省优秀工程咨询成果一等奖。

⑧ 山东省泰安市第二污水处理厂扩建及升级改造工程获2015年度甘肃省优秀工程咨询成果二等奖。

⑨ 山东省泰安市第二污水处理厂扩建及升级改造工程获2017年度甘肃省优秀工程勘察设计三等奖。

(10) 技术服务与联系方式

1) 技术服务方式

业务范围内所涉及的咨询、设计、工程总承包等。

2) 联系方式

单位名称：中国市政工程西北设计研究院有限公司

电话：0931-8616711

邮箱：xbytjfy@163.com

通信地址：甘肃省兰州市定西路459号

3.2.22 一体化废水处理工艺

(1) 技术持有单位

天津蓝科净源环保工程有限公司

(2) 单位简介

天津蓝科净源环保工程有限公司是治理医疗污水、制药污水、化工污水、石化污水、生活污水、中水回用的专业环境工程公司。企业提供专业的工程设计及施工、设备制造、安装调试、人员培训、技术支持、维修服务、托管运营等一站式服务。

公司不但自身拥有高级工程师、高级技工等专业人才，而且以环保科研机构和高等院校为依托，提高科研技术水平。设计阵营强大，技术力量雄厚；同时聘请国内知名环保专家、学者提供技术支持。在工程施工方面实行强强联合，组成一支规模强大、实力雄厚的施工团队，为客户提供全方位服务。

(3) 适用范围

本技术适用于物理化学法、活性污泥法、生物膜法、厌氧生物处理等。

(4) 主要技术内容

1) 基本原理

通过首层筛网除去妨碍运行的粗大悬浮物。筛网的最基本形式是格栅，由一定间隔平行排列的钢条构成。格栅设于明沟之中，去除对象是可能引起泵阻塞的较大悬浮物。经格栅截留后，由人工或机械方式清除沟外。破碎机有时也可取代筛网，将粗大的悬浮物捣成不致给运转造成危害的细小颗粒，再混入水中，破碎机经一定时间运行后，要对刀刃进行打磨或更换。

污水经过筛网过滤到集水池，当集水池到达一定的水位后，利用提升泵将待处理污水提升到调节池，调节池一般要设置曝气或搅拌装置，这些装置能促进废水混合，水质匀化，同时还能防止污泥堆积。

将调节池水质匀化的污水利用提升泵提升到好氧池，此处通过新型环保水处理好氧装置，在好氧池中利用生物膜法对污水进行净化处理。生物膜法的实质是使微生物附着在固体表面进行处理，在滤料固体上繁殖的微生物，仅与废水接触的表面极薄部分能保持好氧性，内部则为厌氧性。由于厌氧性生物膜的有机分解速度明显要比好氧部分缓慢，因此进行好氧装置的设计显得尤为重要。

经过好氧池处理过的污水转移到二次沉淀池沉降分离活性污泥。普通沉淀池内的淤泥在处理的过程中，沉淀好的淤泥容易再次悬浮挥散，导致淤泥清理不彻底，本技术采用一种实用新型环保水处理用沉淀池解决淤泥清理不彻底的问题。

经二次沉淀池处理过的污水通过溢流设计，上清液溢流到消毒池，通过新型水处理用加药装置将药剂搅拌进入到消毒池内。经过沉淀的活性污泥回流到调节池，以进行再次处理。上清液经过消毒池的药剂消毒处理，可以排入到整体的排水管网中。

2）技术关键

① 新型环保水处理用曝气装置，涉及环保水处理用辅助装置技术领域，为解决现有的曝气装置在使用时常常由于运行时间较长而消耗大量资源的问题。

② 新型环保水处理用搅拌装置，涉及环保水处理装置技术领域，为解决目前市面上的搅拌装置搅拌叶搅拌的区域为圆形，而很多搅拌仓都为方形结构，导致加入的没有彻底融化的药物容易沉淀堆积在角落，造成物料浪费的问题。

③ 新型环保水处理用好氧装置，涉及水处理技术领域，为解决现有的环保水处理好氧装置不能很好地保障内部的曝气性能，曝气处理不够充分的问题。

④ 新型环保水处理用沉淀池，底板的内部分别设置有顽固淤泥清理口、半圆形导泥座和沉淀槽口，通过半圆形导泥座可以使淤泥自由向圈侧的下方下滑，通过沉淀槽口再排入污泥斗内，半圆形导泥座还可以防止进入下方的沉淀淤泥向上悬浮，将可以悬浮的空间降低至最小，可以分离澄清的水和淤泥。

3）科技创新点与技术特点

① 新型环保水处理用曝气装置配备了溶解氧传感器和吹气泵，溶解氧传感器的设计可以让吹气泵的运行更加方便，解决了现有曝气装置在使用时常常由于运行时间较长而消耗大量资源的问题。其次配备了灰尘滤网和吸水块，吸水块可以将进入曝气柜柜体内部的水汽更好地吸收，灰尘滤网可以更好地过滤进入曝气柜柜体内部的灰尘，解决了现有的曝气装置在使用时常常由于灰尘和水汽过多导致吹气泵无法使用的问题。同时还配备了排水槽，排水槽的设计可以让放置槽内部的水更好地被排出，解决了现有曝气装置在使用时常常由于放置槽内部水过多而难排出的问题。

② 新型环保水处理用搅拌装置通过设置偏心搅拌轴，让搅拌叶进行偏心转动，同时限位盖内部限位块槽和限位块相配合，由于限位块为莱洛三角形，当莱洛三角形

在边长为其宽度的正方形内旋转时，每一个角走过的轨迹基本上就是一个正方形，从而让搅拌叶叶片转动成一个具有圆角的方形，可以对边角和内壁的药物进行刮除，从而解决了搅拌装置在搅拌时搅拌叶搅拌的区域为圆形，而搅拌仓都为方形结构，导致加入的没有彻底融化的药物容易沉淀堆积在角落，造成物料浪费的问题。同时通过设置上防洒漏板、下防洒漏板和转动挡板，可以对搅动的水进行阻挡，从而有效防止搅拌时仓中的水因搅动幅度较大而飞溅出装置，保障了装置运行的密封性。

③ 新型环保水处理用好氧装置安装有中心安装板，能够使污水通过进水管道口进入好氧装置内部后更好地进行曝气处理，对污水进行一定程度的限位，充分曝气后杂质上浮至中心安装板上方，吸附料包能够更好地进行吸附，整体的曝气性能更加完善，解决了现有的环保水处理好氧装置不能很好地保障内部曝气性能，曝气处理不够充分的问题。同时通过安装氧气导入装置，能够更好地导入氧气，通过风扇叶片的转动送入氧气，使得曝气装置在内部充分曝气，整体的结构性能得到了更好的保障。

④ 新型环保水处理用沉淀池的底板内部分别设置有顽固淤泥清理口、半圆形导泥座和沉淀槽口，通过半圆形导泥座可以使淤泥自由向圈侧的下方下滑，通过沉淀槽口再排入污泥斗内。半圆形导泥座还可以防止进入下方的沉淀淤泥向上悬浮，将可以悬浮的空间降低至最小，可以将澄清的水和淤泥进行分离。但半圆形导泥座使用一段时间就会发生堵塞，因此在刮泥板刷的内部设置有高压冲洗孔，通过刮泥板刷可以将半圆形导泥座上的顽固淤泥清理掉，通过高压冲洗孔可以将沉淀槽口内的顽固淤泥进行清理疏通，从而解决堵塞的问题。

⑤ 新型水处理用加药装置包括上罐体，上罐体的顶部安装有顶盖，顶盖的顶部安装有电机，上罐体的下方安装有下罐体，下罐体的外侧安装有固定箍，固定箍的一端安装有松紧头，固定箍的两侧安装有固定耳，固定耳上安装有连接杆，连接杆的底部安装有夹具，下罐体的底端中部安装有排料口，以解决罐体安装拆卸不方便及清洗不方便等问题。

4）工艺流程图及其说明

工艺流程如图 3-29 所示。污水经过筛网过滤后进入集水池，当集水池到达一定水位后利用提升泵将待处理污水提升到调节池，在调节池经过曝气后集中进入好氧池，通过生物膜法对污水进行净化处理，再继续到二沉池沉降分离活性污泥。经二沉池处理过的污水通过溢流设计，上清液流到消毒池进行药剂消毒，经过沉淀的活性污泥在回流泵的作用下进行污泥回流，进入到调节池进行再次处理。最终经消毒池药剂消毒的上清液排入到整体的排水管网中。

(5) 技术指标及使用条件

1）技术指标

① 污水处理工艺采用生物接触氧化，其处理效果优于完全混合式或二级串联完全混合式生物接触氧化池，并比活性污泥体积小，对水质的适应性强，耐冲击负荷性

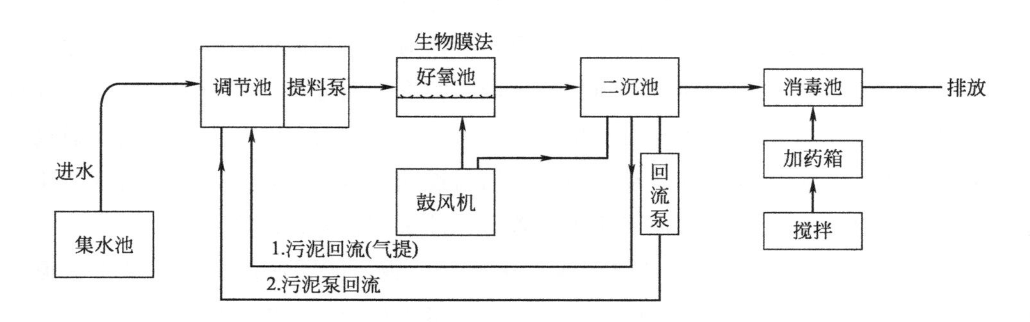

图 3-29 工艺流程图

能好，出水水质稳定，不会产生污泥膨胀。池中采用新型弹性立体填料，比表面积大，微生物易挂膜，脱膜，在同样有机物负荷条件下，对有机物的去除率高，能提高空气中的氧在水中的溶解度。

② 生化池采用生物接触氧化法，其填料的体积负荷比较低，微生物处于自身氧化阶段，产泥量少，仅需三个月（90d）以上排一次泥（用粪车抽吸或脱水成泥饼外运）。

③ 整个设备处理系统配有全自动电气控制系统和设备故障报警系统，运行安全可靠，平时一般不需要专人管理，只需适时地对设备进行维护和保养。

2）经济指标

① 相较于传统污水处理系统整体结构更加紧凑，设计更加合理，节省空间。

② 通过合理的设计，节约设备制造成本，并有效减少后期运维成本。

③ 相较于传统污水处理系统，装置运行合理，处理后的污水水质高于国家要求的排放标准。

3）条件要求

适用于常规污水处理。

4）典型规模

适合于中小型污水处理系统。

(6) 关键设备及运行管理

1）主要设备

新型环保水处理用曝气装置；新型环保水处理用搅拌装置；新型环保水处理用好氧装置；新型环保水处理用沉淀池；新型水处理用加药装置。

2）运行管理

由专人专职负责运行，监督设备运行情况，及时调整设备状态及加药剂量，及时向上级反映运行情况，做好日常的运行维护，做好应急预案，定期举行应急预演。

3）主体设备或材料的使用寿命

设备平均使用寿命约3～5年，日常维护保养得当可视情况延长使用寿命。

（7）投资效益分析

1）投资情况

① 主体设备费用：视现场情况、主体设备大小等。

② 后期维护费用：设备调试、维护保养。

2）运行成本和运行费用

① 污水处理药剂费用；

② 污水处理管理人员费用。

3）效益分析

① 污水经过设备处理后，水质可达到污水处理综合排放标准；

② 实现了设备的集成，有效削减占地面积；

③ 资金投入低、空间利用少、处理效率高、管理方便等诸多优点，使其与大型传统的污水处理系统相比，在农村地区具有更广阔的发展前景和不可替代的优势。

（8）专利情况

一种环保水处理用杀菌去氯装置（专利号：ZL201922423682.8）

一种环保水处理循环净化装置（专利号：ZL201922422090.4）

一种环保水处理清理装置（专利号：ZL201922416203.X）

（9）推广与应用示范情况

1）推广方式

① 定期环保行业展会及环保行业交流会推广；

② 向特定客户推广，包括公司自有客户及潜在客户。

2）应用情况

该技术优于现有国内普及的污水处理技术，应用前景广阔，可针对广大农村、城市污水处理厂及各单位污水处理系统。

3）获奖情况

① 2018年全国工程建设首选产品。

② 中国环境服务认证证书。

（10）技术服务与联系方式

1）技术服务方式

从前期现场勘察、根据现场实际情况进行工艺流程设计，设备生产组装、实地安装、调试，到运维管理、设备养护等。

2）联系方式

单位名称：天津蓝科净源环保工程有限公司

电话：022-27388488

邮箱：lkjy_tj@126.com

通信地址：天津市西青经济开发区梨双路33号

3.2.23 HT-TPD型除磷净化装置

(1) 技术持有单位

无锡海拓环保装备科技有限公司

(2) 单位简介

无锡海拓环保装备科技有限公司是一家集水体浮选净化设备的研发、制造、服务于一体的高新技术企业。公司专注于浮选技术36年，拥有10余项发明专利，40余项实用新型专利，成功规模化应用了日处理量万吨级大型撬装浮选净化设备。产品广泛应用于市政尾水提标、河道及湖泊水体净化、黑臭河治理、自来水厂预处理、海水淡化等领域以及石油石化、造纸、纺织印染、医药化工、表面处理等工业行业，并远销欧美、澳洲、中东、东亚等多个国家和地区。

海拓装备秉承"科技改善环境、创新成就未来"的核心价值观，荣获"国家火炬计划产业化示范项目"荣誉，被评为"高新技术企业"，拥有多项高新技术产品认定证书，其中HT-TP型除磷净化装置获得"江苏省首台套重大装备产品"称号。

(3) 适用范围

HT-TPD型除磷净化装置主要应用于市政水厂提标、黑臭河道治理、工业废水除磷等领域，出水指标可实现：总磷TP＜0.03mg/L，浊度＜1.0NTU。

(4) 主要技术内容

1）基本原理

HT-TPD型除磷净化装置采用了涡流式絮凝反应技术、纳米级气泡发生技术、"气泡层"过滤技术、次表面捕集技术、层流分离技术、浮渣循环絮凝技术等核心专利技术，形成水、气、固的三相混合体，在一个特别设计的多级序批式反应器中，完成固液分离过程，可高效去除工业废水、生活污水等水体中TP、无机质颗粒物、胶体物质、油脂，同时有效降解有机质（TOC、氨氮等），完成水体的高效除磷，实现水体的良好净化效果。

该装置具有能耗低、费用省、占地小、出水好的技术优势，已获得"江苏省首台套重大装备产品"称号。

2）核心技术

① 核心技术一：微纳米气泡发生技术

由于微纳米气泡发生系统在0.5MPa的高压环境下，采用双射流高速螺旋运动混合方式，空气和水在核心组件的特殊设计结构内发生瞬间气液雾化，过饱和溶解，其能量利用率近100%，再经无阻尼旋流切割，从而形成微纳米气泡。微纳米气泡粒径小于10μm；溶释气效率高于95%，极大程度提升运行效率，节能高效。

② 核心技术二：气泡滤层技术

气泡滤层专利技术是指通过设备结构的特殊设计，在固液分离区域形成1500～2000mm“微纳米气泡过滤滤层”。“气泡滤层”的建立，采用过滤拦截技术的机理，实现对废水中的固体悬浮物及油脂等污染因子进行过滤净化，极大程度提高水体的净化效率和运行稳定性。

3）技术特点及参数指标

① 能耗低、费用省、占地小、出水好；

② 水力负荷高达$30m^3/(m^2 \cdot h)$以上，比传统装置高出10倍，占地面积远远小于传统装置；

③ 通过高效去除水体中的无机质颗粒物、藻类物质、胶体物质、油脂以及有机质（TOC、氨氮、TP等）固体物质等，处理后的水体可实现TP≤0.03mg/L，COD、氨氮可实现一定程度的消减；

④ 出水浊度可实现在1.0NTU以内；

⑤ 纳米级气泡高效充氧，出水溶解氧较高；

⑥ 排放的固体污泥含水率≤98%，大大减轻了污泥脱水负担及处置费用。

(5) 投资效益分析

1）主要技术指标（表3-48）

表3-48 主要技术指标

序号	项目	数值	单位
1	设计设备数量	6.00	套
2	单套设备设计处理水量	833.33	m^3/h
3	设备设计平均日处理总水量	100000.00	m^3/h
4	单套设备最大小时处理水量	1000.00	m^3/h
5	设计最大小时处理总水量	130000.00	m^3/h
6	设备装机功率	304.54	kW
7	设备运行功率	197.35	kW
8	总占地面积	2000	m^2

2）投资情况

① 设备投资估算：1500 万元。

② 土建投资估算：300 万元。

③ 项目总投资估算：1800 万元。

3）运行费用（表 3-49）

表 3-49 运行费用

项目		电费单位	数量
电费	装机容量	kW	304.54
	运行功率	kW	197.35
	单位电价	元/kWh	0.60
	每日运行时间	h	24.00
	功率系数		0.80
	每日电费	元/d	2273.47
药剂费	PAC 600 元/m^3	9000.00	5400.00
	PAM 20 元/kg	30.00	600.00
	次氯酸钠 0.8 元/L	250.00	200.00
	每日药剂费	元/d	6200.00
	每日合计	元/d	8473.47
	处理水量	m^3/d	100000.00
	不计折旧的吨水处理费用	元/m^3	0.085

（6）专利和鉴定情况

1）专利情况

① 发明专利

一种等比例全池面布水的大阻力清水收集系统（专利号：ZL201610925979.2）

快速微气泡溶气装置（专利号：ZL201310216966.4）

气泡层污水处理系统及处理方法（专利号：ZL201410456873.3）

一种快速溶气混凝反应装置（专利号：ZL201821528990.6）

一种全向流浮选装置（专利号：ZL201821528988.9）

内循环快速混凝反应装置（专利号：ZL201420518673.1）

无堵塞气泡释放装置（专利号：ZL201521043640.7）

一种反向刮渣装置（专利号：ZL201621205877.5）

一种新型水体净化装置（专利号：ZL201621151070.8）

② 实用新型

一种在线自清洗释放器（专利号：ZL201821529244.9）

一种高压微气泡发生器（专利号：ZL201621151066.1）

一种全面积接触和分离的水体净化池（专利号：ZL201621205879.4）

一种旋流阻尼混合器及多级序批式混凝反应器（专利号：ZL201621151067.6）

2）鉴定情况（表3-50）

表3-50 技术成果

项目名称	鉴定结果	鉴定证书(产品)编号	鉴定日期	鉴定机构
HT-TPD20000除磷净化装置	江苏省重点推广应用新技术新产品	NO.201701108	2017年5月	江苏省新产品新技术推广应用工作联席会
HT-TPD型除磷净化装置	新产品鉴定	苏机械鉴字[2016]57号	2016年10月	江苏省机械行业协会
HT-TPD20000除磷净化装置	江苏省首台(套)重大装备产品	2016171	2017年2月	江苏省经济和信息化委员会
HT-TPD型除磷净化装置	高新技术产品	170205G0051N	2017年7月	江苏省科技厅

(7) 推广与应用示范情况

1）义乌市后宅污水处理厂50000m^3/d除磷提标项目

① 工程概况

2018年，义乌后宅污水处理厂完成市政尾水提标改造工程，本工程项目的除磷工艺单元采用了公司“HT-TPD型除磷净化装置”，该除磷系统已稳定运行两年以上，系统设备进水平均TP≈0.5mg/L，浊度≈1.5NTU，SS≈20mg/L；出水TP≤0.1mg/L，浊度≤0.5NTU，SS≤10.0mg/L，吨水直接运行成本0.08元。

② 工艺流程图（图3-30）

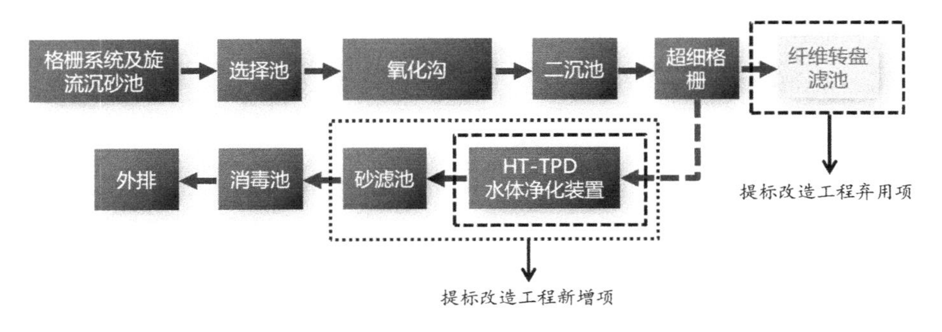

图3-30 工艺流程图

2）郑州市马头岗污水处理厂$40\times10^4m^3/d$除磷提标项目

① 工程概况

为进一步解决环境问题，郑州市政府决定建设马头岗污水厂一期从GB 18918—

2002中一级A标准至《贾鲁河流域水污染物排放标准》(DB 41/ 908—2014)水质提标改造工程，2018年，马头岗污水处理厂完成市政尾水提标改造工程。该工程中的除磷工艺单元采用8套$5.0\times10^4m^3/d$除磷净化装置，其由公司主导设计、供货及安装调试，系统调试一次性达标，设备出水TP≤0.1mg/L，浊度≤0.5NTU，SS≤10.0mg/L。

② 工艺流程图（图3-31）

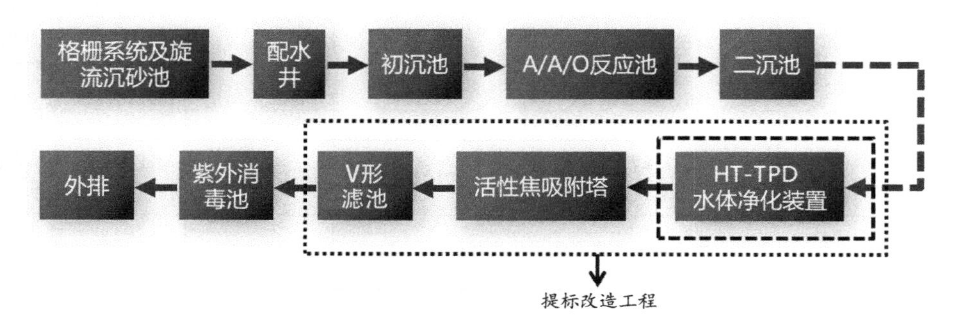

图3-31 工艺流程图

(8) 技术服务与联系方式

1) 技术服务方式

专业的设计、制造及售后服务团队，根据客户要求，为客户量身设计完美的解决方案、售后指导及运行跟踪服务。

2) 联系方式

单位名称：无锡海拓环保装备科技有限公司

服务热线：4008775583

传真：0510-82444490

邮箱：wxhte@foxmail.com

通信地址：江苏省无锡市锡山区锡北镇长八路8号

第4章 水环境治理综合保障技术及典型案例

4.1 水环境治理综合保障技术概况

4.1.1 黑臭水体

(1) 黑臭水体治理现状与重点任务

近年来，随着我国城市经济的快速发展，城市规模的日益膨胀，城市环境基础设施日渐不足，城市污水排放量不断增加，大量污染物入河；同时一些城市水体尤其是中小城镇水体直接成为工业、农业及生活废水的主要排放通道和场所，水体中COD、氮、磷超标，河流水体污染严重，水体出现季节性或终年黑臭。我国自“九五”期间开始启动重点流域水污染防治规划，经过20多年的治理，在大江大河水质改善的同时，城市中自然或人工形成的河流、河道和小型湖泊等水体，老百姓周边的毛细血管河流水质尚未好转，部分城市出现多条黑臭水体，甚至城市区域内的主干线河流也出现黑臭现象。城市黑臭水体的生态结构严重失衡，给群众带来了极差的感官体验，成为目前较为突出的水环境问题，也严重影响着我国城市的良好发展。

2015年5月，国务院印发《水污染防治行动计划》（简称“水十条”）指出，2020年年底前，地级以上城市建成区黑臭水体均控制在10%以内。2018年9月，住建部、生态环境部发布的《城市黑臭水体治理攻坚战实施方案》中指出，3年内消除90%以上黑臭水体。2018年10月，财政部、住房城乡建设部、生态环境部确定20个城市为黑臭水体治理示范城市，2019年6月确定第二批示范城市。2019年7月，生态环境部、水利部、农业农村部印发《关于推进农村黑臭水体治理工作的指导意见》，组织开展农村黑臭水体综合治理。

据住房和城乡建设部、生态环境部全国城市黑臭水体整治信息发布，截至2020年4月，我国黑臭水体总认定数为2869个，治理中556个，完成治理2313个。

（2）黑臭水体污染防治技术

水体黑臭的根本原因是外源有机物和氨氮、底泥等内源污染，水体不流动，水温升高及水体食物链严重缺失等，造成污染量超过水体的自净能力。

治理黑臭水体时应遵循"外源控制＋内源控制＋水体治理技术＋提升自净能力＋生态修复技术＋综合管理"的理念。消除黑臭水体可以通过控源、截污、清淤疏浚、引水活水、治污、生态修复等多种工程组合措施，通过制定并实施"一河一策"的深度治理要求，实现水环境质量的改善。

外源控制主要是截断污染源，对点源污染、面源污染进行综合治理；内源控制则是内源污染物的清除与固化；水体治理技术通过人工曝气增氧技术提升水体的溶解氧，通过物化治理技术、氧化塘、快速渗滤、人工湿地、一体化反应器技术及膜生物

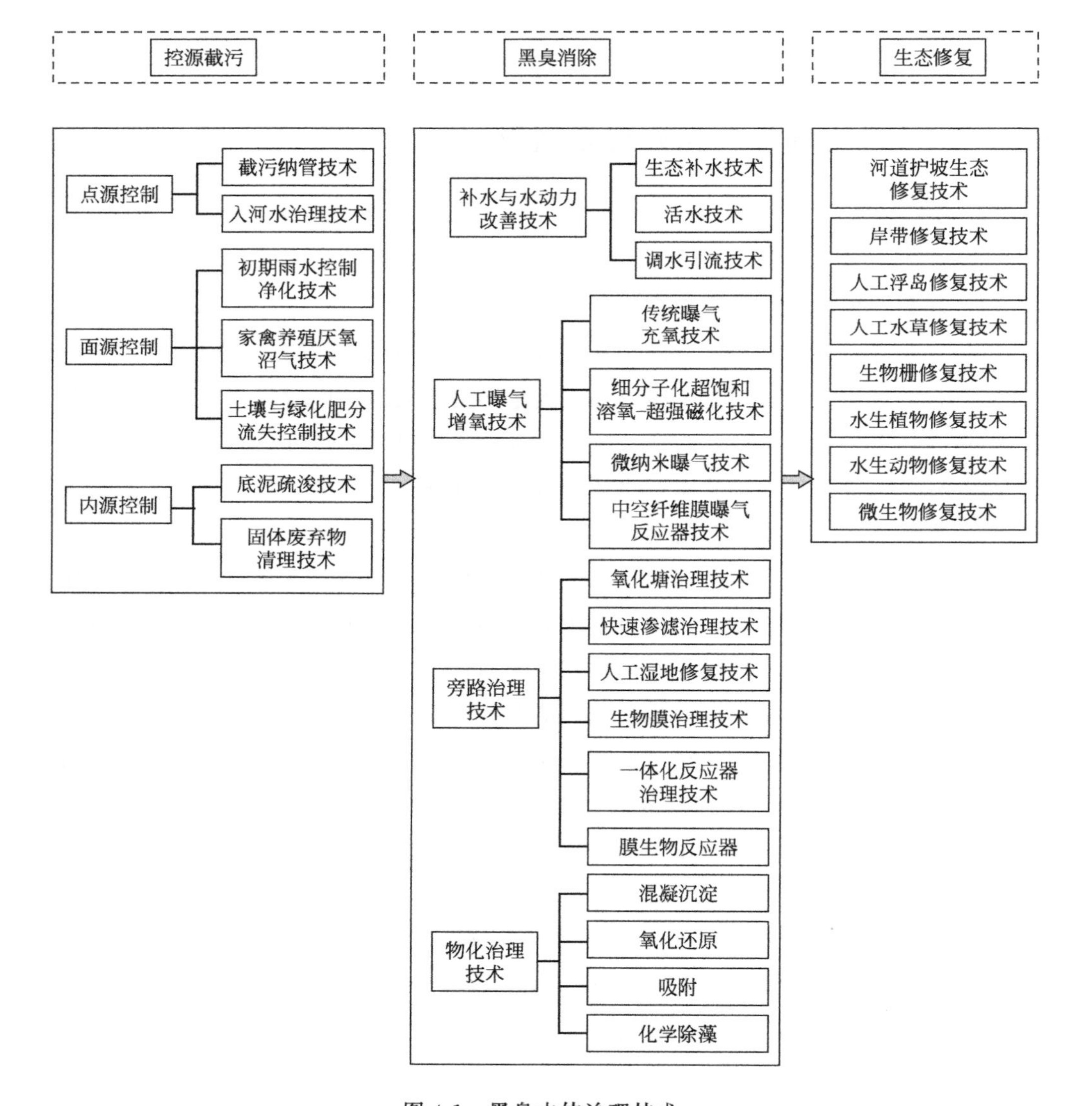

图 4-1　黑臭水体治理技术

反应器技术等旁路治理技术进行水质净化；通过生态补水、活水、调水引流技术使水系连通，维持水体流动性；通过水体生态修复技术恢复水体生态系统自净能力，恢复河道景观。在此基础上，要加强综合管理，建立完善的监测系统。治理黑臭水体截是基础，治是关键，保是根本。截是切断进入水体的污染源；治是采用技术使现有水体变清；保是恢复水体生态和自净能力，永葆水清。

目前，黑臭水体治理领域涉及的技术颇多，分类也不尽相同。按照黑臭水体治理的不同阶段将其分为控源截污、黑臭消除、生态修复三大类。具体技术种类详见图4-1。

4.1.2 流域治理

(1) 七大流域治理现状

根据生态环境部通报，2019年全年，长江、黄河、珠江、松花江、淮河、海河、辽河七大流域及西北诸河、西南诸河和浙闽片河流Ⅰ～Ⅲ类水质断面比例为79.1%，同比上升4.8个百分点；劣Ⅴ类为3.0%，同比下降3.9个百分点，详见图4-2。主要污染指标为化学需氧量、高锰酸盐指数和氨氮。其中，西北诸河、浙闽片河流、西南诸河和长江流域水质为优，珠江流域水质良好，黄河、松花江、淮河、辽河和海河流域为轻度污染。

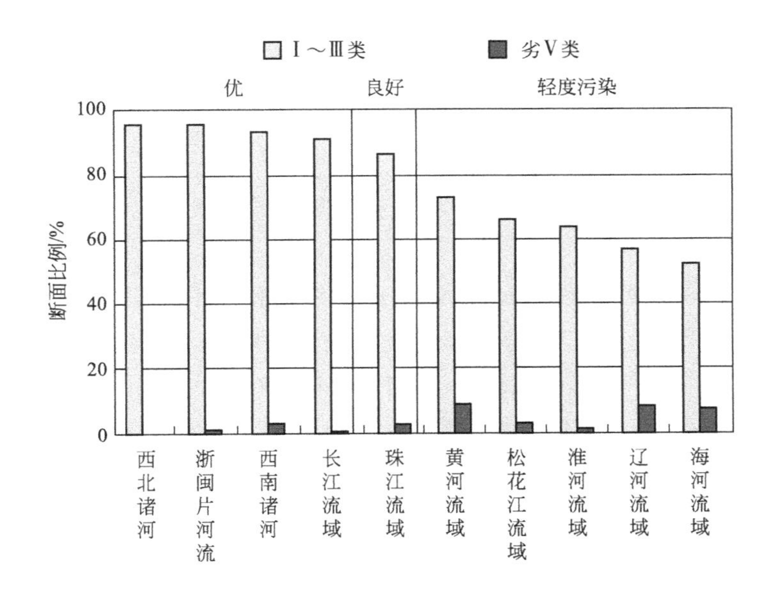

图4-2　2019年七大流域和西南、西北诸河及浙闽片河流水质类别比例

(2) 流域治理对策

① 创新完善基于废水资源化再生利用与水质目标管理相结合的基流匮乏型重污

染河流治理的"三级循环、三级控制、三级标准"的河流"三三三"治污模式。该模式通过工业与工业园区废水处理与资源化、能源化利用，形成点源-区域-流域的"三级控制"；并以"行业间接排放标准、区域排污标准、流域排污标准"的"三级标准"为管控手段，使工业废水和城市污水逐级净化处理与资源化能源化利用；通过构建"工业园区（企业）内部废水循环利用-区域污水再生利用-流域水资源生态利用"的水资源"三级循环"再生利用技术体系，实现废水资源最大限度的再生利用，维持了河流的基本生态流量，保障河流水体达到水生态功能区划的水质目标，实现流域环境容量与排污总量的科学衔接。

② 以"调查-诊断-认知-方案"为技术路线，通过大规模全面系统的多学科流域综合调查，从流域层面全面把握流域社会经济、土地利用格局、污染源结构、流域生态环境特征，解析流域污染源"排放量-入河量-入湖量"的水污染全过程及流域水环境承载力，提出包括"水源涵养林-湖荡湿地-河流水网-湖滨缓冲带-流域水体"在内的流域治理理念，确定了流域控源及生态修复分区、分期、分级的指标体系及方案目标，构建以流域承载力为依据的总量控制技术体系。

③ 应用流域水生态功能分区与水质目标管理技术、水环境风险评估与预警技术，建立集水污染物排放总量监控、减排绩效评估、水生态监测于一体的流域水环境安全监控与监测体系，实现总量减排、生态保护、风险预警等功能，推进安全监控与风险预警能力建设。

④ 针对被污染水体的水质特征，采用水力增氧水质自净技术，将被污染的水体处理达到 GB 18918—2002 中一级 A 标准或地表水Ⅲ类标准，可以恢复天然水体的水质自净能力，达到可持续地恢复天然水体的水质自净能力和恢复生态的目的。

⑤ 建立健全流域管理综合督导机制。

a. 分析预警，逐月分析水生态环境形势，及时识别滞后地区和突出问题，向省级生态环境部门进行预警。

b. 调度通报，定期调度水污染防治重点任务、水质目标落实情况，每季度向省级政府通报并召开滞后地区工作调度会，实施动态管理。

c. 督导督察，对不达标单元较多、水环境问题突出和"水十条"推进滞后的地区，开展专项督导，查找原因、提出建议、督促落实。将久拖不决的突出问题纳入中央生态环保督察，依法依规严格追究责任。

4.2 典型案例

4.2.1 用于微污染水体处理的表流-垂直流复合人工湿地技术

(1) 技术持有单位

武汉中科水生环境工程股份有限公司

(2) 单位简介

武汉中科水生环境工程股份有限公司（以下简称中科水生）系湖北长江产业投资集团全资子公司湖北省生态保护和绿色发展投资有限公司旗下控股公司，中科水生于2002年由中国科学院水生生物研究所发起成立，注册资本1.3亿元，系国有控股混合所有制企业和国家高新技术企业。2014年7月完成股份制改造，2016年2月2日成功登陆全国中小企业股份转让系统——新三板（证券代码：835425），并进入首批新三板创新层。公司成立以来，依托中科院水生生物研究所雄厚的科研实力，完成了水体污染综合整治（生态修复）与污水处理（人工湿地）科研成果的转化，建立了污染源控制、清水型健康水体生态系统构建和水体原位净化等三个成熟的技术体系，形成了多领域技术集成、科技成果快速转化、高素质人才培养的平台优势，已取得五十余项专利，制定了四项省级地方标准，形成了具有自主知识产权的核心技术体系。构建了以湖泊水污染治理与生态修复技术国家工程实验室（理事单位）、湖北省水体生态工程技术研究中心和武汉市企业研究开发中心为核心的完整的技术研发体系，承担并完成了数十项国家（水专项）、中科院与地方合作以及地方科研课题，这些科研项目的实施对将科技成果快速推向市场起到了良好的促进作用，也使企业具备了可持续的技术研发创新能力。

公司拥有工程咨询（生态建设和环境工程专业）乙级、环境工程专项工程设计（水污染防治工程）甲级、环境工程专项工程设计（污染修复工程）甲级、环保工程专业承包一级专业资质，主营业务包括环境工程（废水、废气、固废、土壤污染修复）及市政工程投资、勘测、咨询、设计、技术服务、运营、总承包建设；受污染水体（湖泊、河道、水库、景观水体）综合整治、市政污水处理与其排放尾水深度净化及工业废水等方面的技术咨询与设计、施工与运营；园林景观设计、园林绿化工程施工及园林维护；污水处理生态工程技术的研发、服务和转让；水污染防治产品的研发、生产和销售；PPP＋EPC模式污水处理项目投资建设、运营等7个方面，在水资源综合利用与水污染综合整治领域具备全方位的服务能力，且在水体污染综合整治与污水处理人工湿地技术细分领域居国内行业领先水准。

(3) 适用范围

河流、湖泊、景观水体及污水处理厂尾水等微污染水体净化与处理。

(4) 主要技术内容

1) 基本原理

本复合湿地系统针对天然微污染水体低C/N、高氨氮、高悬浮物及水量变化大的特点，创新性地结合沉水植物湿地系统与垂直流人工湿地的优点，利用沉水植物型表流湿地对悬浮物拦截、富氧及水量缓冲作用对来水进行预处理，保障后续垂直流湿地长效持久运行，促进垂直流湿地的脱氮除磷能力。

2）技术关键

沉水植物湿地系统与垂直流人工湿地相结合。

3）科技创新点与技术特点

① 自动翻版闸提升来水水位，湿地无动力运行，运行费用低；且根据水位自动泄洪，防止洪水对湿地破坏。

② 沉水植物型表流湿地预处理，提高水体中有机质可生化性和溶解氧含量，硝化氨氮，去除水体细小颗粒物，提高垂直流人工湿地的脱氮效率，防止湿地堵塞。

③ 垂直流湿地通过表层设导气管和下层设淹没区，形成富氧-缺氧环境，提升湿地脱氮能力。

4）工艺流程图及其说明

图 4-3 为工艺流程图。通过翻板闸拦截上游来水，使处理水体无动力流入处理系统；首先进入沉淀池，去除水体中泥沙颗粒；而后进入沉水植物型表流湿地进行预处理，沉水植物型表流湿地可有效地对水体进行复氧，活化水体难降解有机质，截除细小悬浮颗粒物，均化水质水量，保证后置垂直流人工湿地高效、持久运行；最后进入垂直流人工湿地进行处理，湿地上层设有导气管可进一步提升湿地表层富氧能力，下层设有淹没区提供缺氧环境，内设除磷填料，从而达到高效脱氮除磷。

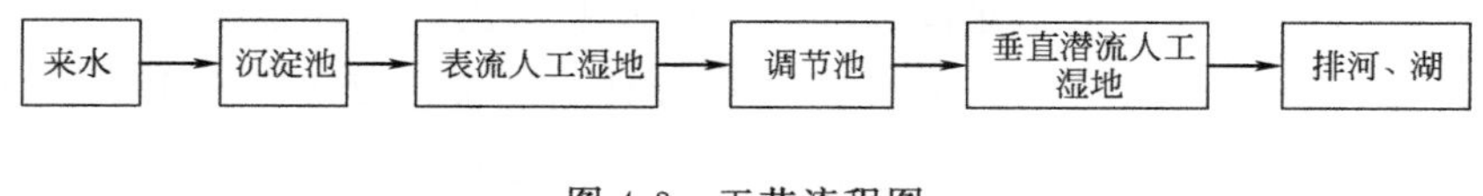

图 4-3 工艺流程图

(5) 技术指标及使用条件

1）技术指标

处理受污染河流、湖泊等地表水体，综合水力负荷：0.1～0.4$m^3/(m^2 \cdot d)$，氨氮全年平均去除率大于 75%，COD、总氮、总磷去除率大于 60%。

2）经济指标

投资额为 0.2 万～0.25 万元/m^3，运行费用<0.2 元/m^3。

3）条件要求

相对于生活污水及工业废水等重污染水体而言，本技术适用于不达标河流、湖泊、污水处理厂尾水、富营养水体等微污染水体。

4）典型规模

10000～50000m^3/d。

(6) 关键设备及运行管理

1）主要设备

集水缓冲池、沉淀池、垂直潜流人工湿地、排水泵房、污泥浓缩脱水车间等。

2）运行管理

运行管理费用含人工、正常维修、收割植物、清理淤泥等。

3）主体设备或材料的使用寿命

垂直潜流人工湿地一般情况下正常运行可达5～8年，维护较好的情况下可达8～12年，其他构筑性建筑物可持续运行10年以上。

(7) 投资效益分析

1）投资情况

以晋城市丹河人工湿地为例，项目总投资1.2亿元，设备投资约占3.6%。

2）运行成本和运行费用

以晋城市丹河人工湿地为例，每年含人工、正常维修、收割植物、清理淤泥等全部管理成本约为380万元。

3）效益分析

以晋城市丹河人工湿地为例，占地面积$86\times10^4m^2$，总投资1.2亿元，污水处理量为$10.5\times10^4m^3/d$，污水处理成本约为0.1元/m^3，远低于其他污水处理工程处理费用。

(8) 专利和鉴定情况

1）专利情况

一种富营养化水体的景观型复合人工湿地处理装置及应用（专利号：ZL201010255219.8）

一种适用于低C/N污水处理的人工湿地（专利号：ZL201210087430.2）

2）鉴定情况

① 组织鉴定单位：科技部科技型中小企业技术创新基金管理中心

项目名称：复合型人工湿地污水处理集成技术体系及应用

立项代码：12C26214204624

② 鉴定时间：2015年6月26日（2015年第三批验收通过项目）

③ 鉴定意见

本项目已形成成熟、较为完整的技术体系，可规模化推广实施到中小城镇生活污水处理、农村环境整治、污水治理、城市湖泊景观水体生态修复工程以及河道流域环境综合整治等工程，拓展了其应用领域和市场范畴与规模。

(9) 推广与应用示范情况

1）推广方式

信息发布、互助推广。

2）应用情况

晋城市生态环境局。

3）示范工程

丹河人工湿地：针对丹河支流北石店河悬浮物含量高、水质水量变化大的特点，在原有二期垂直流人工湿地前增加表面流人工湿地（三期），从而对北石店河形成“自由沉水植物型表面流＋垂直流人工湿地”处理工艺（图 4-4）。建设时段为 2007—2013 年，总面积 $86\times10^4 m^2$，处理规模为 $10.5\times10^4 m^3/d$，总投资 1.2 亿元，停留时间约为 7d。

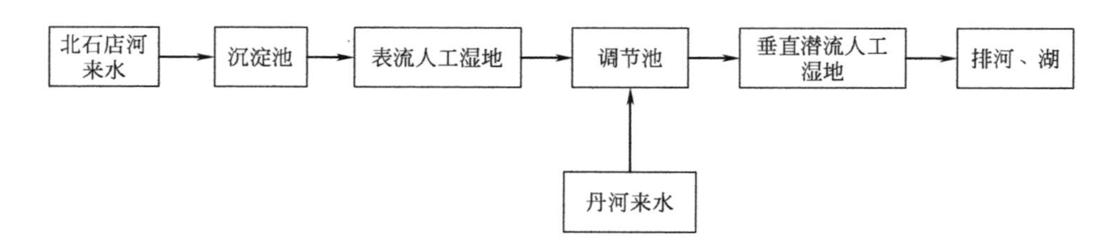

图 4-4 示范工程工艺流程图

巴公河人工湿地：对丹河支流巴公河水中污染物进行净化，占地面积 206 亩。2016 年 8 月 1 日整体完工，投入运行，总投资 7300 万元。日处理污水达 $3\times10^4 t$，年消减 COD 约 760t、氨氮约 220t。

(10) 技术服务与联系方式

1) 技术服务方式

电话咨询、在线技术支持、如有需要可提供现场技术服务。

2) 联系方式

单位名称：武汉中科水生环境工程股份有限公司

电话：027-87304020

传真：027-87304020

邮编：430071

通信地址：武汉市武昌区民主路 786 号（华银大厦 25 楼）

4.2.2 STCC 碳系载体生物滤池技术

(1) 技术持有单位

武汉新天达美环境科技股份有限公司

(2) 单位简介

2003 年 3 月注册于武汉东湖高新技术开发区，是污水处理、湖泊河流水体净化与生态修复的水环境综合治理服务商以及拥有自主创新能力和核心知识产权的国家高新技术企业。

公司重视产学研平台建设，先后与华中科技大学共同组建“武汉市湖泊、河流水体修复工程技术研究中心”“湖北省湖库流域水体修复工程技术研究中心”，并与中国工程院院士共同建立湖北省首家环保类院士专家工作站。通过公司自主研发及院士专家的技术指导，公司目前已获得33项重大技术成果，其中已授权的专利有25项（其中2项是发明专利），已获得受理通知书的有8项（其中6项是发明专利），申请软件著作权3项。

公司的污水处理项目已应用于全国多个省市自治区的城镇污水处理、湖泊水体修复、河道水质净化等不同类型和不同规模的百余个污水处理工程上，不仅为中国水污染治理做出贡献，减少了固体废弃物和废气的排放，还为当地的社会环境和经济可持续发展带来了显著的社会效益和经济效益。

(3) 适用范围

① 城镇污水处理：新城镇污水处理厂和新工业园区污水处理厂的建设、传统污水处理厂升级改造和扩建、中水回用相关工程。

② 分散点源治理：分散点源的小城镇、农村村镇污水处理厂及一体化的小型污水处理设施。

③ 湖泊河流水质净化及生态修复。

④ 地下水污染及土壤净化与修复。

(4) 主要技术内容

1）基本原理

“碳系载体生物滤池技术”是一种新型的多种介质填料的“曝气生物滤池技术”，是公司在消化吸收日本“四万十川方式”水处理技术的基础上，经过应用实践和总结，根据我国国情开发研究的成果。该技术是模仿大自然原生态物质的循环自净功能，采用不同微生物对污水的协同净化作用，通过食物链高层对低层的摄食作用，不添加任何化学药剂，完全利用天然材料和废弃材料，如腐朽木、枯枝落叶、石灰石、铁屑、钢渣、沸石系矿石、木炭等为介质，研制成“不饱和炭”“脱氮材料”和“除磷材料”多种介质的填料，组成复合填料床，加上独特的工艺设计和科学的组合安排，通过特殊的曝气系统在填料床中形成好氧、缺氧和厌氧交替的环境，以自流的形式对污水进行净化处理。

2）技术关键

① 核心填料不饱和炭开发

不饱和炭通过对木炭的高科技物理改性，使木炭表面的负电荷全部屏蔽，不仅有很好的硬度、不易破碎，且与微生物保持良好的相容性，加上多氨基葡萄糖等高分子材料的浸透，更有利于微生物进入木炭的毛细孔。独特的立体结构，可使污水较方便地进入其孔隙内发挥微生物摄食降解作用，同时也使正常脱落的生物膜从孔隙内随水流出，减少了材料堵塞饱和的可能。

② 脱氮材料开发

脱氮材料为木头、腐朽木，放置于一定比例的厌氧氨化溶液中进行浸泡，其脱氮工艺仿效“植物黄化现象”发生的机理——“氮素营养饥饿现象”，营造一个暂时严重缺氮的微生物生长空间，迫使微生物摄取湖水中的氮。同时，又为后续“微曝气滤池”的深度净化提供碳源。加上深度净化材料特殊的孔径结构和附着的大量微生物，从而构成了和谐的微生物生长环境，形成了从细菌到原生动物再到后生动物的完整食物链，既净化污水、防止堵塞，又减少污泥。

③ 除磷材料开发

除磷材料用铁屑、钢渣、石灰石、木炭等按一定比例进行热加工成型，具有很大的比表面积和通透性，能够释放 Fe^{3+}、Ca^{2+}，对磷的去除率可高达90%以上。除磷机理总体上归于“化学除磷”的范畴，由于加强了孔径的控制，兼顾了生物除磷功能，因此克服了一般铁系除磷材料表面钝化的问题。除磷材料置于厌氧环境中，当污水由下而上流经除磷材料滤床时，磷酸盐离子在滤料的表面和孔隙内形成沉淀。同时“聚磷菌”的摄食作用既实现了污泥的聚集，又还原了材料的除磷能力。经过一段时间的沉积后，通过反冲洗和提泥，将“聚磷菌”新陈代谢的污泥沉淀提出，从而达到彻底除磷的目的。

3）科技创新点与技术特点

① 技术创新性

该技术适用面广，可用于城镇生活污水处理、湖泊河流水体修复、工业废水处理、污水处理厂升级改造，具有长期、高效、稳定、经济、生态等综合优势，具有以下技术创新性：

a. 理论创新。本项目模仿大自然原生态物质的循环自净功能，不添加任何化学药剂，完全利用天然材料和废弃材料，研制成“不饱和炭”“脱氮材料”和“除磷材料”多种独创的净化材料组成复合填料床，加上独特的工艺设计和科学的组合安排，以重力自流的形式对污水进行净化处理，在提供深度处理必需碳源的同时，提高了氮磷的去除率，利用碳系有机物的前后合理搭配，营造“好氧—缺氧—好氧—缺氧”交替的微生态环境，达到深度处理事半功倍的效果。同时提出特殊孔径结构对于微生态系统的建立和平衡是至关重要的。

b. 技术创新。控制填料的比表面积和孔隙率分布，优化各种微生物（$10\mu m$—$100\mu m$—$1000\mu m$）的生存富集环境，满足不同微生物的协同处理能力（食物链的摄食、降解、自然循环），最大程度达到净化目的，并减少产泥量；新型填料表面改性-壳核结构具有以下特点：ⅰ. 增加硬度和强度，减少破损率、增强负荷力；ⅱ. 提高C∶N(100∶1)，促进微生物（C∶N≤10∶1）从污水中摄氮；ⅲ. 固载可生物分解的高碳碳水化合物，形成C源缓释放，保持系统的C∶N；通过在线快速检测来采集净化过程与微生物活性有关联的一些数据，比如水中氧含量和氧化还原电位，在出现突发问题时可以及时调整操作参数，保证系统正常运行，尽可能地做到“无人值守”；通过合理地设计自控设备，达到无人值守的管理运营模式，以降低装置的运行费用；电脑控制柜通过可编程控制器PLC按预先编制好的程序对整个工艺的电气设备进行控制，电脑自动切换，可实现全天无人值守式运行，反冲维护时也可手动控制运行；采用高低落差的池体设计，以达到节能降耗的目的，减少电力消耗和后期运行成本。

c. 结构创新。本技术采用新型的穿孔曝气管结构设计和污泥提取系统的设计，一个月反冲和提取污泥一次。传统穿孔曝气管结构简单，加工容易，但存在曝气不均匀和堵塞等问题。本技术通过合理布管，提高曝气的均匀性，曝气量按 $0.1m^3/(m^2 \cdot min)$ 计算，只有通常接触氧化技术曝气量的1/5，活性污泥法曝气量的1/10。同时，通过曝气管的结构改进，有效防止了曝气管堵塞问题。同时精心布设了反冲洗管路，制定了完善的操作规程，保证整个系统正常运行不堵塞。

② 技术优势

a. “安全”。因为碳系载体生物滤池技术采用污水“自培菌功能”，不投加任何化学品，防止了外来菌种的生物污染和化学污染，同时整个STCC技术的设计和构造具有很强的抗冲击负荷能力，而且全封闭埋于地下的设计具有一定的保温作用，不会因为季节的变化而减弱生物净化能力。

b. “高效”。因为采用污水“自培菌功能”，保证了“本土菌”强劲的自我繁殖生存能力、自我修复能力。特别是该技术采用独特的“不饱和炭”“脱氮材料”和“除磷材料”这三种碳系材料，营造了细菌、微生物、原生动物、后生动物和谐的生存环境，从而创造了“微生物的极曝效应”，大大提高了污水的净化效率。另外由于该工艺在极大地发挥了微生物食物链高层对低层摄食作用的同时，极大限度地促进了污泥的消解和聚集，剩余污泥产生量极少，完全实现“无人值守式”全自动运行，管理维护极为高效方便。

c. “稳定”。因为完全的污水“自培菌”功能，增强了“本土菌”的自我修复和抗冲击负荷能力。在充分尊重微生物生长规律的前提下，分池布置反冲提泥系统，完全解决了堵塞和动力消耗过大的问题。而且精细的设计保证了运行管理的简便，减少了故障的发生和人为操作的不稳定。

d. “经济”。在设计上采用“自然流动式”生物滤池组合，不需多级提升泵站，全程采用淹没式折回“曝气生物滤池”结构，大大缩小了设施占地面积，也大大节省了建设费用和运行费用。而独特的“不饱和炭”“脱氮材料”和“除磷材料”这三种碳系材料构建了自然完整的微生物食物链，将食物链低层对有机物的分解吸收和食物链高层对低层的摄食作用结合在一起，同一时间完成了水质的净化和污泥的聚集、消解。因此污泥量极少，大大缩减了污泥浓缩池的体积和污泥压滤设备，同时操作间面积也相应减少，节省了建设费用和运行费用。该技术完全不投加任何除磷剂或甲醇类药剂，节省药剂费。

e. “生态”。该技术最大效率地发挥了“自培菌”的净化功能，避免了外加菌种带来的受纳水体生物变异，同时丰富了净化水体的生物种类和数量，延长和提升了生物链，有利于富营养化水体的生态修复。

f. “景观”。处理区设计为封闭地埋式，可以根据周围环境的要求，与周围的景观融为一体，完全改善了常规污水处理厂的观瞻。

4）工艺流程图及其说明

该技术处理工艺流程（图 4-5）主要包括：

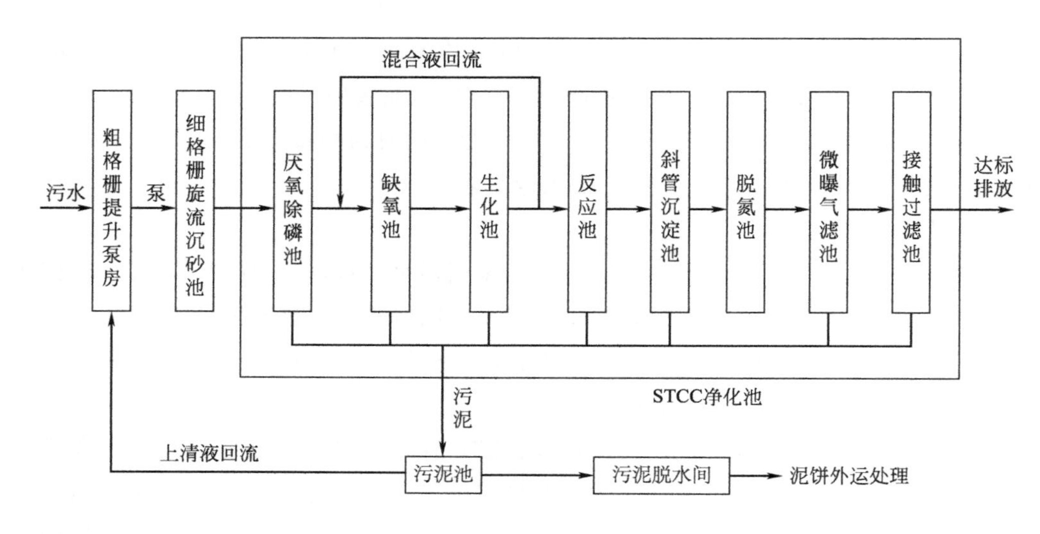

图 4-5　工艺流程图

① 将待处理污水引入隔油池分离油污；

② 隔油处理后的污水依次自流引入调节池、厌氧池和氧化池进行分解、氧化和降解；

③ 经过厌氧和好氧处理的污水自流入生物沉淀池进一步氧化分解并沉淀杂质，并定期将分离出的污泥用泵抽入污泥浓缩罐或回流至与污泥浓缩罐连通的厌氧池内；

④ 沉淀处理后的污水自流入碳系曝气池，进一步进行生物处理，降解水中有机物，再经过最后一级过滤池后排入外部环境；

⑤ 全工艺过程中采取自流动方式进行污水处理。

本技术具有"安全、高效、经济、稳定、生态、景观"等综合优势。因微生物量的极爆效应使其产生的污泥量极少，经济性和景观协调性大大优于常规的曝气生物滤池技术。

(5) 技术指标及使用条件

1）技术指标

① 进水：COD≤500mg/L、BOD_5≤300mg/L、TN≤60mg/L、TP≤6mg/L、SS≤400mg/L。出水：COD≤50mg/L、BOD_5≤10mg/L、TN≤15mg/L、TP≤0.5mg/L、SS≤10mg/L；

② 处理吨水产生的脱水污泥量：0.00016m^3。

③ 曝气量：设计值 0.1$m^3/(m^2 \cdot min)$，高效防堵塞穿孔曝气。

④“不饱和炭”比表面积>$100m^2/g$，总孔体积约0.28mL/g，松散容重约335g/L，石墨状态密度约2250g/L。

⑤“脱氮材料”的脱氮效果：0.08kg/d。

⑥ 运营管理模式：无人值守式。

⑦ 单组处理范围：1～$10000m^3/d$。

2）经济指标

运行费用：0.3～0.6元/m^3。

3）典型规模

$1.5\times10^4m^3/d$；$2\times10^4m^3/d$。

(6) 关键设备及运行管理

1）主要设备（表4-1和表4-2）

表4-1 主要工艺设备清单

安装地点	序号	名称	型号、规格及功率	单位	数量	安装位置
民政局排口 $14500m^3/d$	1	钢丝绳格栅除污机	$B=1.2m,H=5.2m,b=20mm,N=1.1kW$	台	1	格栅井
	2	污水提升泵	200WQ262-7.5-7.5,7.5kW	台	4	进水泵房
	3	齿耙式细格栅	$B=1.2m,H=1.5m,b=6mm,N=1.5kW$	台	1	细格栅井
	4	排污泵	$Q=393m^3/h,H=4\sim4.5m,N=7.5kW$	台	3	出水井
	5	污泥泵	65WQ25-15-2.2,2.2kW	台	4	STCC池
	6	鼓风机	$23.8m^3/min$,58.8kPa,37kW	台	4	设备间
	7	溶药装置	$\phi1000mm\times H1200mm$,0.75kW	套	1	设备间
	8	轴流风机	SFB4-6,$4500m^3/h$,0.15kW	台	4	设备间
	9	投药泵	DHPS-103,$H=11m,Q=6m^3/min$,0.75kW	台	1	设备间
	10	污泥浓缩脱水一体化设备	$Q=20m^3/h$,泥饼含固率>20%,絮凝剂耗量<5kg/t,$N=(0.55+1.5)kW$,滤带有效宽度1.5m	套	1	脱水机房
	11	絮凝剂制备装置	$Q=3\sim6kg$干粉/h,$V=1000L,N=2.2kW$	套	1	脱水机房
	12	加药泵	$Q=200\sim1000L/h$,2bar,$N=0.75kW$	台	1	脱水机房
	13	冲洗泵	$Q=9\sim18m^3/h,H=60m,N=7.5kW$	台	1	脱水机房
	14	空压机	$Q=0.48m^3/min,H=0.8MPa,N=3kW$	台	1	脱水机房
	15	轴流风机	$DN300mm,Q=2167m^3/h$,压力$29.3mmH_2O,N=0.18kW$	台	2	脱水机房
	16	加矾制备装置	$V=1000L,N=1.1kW$	台	1	脱水机房
	17	隔膜计量泵	$Q=200L/h$,3bar,$N=0.75kW$	台	1	脱水机房
	18	紫外线消毒模块	14.3kW,380V	套	1	消毒渠

续表

安装地点	序号	名称	型号、规格及功率	单位	数量	安装位置
东门超市排口 2500m³/d	1	SHG500型回转式格栅除污机	$B=0.5$m,$H=6.2$m,$b=10$mm,$N=0.55$kW	台	1	格栅井
	2	一级提升泵	100WQ100-15-7.5,7.5kW	台	2	集水井
	3	二级提升泵	100WQ100-10-5,5kW	台	2	调节池
	4	污泥泵	65WQ25-15-2.2,2.2kW	台	1	STCC池
	5	鼓风机	HSR125,7.45m^3/min,68.6kPa,15kW	台	3	设备间
	6	溶药装置	ϕ1000mm×H1200mm,0.75kW	套	1	设备间
	7	轴流风机	SFB2.5-4,1800m^3/h,0.09kW	台	2	设备间
	8	投药泵	DHPS-103,$H=11$m,$Q=6m^3$/min,0.75kW	台	1	设备间
酒厂排口 1500m³/d	1	格栅网	$B=0.8$m,$H=3$m,$b=10$mm	台	1	格栅井
	2	一级提升泵	100WQ80-10-4,4kW	台	2	集水井
	3	二级提升泵	100WQ80-10-4,4kW	台	2	调节池
	4	污泥泵	65WQ25-15-2.2,2.2kW	台	1	STCC池
	5	鼓风机	GRB-125A,8.63m^3/min,58.8kPa,15kW	台	2	设备间
	6	溶药装置	ϕ800mm×H100mm,0.75kW	套	1	设备间
	7	轴流风机	SFB2.5-4,1800m^3/h,0.09kW	台	2	设备间
	8	投药泵	DHPS-103,$H=11$m,$Q=6m^3$/min,0.75kW	台	1	设备间

注：1bar=10^5Pa；1mmH_2O=9.8Pa。

表 4-2 主要电气设备清单

序号	名称	型号及规格	单位	数量	备注
1	进线柜	环网柜	台	32	国产
2	计量柜	环网柜	台	32	国产
3	互感器及避雷器柜	环网柜	台	17	国产
4	变压器柜	环网柜	台	17	国产
5	无功补偿电容器柜	单元隔离式组合柜	台	1	国产
6	kV馈线柜	单元隔离式组合柜	台	3	国产
7	kV分段柜	单元隔离式组合柜	台	1	国产
8	照明配电箱	非标	套	9	国产
9	厂区照明高杆灯		套	1	国产
10	电力电缆		套	1	国产
11	PLC控制柜		套	16	国产

2）运行管理

标准化模块式的运行管理使日常维护管理更加简便，故障率极低，有效保证长期稳定高效的达标运行。无人值守式运行，降低技术操作风险，节约人力成本。水下设备较少，主体净化池内基本无设备，减少了维修的难度，自控系统较简单，更便于运行人员掌握使用。通过独特的布水系统和曝气系统以及操作简便的反冲洗和提泥系统，便于检查管理和及时抽取菌泥，保证填料之间和池体之间不堵塞。

3）主体设备或材料的使用寿命

主体设备与材料的使用寿命均为20年。

(7) 投资效益分析

1）投资情况

以武汉花山生态新城生态景观水体深度净化及中水回用项目为例，项目总投资4830.26万元，其中设备投资1200万元。

2）运行成本和运行费用

① 电费：正常年份用电量为 120.9×10^4 kWh，市政综合用电按0.67元/kWh，年电费为81万元。

② 药剂费：正常年份年PAM用量为3.38t，单价4.0万元/t，年药剂费13.5万元。

③ 泥饼处置费：年费用为29万元。

④ 工资福利费：年工资福利为2.4万元/人，人员编制10人，年工资福利费24万元。

⑤ 大修理费：按可提固定资产原值的2%计算（94.82万元/a）。

⑥ 维护费：按可提固定资产原值的1%计算（47.41万元/a）。

⑦ 管理及其他费用：按18万元/a计算。

⑧ 净化水费：2.15万元/a

单位经营成本=(①+②+③+④+⑤+⑥+⑦+⑧)/1.85/365=0.46(元/t)

折旧费：折旧按20年考虑，残值率按5%考虑，折旧率为4.75%。

摊销费：无形资产及其他资产按10年摊销，折旧率为10%。

单位处理水总成本为0.78元/t。

3）效益分析

① 占地面积小，可因地制宜设计处理装置，既可大规模集中处理，又可进行分散中小规模处理，吨水建设占地面积 $0.15\sim0.80m^2$。

② 节约日益紧张的土地资源，综合建设费用低，不需铺设庞大的管道收集系统，减少不必要的建设投资和泵站费用。

③ 自流式净化处理方式加上极少污泥量，无需动力推流、投药、搅拌、吸泥等大型设备，长期运行管理费用极低。

④ 使用寿命长，可使用20年以上，减少重复投资风险。

⑤ 标准化模块式的运行管理使日常维护管理更加简便，故障率极低，有效保证长期稳定高效的达标运行。无人值守式运行，降低技术操作风险，节约人力成本。

(8) 鉴定情况

1) 组织鉴定单位

武汉市科技局、湖北省科技厅。

2) 鉴定时间

2014年4月17日、2015年2月6日。

3) 鉴定意见

2013年1月—2014年4月，本项目技术成功地应用在"STCC碳系载体生物滤池技术在武汉花山生态新城生态景观水体深度净化及中水回用上的应用示范"项目，该项目申请了湖北省科技计划项目（立项编号：2013BCA037）。2014年4月17日，项目通过了湖北省科技厅验收（验收证书编号：鄂科验［2016］AC003号），验收专家意见：项目承担单位在STCC碳系载体生物滤池技术在水污染治理和水资源循环利用的技术应用上进行了完善和改进，已获得4项实用新型专利。

2015年2月6日，公司委托武汉市科学技术情报研究所查新检索中心对"STCC碳系载体生物滤池技术"进行了科技查新（查新报告编号：J15026），查新报告结论：有关生物陶粒曝气生物滤池城市污水处理技术的报道，有关不同曝气生物滤池的池体结构设计的报道，有关污水处理系统设备建成全地下的报道，除项目委托单位发表的论文、完成的科技成果及其子公司采用的污水处理技术的相关报道外，未见其他与委托项目"STCC碳系载体生物滤池"技术特征相同的专利、成果及非专利文献报道。

(9) 推广与应用示范情况

1) 推广方式

自主推广。

2) 应用情况

① 国家"十一五"水专项：合肥市滨湖新区低影响开发与水环境整治技术研究及工程示范、常州市大学新村景观河水、常州市东桥滨水质改善工程。

② 国家"十二五"水专项：无锡映月湖水质净化与生态修复、苏州市同里古镇水质改善工程、昆明草海水质净化工程。

③ 第十届中国（武汉）国际园林博览会楚水净化工程。

④ BOT项目：石首市城北污水处理厂、罗田县城区污水处理厂、通山县通羊污水处理厂一期、武汉市黄金口污水处理厂一期、南川都市休闲食品综合产业园污水处理项目。

⑤ 中水回用项目：花山生态新城中水回用项目。

⑥ 点源污染治理的示范项目：罗田污水厂项目（罗田酒厂污水处理站、河岸亲水平台、东门超市污水处理站、河岸边的绿化带、民政局污水处理站、河岸边的绿地公园）。

⑦ 医药废水和生活废水综合排放处理项目：湖北中医药大学污水处理工程。

⑧ 黄陵污水处理厂（污水处理厂位于高压线走廊下，实现了水生态和能源的全方位节能环保）。

⑨ 尾水升级项目：荆州市石首城北污水处理厂、武汉市黄金口污水处理厂、武汉科技大学新校区。

⑩ 湖泊水质净化与水体修复工程：武汉市东湖宾馆百花湖项目、无锡太湖新城尚贤湖活水净化工程。

⑪ 国家PPP项目：银川通航产业园污水处理厂、兴庆区月牙湖乡滨河家园污水处理厂、兴庆区万亩牛场生态养殖园污水处理厂、兴庆区掌政镇污水处理厂。

3）示范工程

碳系载体生物滤池工艺罗田污水分散治理工程总投资4684万元，位于义水河与朱家河交汇处，总规模为$1.85\times10^4m^3/d$，沿河分建三个污水处理点：罗田酒厂污水处理站（$1500m^3/d$）、东门超市污水处理站（$2500m^3/d$）、民政局污水处理站（$1.45\times10^4m^3/d$）。项目采用公司STCC生物滤池技术（如图4-6），模仿大自然原生态物质的循环自净功能，完全利用天然材料和废弃材料，研制成复合填料床，通过特殊的曝气系统在填料床中形成好氧、缺氧和厌氧交替的环境，以自流的形式对污水进行净化处理。工程为全地埋式亲水平台，就近排口建设，节省管网费用。2010年建成使用，本项目按照国家相关技术标准设计、施工，污水处理设施建成运营后，出水水质按《城镇污水处理厂污染物排放标准》一级A标准达标排放，具有“安全、高效、经济、稳定、生态、景观”等综合优势。

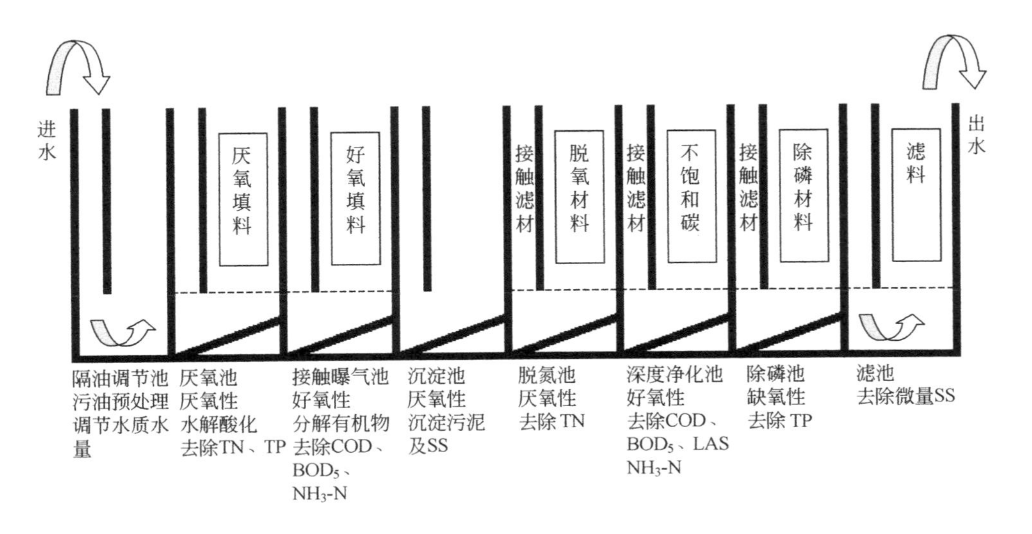

图4-6 示范工程图

4）获奖情况

2009年至今，连续获得住房和城乡建设部“全国建设行业科技成果推广项目”。2010年至今，连续入选国家发改委、环保部《当前国家鼓励发展的环保产业设备

（产品）目录》（碳系载体生物滤池技术）。2014 年，获得国家科学技术部颁发的《国家重点新产品证书》等。2015 年公司被武汉市科协授予"武汉市科普示范企业"荣誉。2016 年公司被湖北省科协授予"湖北省科普示范企业"荣誉；2016 年公司纳入湖北省上市金种子企业；2016 年公司发明专利"碳系载体生物滤池系统"获第九届湖北省专利优秀奖。2017 年，被评为武汉市科学技术协会"企事业示范单位"称号；2017 年，被评为"2017 武汉民营创新企业 100 强"；2017 年，被评为"德勤-光谷高科技高成长 20 强"（第八名）；2018 年，被评为"武汉服务业企业 100 强"。2018 年，被评为"湖北服务业企业 100 强"。2019 年被评为：湖北省服务企业 100 强；2019 年公司 STCC 技术被武汉市发改委评为"重点节能技术"；2019 年被评为"专精特新中小企业"。

（10）技术服务与联系方式

1）技术服务方式

为湖泊河流生态修复、河道水质净化、城镇生活污水处理、传统污水处理厂升级改造提供解决方案、技术咨询、工程设计等。

2）联系方式

单位名称：武汉新天达美环境科技股份有限公司

电话：027-87818056

传真：027-84529091

邮编：430212

通信地址：武汉市江夏区文化路 399 号联投大厦 12 楼

4.2.3 太阳能仿生水草及浮岛生态修复系统技术

（1）技术持有单位

杭州天宇环保工程实业有限公司

（2）单位简介

天宇企业是一家经营环保产品研发、制造与生产服务达 30 余年的老企业。又是《环境保护产品技术要求　悬浮填料》（HJ/T 246—2006）、《环境保护产品技术要求　中、微孔曝气器》（HJ/T 252—2006）和《生物接触氧化法污水处理工程技术规范》（HJ 2009—2011）国家标准的起草单位，2005 年荣获国家环保总局颁发的"中国环保产业（企业）发展贡献奖"。天宇企业是浙江省环保产业骨干企业，产品生产基地位于中国填料之乡的玉环市，总部设在杭州市。下设：天宇环保科技、天宇环保工程、天宇环保实业，以及设在香港的天宇国际控股公司国际营销窗口。天宇企业又是杭州市专利示范企业，自主研发与拥有发明专利 9 项（其中已授权的 7 项），实用新型 42 项，外观专利 1 项。注册商标：天宇环保。

(3) 适用范围

该技术可用于河道、湖塘等水体的质量改善，也可用于城市生活污水处理、农业、水产养殖业、畜牧业以及饮用水源水微污染预处理等。

(4) 主要技术内容

1）基本原理

利用太阳能和水中的沼气，对水体微泡充氧，进行生物治污，得以对河道水网长效生态修复以外，利用生物膜处理法达到长期、可持续的治理、修复和维护河道水网水体质量的功效，同时上层浮体饰以仿真仿生花卉、植物，如睡莲、荷花等，水中的生物填料如同水生植物一样，装点美化河道水网两岸环境。

2）技术关键

① 具有高效便捷的河道治污水母体。

② 具有巨大比表面积的智能仿生水草，可提供更多的微生物栖息场所。

③ 智能仿生水草的结构能形成有效的微 A/O 环境，硝化、反硝化和 COD 同步去除，这种环境对处理水质的效果是最简单，也是比较有效的。其安装形式有两种，一种是植入水底的，一种是悬挂在水面上的。植入水底的仿生水草需要生态鱼礁固定，悬挂在水面上的仿生水草采用浮岛技术进行固定。

④ 无支（托）架的“植株型”结构、“鸟巢式”构架的新型生物载体，提高载体单元的挂膜速度和水处理性能，解决有些生物载体易堵塞、不易更新、生物载体无法长期稳定均匀分布的问题。

⑤ 载体单元和植株型结构的优化设计，解决生物载体在曝气条件下气泡在载体表面微细化的问题，增加填料生物膜与溶解氧的接触时间和传质效率，从而降低能耗。

⑥ 高效微生物的人工强化技术：除臭、降浊、脱氮，与上述技术集成，主要用于景观水体维护。

⑦ 遥控接收器、太阳能接收器和储能器，形成一个智能型的可就近或远程控制的管理模式。

图 4-7 所示为河道治污水母体示意图和太阳能仿生水草航母群浮岛的俯视结构示意图。图 4-8 所示为智能仿生水草示意图。

3）科技创新点与技术特点

本技术能够利用太阳能和水中的沼气，对水体微泡充氧，进行生物治污，得以对河道水网长效生态修复以外，利用生物膜处理法达到长期、可持续的治理、修复和维护河道水网水体质量的功效，同时上层浮体饰以仿真仿生花卉、植物，如睡莲、荷花等，水中的生物填料是如同水草一样的水生植物，装点美化河面及水网两岸环境。

①“河道治污水母体”，在重污染河道水网中去除沼气，除害化利，变废为宝，使水体能符合微生物生长的条件，达到河道初步治理效果。

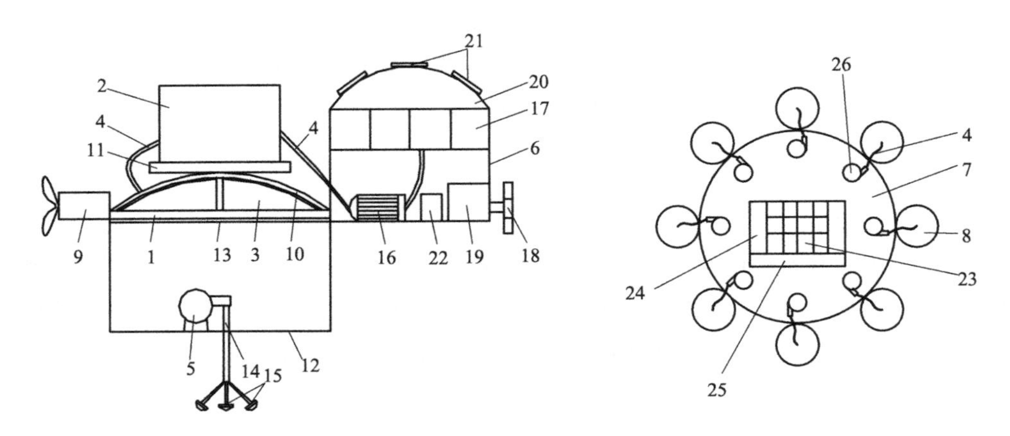

图 4-7　河道治污水母体示意图和太阳能仿生水草航母群浮岛的俯视结构示意图

1—浮体 1；2—浮体弧形支架；3—沼气收集气囊；4—沼气输送管；5—潜水泵；6—浮体 2；7—中心浮球；8—太阳能仿生水草；9—推进器；10—弧形支架；11—圆形平台；12—浮体支撑架；13—不锈钢网；14—出水管；15—喷头；16—沼气发电机；17—太阳能蓄电池 1；18—船体方向舵；19—电机；20—浮体 1 顶棚；21—太阳能蓄电板 1；22—遥控控制器 1；23—太阳能蓄电板 2；24—太阳能蓄电池 2；25—遥控控制器 2；26—气泵

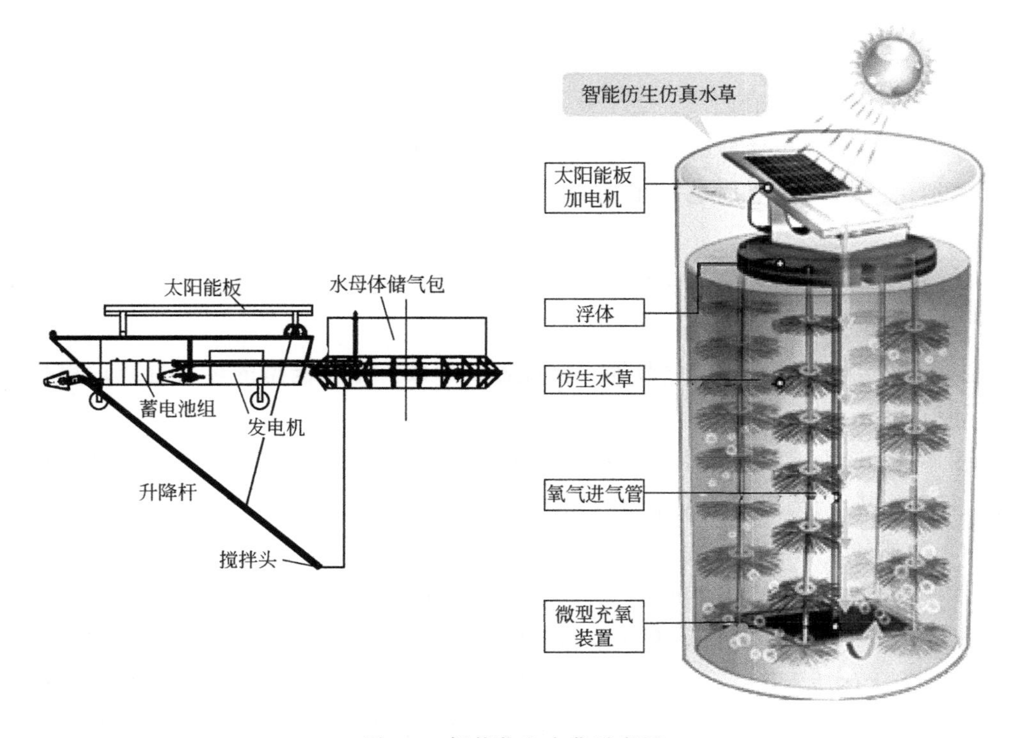

图 4-8　智能仿生水草示意图

②“智能仿生水草”，根据仿生学原理，将填料和水草的优点巧妙结合，利用附着生长的微生物和藻类，既起到生物过滤和生物转换作用，又利用荷花式浮体、自旋水生植物形态起到美化环境的作用。

③“植株型鸟巢式生物载体”，具有亲水性好、蜂窝立体空隙率高、比表面积大、易挂膜、氧利用效率高、生物膜更新容易、在线维修方便等特点。

4）工艺流程图及其说明

工艺流程如图 4-9 所示。

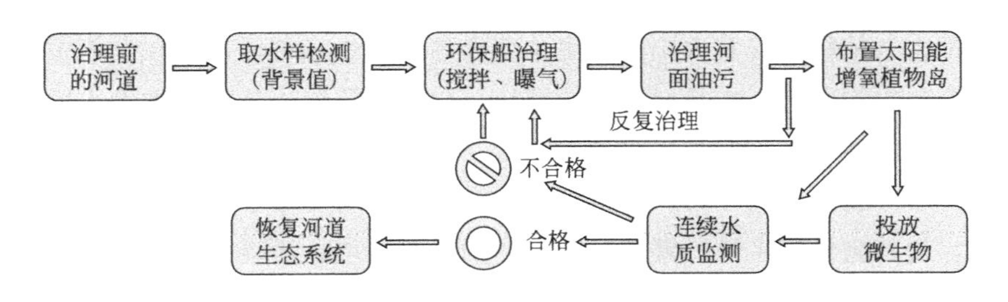

图 4-9　工艺流程图

① 查河流水环境质量和污染物现状，为生态修复奠定基础。

② 通过中试装置，建立水渠或模拟河流，在探索不同的流速和投加量的情况下，研究智能仿生水草和微生物的附着关系，同时观测在不同水文、水质条件下水体中生物量的变化情况，以获取一系列适用参数，从而建立适用于不同环境的智能仿生水草。

③ 选定一种合适的智能仿生水草投放到河道内，用实验获取的数据指导智能仿生水草在河道内的运行，包括智能仿生水草的分布密度、数量及种类。设置水质监测点，分不同阶段监测布置智能仿生水草的河流水质变化情况，并根据水质变化情况调整智能仿生水草运行方案，筛选出最优方案。监测点布设：仿生水草区的上游 20m 处，仿生水草区下游 10m 处。

④ 按照以上最优方案，设置河道治污水母体、充氧装置及太阳能装置。

(5) 技术指标及使用条件

1）技术指标（表 4-3）

表 4-3　主要技术指标

序号	内容	达到的技术指标	序号	内容	达到的技术指标
1	仿生水草挂膜重量	＞50kg/m³	4	充氧装置供气量	＞800L/h
2	化学需氧量 COD	＜40mg/L	5	氧转移效率	＞12%
3	氨氮	＜2mg/L	6	溶解氧	＞2mg/L

2）经济指标

由于采用太阳能技术，没有能耗费用。运行管理成本含设备维护费和人工费，人工费按照一位工人5000元/月工资计算即可。

3）条件要求

按照水体污染程度和不同阶段的治污需求，可以分期、分段和分批实施。

① 重污染水体的治理：采用水母体（生态环保船）设施进行去除淤泥废气处理。其利用河道河床中的沼气（或硫化氢气体），一方面有效节能，另一方面又释放了底泥的废气，改善了河床厌氧情况，消减了底泥，为水下植物的生长提供了良好的环境。同时曝气又增加了水中溶解氧含量，改善水质状况。

② 除沼气后轻度污染水体的治理：经过水母体设施去除河道沉积污泥中的沼气和其他有毒害气体后，安装太阳能仿生水草浮岛和水生植物浮岛，在水体中立体、交叉分布适合微生物驯化、生长、繁殖的载体，根据水质要求选择栽种潜水植物，适度分布水生植物浮岛和太阳能仿生水草浮岛等。其中太阳能仿生水草浮岛群可利用太阳能曝气器向水体直接充氧，每一组浮岛下有密集的填料分布于水体中，为微生物着床提供载体，为其驯化、生长、繁殖营造有利的水体环境。河道两侧浅水区域栽种潜水植物，分布安装太阳能喷泉曝气增氧设施，为河道水体增氧。通过生态修复、强化治理，使河道水体达到适用于农业用水及一般景观水体的要求，水体具有一定的清澈度。同时配合种植水生植物，投加微生物，使治理效果更持久，河道水体的自净能力提高得更快，起到事半功倍的效果。

③ 对微污染水体的长期治理和维护：经过一段时间太阳能仿生水草航母群浮岛大面积的河道治污处理后，在水质好转、鱼虾回归的前提下，需要进一步采用太阳能仿生水草单体（添加高效微生物），长效修复治理河道水体的微污染。

(6) 关键设备及运行管理

1）主要设备

① 太阳能仿生水草；

② 水母体（环保船）。

2）运行管理

目前的环保船需要人工驾驶，对于重度污染的水体，需要人工现场操作管理。未来结合机器人智能技术，将研制出一种无人现场运行管理的“智能型机器人环保船”，进行遥控的无线（手机）操作管理。

3）主体设备或材料的使用寿命（表4-4）

表4-4 主体设备或材料的使用寿命

序号	设备名称	主要材质	使用寿命
1	太阳能仿生水草	太阳能板、填料聚烯烃	20年、10年
2	环保船	玻璃钢	50年
3	水母体	橡胶	10年

(7) 投资效益分析

1）投资情况

以杭州某镇政府辖区内的3km河道水体治理项目为例，投资44万元人民币，由劣Ⅴ类水体90d内修复为Ⅴ类水体。

2）效益分析

本项目产品“河道治污水母体”“智能仿生水草”和“植株型鸟巢式生物载体”是国内首次开发成功的一系列结构设计合理、处理效果好、维护简单、使用方便的新型河道污染治理及生态修复设备。本项目研发的河道污染治理及生态修复系统技术不仅增强了公司的竞争力，促进了环保产业的结构优化升级，实现了环保行业水污染治理研究的技术跨越，而且可为国家节约大量的能源与工程投资，对助力“五水共治”，特别是河道的生态保护工作有着直接推动和提高的作用，具有显著的经济效益和社会效益。

项目的实施，将大幅度提高我国新型河流污染原位治理和生态修复综合技术研发的整体水平，推动我国受污染水体整治技术的发展，解决我国在河流水环境质量改善和水生态重建工程中存在的技术瓶颈问题。采用该新型技术整治的河道，出水水质改善，带来诸多市场溢出性效益，包括市民生活环境得以改善、提高城市的宜居性、提升城市形象和综合竞争力等。

项目的研发和产业化的成功，将大大提升我国环保水处理设备生产企业的核心竞争力，有较大的市场容量和较强的市场竞争力，有较好的经济、环境和社会效益。

(8) 专利和鉴定情况

1）专利情况

① 发明专利

智能仿生水草（专利号：ZL20061011127.6）

植株型鸟巢式生物载体（专利号：ZL201010004311.7）

一种河道修复系统（专利号：ZL201410050760.3）

② 实用新型

水质净化仿生水草填料（专利号：ZL200520015584）

一种仿生水草（专利号：ZL200720183630.2）

2）鉴定情况

① 鉴定单位：杭州市下城区科技局

② 鉴定时间：2009年10月20日

③ 鉴定意见

该项目根据仿生学原理，研制出治理微污染水体的新型产品——水质净化仿生水草填料，该产品具有处理效果好、维护简单、使用方便等特点。

研制的产品经清华大学水污染控制设备质量监督检验中心检测［京检(填)字

(2008)173 号],所测指标符合合同中规定的技术性能指标;并获得实用新型专利 2 项(专利号:ZL200520015584.6、ZL200720183630.2)。产品经用户使用反映良好,具体较好的经济和社会效益。

(9) 推广与应用示范情况

1) 推广方式:

联合研发制造,供货、安装施工、工程技术方案的设计和咨询。

2) 应用情况

技术应用的主要工程项目有:

① 杭州市余杭区仓前河劣Ⅴ类污染水处理生态修复工程;

② 杭州市西湖区西溪公园水景生态修复工程;

③ 杭州市西湖区丰潭河微污染水体生态修复工程;

④ 杭州市下城区石桥河劣Ⅴ类污染水处理生态修复工程;

⑤ 杭州市下城区蔡家河微污染水体生态修复工程;

⑥ 杭州市江干区横河港微污染水体生态修复工程;

⑦ 杭州市拱墅区罗家斗微污染水体生态修复工程。

3) 示范工程

对杭州某镇政府辖区内的 3km 河道水体进行治理和维护,主要任务是对受污染水体进行污染物消减和生态自净功能恢复,并使水体中的氨氮、总磷、高锰酸盐等指标达到地表Ⅴ类水标准,提高水体含氧量和透明度,并建立河道稳定的生态系统,恢复水体生态链,实现水体自净,维护水体水质,达到浙江省出台的"五水共治"的要求。

该水体污染特征为高锰酸盐指数高、水体浑浊,水质类别为劣Ⅴ类。污染物来源为养猪场废水、化工厂历史遗留污染物、生活污水和雨污。

经过治理,河道水质得到了有效提高,水面情况也得以改善。水中氨氮维持在 1mg/L 以下,溶解氧在水深 0.6m 处含量为 3mg/L 以上,水深 1.2m 处含量为 2mg/L 以上,河道水质能够达到地表水Ⅴ类水质的要求(表 4-5)。

表 4-5 治理效果

时间	检测单位	透明度/cm	高锰酸盐指数/(mg/L)	氨氮/(mg/L)	总磷/(mg/L)
Ⅴ类水标准	杭州市检测	—	≤15	≤2.0	≤0.4
治理前		42	25.40	2.563	0.541
治理后		50	4.70	0.767	0.144

该项目投资费用及运行成本如下:

总投资 44 万元,其中:太阳能水草 1000 套×140 元/套=14 万元;太阳能水草使用寿命10年。

水母船租费：1万元/月，总计3万元。

人工费：3人×500元/天×90天=13.5万元。

其他管理费：30000元。

运行成本：因为采用太阳能技术，没有能耗，只有管理费用，即按照一位工人5000元/月工资计算即可；设备维护费按照10年计算，分摊至每年1.4万元；由于河道生态修复已经完成，无需再考虑环保水母船租费。

(10) 技术服务与联系方式

1) 技术服务方式

发明专利技术转让及继续联合研发制造，供货、安装施工、工程技术方案的设计和咨询。

2) 联系方式

单位名称：杭州天宇企业集团

电话：0571-85081668

传真：0571-85081558

邮编：310022

通信地址：浙江省杭州市下城区石桥路永华街1251

4.2.4 KtLM强化脱氮除磷装备技术

(1) 技术持有单位

杭州银江环保科技有限公司

(2) 单位简介

杭州银江环保科技有限公司（以下简称银江环保），是专业从事水处理技术研究、装备制造和提供水环境治理解决方案的高新技术企业。业务领域涵盖黑臭河道（水体）治理、市政污水提标及景观娱乐水等。

银江环保成立于2005年，注册资本5008万元，公司位于杭州西湖区益乐路223号银江科技产业园。银江环保拥有一支高素质专业水处理技术团队和建设运营服务管理团队，并起草通过两项国家标准，属于浙江省环保重点骨干企业。

银江环保一直致力于水处理技术及装备的研发，为杭州市专利试点企业，牵头组织多项创新产品的开发，为企业发展提供了源源不断的动力，始终保持自身企业环保技术水平处于国内一流水平。通过近15年的积累，公司获得了授权专利70余项，获得多项省、市科技进步奖。公司产品已进入环保部、建设部、雄安新区政府优质产品的推荐目录。

银江环保研发的环保装备通过建设部专家评估以及中国环保装备机械行业协会专

家评估，专家组一致认为，银江环保产品国内领先。银江环保不仅是城市溢流污染治理的先行者，也是抗击新冠病毒疫情的一线环保公司，高效保质地在 7d 之内完成武汉定点医院——火神山、雷神山医院污水处理全流程装备的设计、供货、安装任务，模块化、标准化、产业化优势得到了充分的体现。

(3) 适用范围

适用于河道污水截污治理、河湖生态修复、污水泵站就地净化扩容、污水处理厂尾水提标、城镇污水分散式处理。

(4) 主要技术内容

1）基本原理

KtLM 高效能污水处理系统包括高效能生物反应器（生化）和水体净化器（物化），其中高效能生物反应器采用 MBBR 工艺，结合国内外先进的高效溶氧系统、高效流化传质系统与均质布水系统，通过培育附着在 MBBR 填料上的混合兼性菌种，形成高效生态系统，能够迅速有效地对污水进行深度处理；水体净化器采用气浮和高效沉淀组合技术，通过向上浮选和向下沉淀双重固液分离作用，提高分离效率，确保出水达标。

2）技术关键

① 高效能生物反应器

a. 高效能生物反应器载体填料

载体填料的表面积超过 800m²/m³，可以形成高效生态系统，生物体浓度为普通活性污泥法生物体浓度的 5～10 倍，污泥质量浓度可高达 30～40g/L，在填料上可以形成细菌—原生动物—后生动物的食物链，生物的食物链长，能存活世代时间较长的微生物，处理能力大，净化功效显著（图 4-10）。

尺寸	ϕ25mm×10mm
相对密度	＞0.97
堆积重量	105kg/m³
比表面积	＞1000m²/m³
空隙率	＞90%
投配比	15%～55%

图 4-10　载体填料及相关参数

高效生态系统（图 4-11）中同时具有好氧和厌氧代谢活性，而且对毒性以及其他不利于生物处理的环境因素的敏感度低，适应性强，硝化和反硝化活动同步进行，具有较强的脱氮能力。经过该生态系统去除的污染物质最终绝大多数会气化成 CO_2、N_2 等气态物质，生态系统中衰老死亡后的微生物体会被其他微生物代谢利用，所以

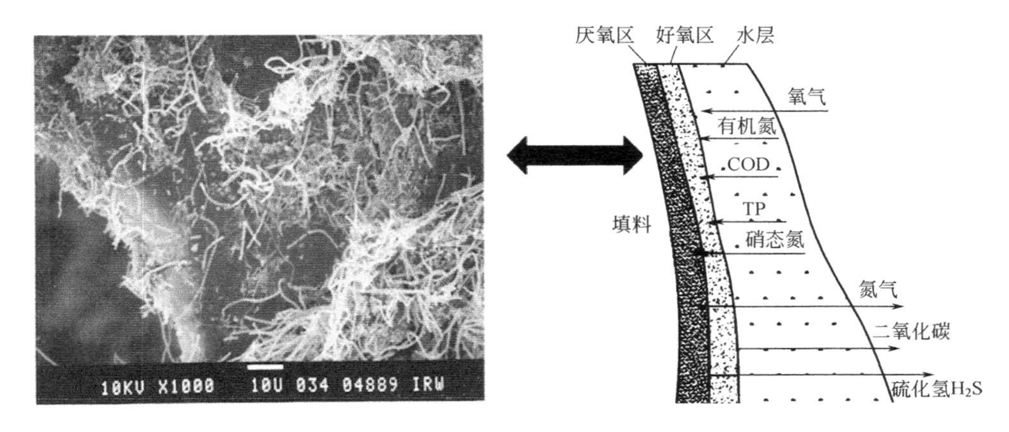

图 4-11 水体深度处理系统及高效生态系统图

很大程度上减少了“剩余污泥”的产生量，减轻了污泥处置的运行成本。

b. 生态系统高效菌种的选用

本工艺选用经过筛选性培养基培育出来的以革兰氏阳性芽孢杆菌（bacillus subtilhls）为主、光合细菌（photosynthetic bacteria）、硝化、反硝化细菌等混合菌剂为辅的高效菌体（表 4-6），用于挂膜立方填料，形成良好的生态系统。

表 4-6 菌体筛选

菌体组分	菌体特性	去污能力
革兰氏阳性芽孢杆菌（bacillus subtilhls）	繁殖能力超强，低温、高盐度、高压等极限环境中也具有适应能力	直接吸取有机氮、氨氮以及铵盐，从而进行脱氮；分解复杂多糖、蛋白质和水溶性有机物；分泌抗生素，杀灭水中大肠杆菌等细菌
光合细菌（photosynthetic bacteria）	细胞内含有菌绿素，在光照条件下，利用水体中的有机物进行光合作用，合成大量菌体	光合细菌能转换、代谢污染水体中的硝酸盐、亚硝酸盐、氨氮和活性磷酸盐
反硝化细菌（denitrifying bacteria）	利用硝酸中的氧氧化有机物质而获得自身生命活动所需的能量	将硝态氮转换为无害的氮气；消耗氮素营养，抑制藻类过度繁殖，净化水体
硝化细菌（nitrifying bacteria）	能够将氨氮转化为硝态氮的一类自养型细菌	将氨氮转化为硝态氮

② 水体净化器

a. 絮体层流分流技术

污水经提升泵进入水体净化器的配水槽，水流经配水槽时与高效复合药剂混合进入一级搅拌反应池，经一级搅拌池的高速搅拌反应 3～4min 后流入二级搅拌反应池，慢速搅拌混凝 3～4min，反应絮体聚合为大的矾花。利用污泥回流技术，实现水流截面的层流，形成二次絮凝反应，增大颗粒物的尺寸，可有效提高分离效率。

b. 浮选、沉淀双重固液分离

污水通过水体净化器底部斜板沉淀进行泥水分离，经高效沉淀去除大颗粒悬浮物，同时通过曝气释放出的微纳米气体将水中剩余的小颗粒悬浮物或油浮出水面，从而达到双重固液分离的目的，强化分离效果。

3）科技创新点与技术特点

① 运行模式灵活、内部工艺可转换、填料传质高效、平面布置灵活、物化段快速高效；

② 标准化生产、模块化施工、快速响应、模块化提标扩容；

③ 广泛用于城镇污水分散治理、初雨及溢流污染治理、污水处理厂尾水提标、河湖水质提升、黑臭水体应急处理等领域。

4）工艺流程图及其说明

KtLM 高效能污水处理系统工艺路线如图 4-12 所示。

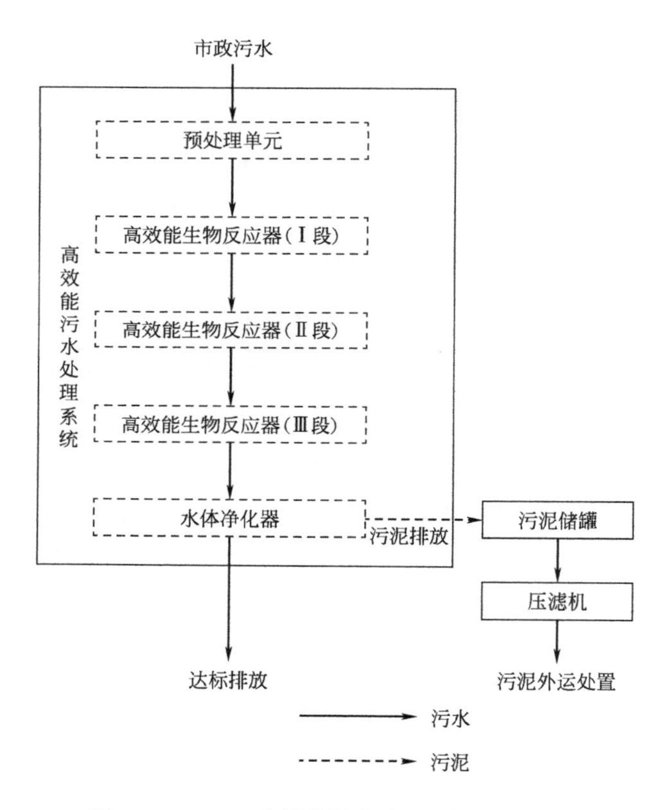

图 4-12　KtLM 高效能污水处理系统工艺路线

污水进入前置预处理单元去除浮渣、砂粒等，然后根据工艺要求依次进入高效能生物反应器的Ⅰ段、Ⅱ段和Ⅲ段，每段反应器内均设有高效能填料和曝气装置，实现对有机物的充分降解，去除绝大部分污染物，出水进入水体净化器进行泥水分离及过滤，上清液出水达标排放，剩余污泥经脱水后统一处置。

该工艺可灵活启动晴雨天模式，应对水质和水量较大幅度的波动，具有较好的抗冲击负荷和适应性，其中物化工艺能够很好地解决大流量溢流污染。

(5) 技术指标及使用条件

1）技术指标

NH_3-N、COD、SS、TP、pH 可达到《地表水环境质量标准》（GB 3838—2002）Ⅳ类水标准。

2）经济指标（表4-7）

表4-7 经济指标

类型	指标
建设投资	根据水量规模不同，吨水投资2000～3000元
运维费用	根据水量及处理要求不同，吨水运营成本0.7～1.2元
占地面积	以处理规模 $1\times10^4 m^3/d$ 为例，占地面积为 $1000\sim1200m^2$

3）条件要求

该工艺适用于进水水量波动变化50%以上，进水水质COD 100～300mg/L，氨氮15～35mg/L的废水处理。

4）典型规模

1000t、2000t、5000t、1×10^4t。

(6) 关键设备及运行管理

1）主要设备

① 格栅

功能原理：通过机械格栅的拦截作用，在污水渠道、泵房集水井的进口处截流较大的悬浮物或漂浮物，减轻后续处理系统的处理负荷。

主要参数：过水部件为304不锈钢材质，栅隙5mm，安装角度70°，格栅宽度、长度根据实际情况确定。

② 污水提升收集池

功能原理：保证提升水泵正常开启运行所需的水量。

主要参数：池体容积根据实际情况确定。

③ 污水提升系统

功能原理：通过提升泵将污水提升至模块化污水处理系统，根据液位反馈，提升泵启动数量在0～2台之间切换。

主要设备：提升泵、流量计、液位计等。

④ 预处理单元

功能原理：通过机械格栅拦截作用，将污水中大粒径颗粒及其他杂质拦截，避免进入后续处理系统；通过沉砂池，将携带有机物的砂粒冲刷，同时将砂粒沉淀下来；

沉砂池底部的积砂，及时通过排砂泵输送至砂水分离器，砂粒装袋，定期外运，清水回流至格栅前。

主要设备：旋流除砂机、排渣泵等。

主要参数：旋流除砂机为碳钢防腐材质，含中心浆式搅拌机。

⑤ 高效能生物反应器

功能原理：采用 MBBR 工艺，通过微生物的新陈代谢消耗掉废水中的有机污染物及脱氮。根据原水水质情况，可在 O-O-O 或者 A-O-O 两种运行模式之间切换，在满足出水要求的同时，适当降低运行成本。

主要参数：

a. 反硝化段：停留时间 1～2h、载体粒径 ϕ25mm×10mm、载体高度 10mm、空隙率＞87％、投配率 15％～65％、填料表面积≥1000m^2/m^3、污泥质量浓度≥30～40g/L、最大反硝化效率 0.5～1kg N/(m^3·d)、去除率＞90％、适用温度 5～40℃。

b. 硝化段：停留时间 2～4h、载体粒径 ϕ25mm×10mm、载体高度 10mm、空隙率＞87％、投配率 15％～65％、填料表面积≥1000m^2/m^3、污泥质量浓度≥30～40g/L、最大 BOD_5 负荷 10kg BOD_5/(m^3·d)、去除率＞95％、适用温度 5～40℃。

⑥ 水体净化器

功能原理：高效能生物反应器采用高效絮凝及浮选技术，出水中污染物质在药剂作用下絮体成团，轻的絮体在分离区纳米气泡作用下上浮，重的絮体下沉，达到泥水分离的作用。通过在此段系统中投加除磷剂大幅去除污水中的总磷，确保出水总磷达标。

主要参数：表面负荷 20～30m^3/(m^2·h)、停留时间 0.5h、投药量 5～30mg/L、pH 范围 7～9、回流比 10％～50％、溶气压力 0.4～0.5MPa、TP 去除率＞90％。

⑦ 污泥处理系统

功能说明：将各系统产生的污泥进行深度脱水。

主要设备：污泥池、压滤机等。

主要参数：污泥含水率≤80％。

⑧ 电气、仪表、自动化系统

功能说明：自动化系统需满足整套系统现场手动/计算机点动/计算机自动三种运行方式的控制、监视、保护的功能，实现对整个系统的控制，同时具备和原厂区中控系统连接的接口。

主要设备：控制室、PLC 控制柜、就地控制箱等。

2）运行管理

① 运行前准备

a. 清除池中杂物。

b. 检查回流水泵、空气机、排渣机是否灵活，是否已按规定加好润滑油，如有异常应立即排除。

c. 就地控制又分为手动、自动方式。一般调试时置手动位置的电气设备可单个启动、停止。接通电源启动回流水泵（开5s左右），检查其转向是否正确，如反转，将其中的两根电线调换相位即可。

d. 在手动位置启动空压机，检查其运行是否正常，发现异常应及时排除。

e. 按排渣机启动按钮，排渣机应向出水端行走。

② 启动、试运行

注水：启动时，首先将设备池中注满清水。

③ 水体净化装置运行

a. 污水的pH值控制范围一般为：7.0～8.5（特殊水质除外）。

b. 根据污水的水质情况，选定合适的混凝剂、絮凝剂。

c. 根据污水的水量及水质情况，确定药剂投加量。

PAC药剂建议配制浓度10%～15%，加药量建议为30～80mg/L之间，根据实际情况可适当调整。PAM药剂选型建议由实验来定，一般选用阴离子PAM，药剂建议配制浓度在0.15%以内，加药量建议为1～3mg/L之间，可根据实际情况适当调整。

d. 使污水和药剂同时进入混凝、絮凝反应池。再将絮凝反应好的污水送入水体净化装置池进行固液分离，处理量应从小逐渐增大，直至额定值。

e. 排渣：一般选择自动排渣，即将“排渣选择开关”置于自动位置，根据具体情况设定排渣时间；在特殊情况下，也可采用手动控制。

④ 回流水量的确定

一般回流水水量控制在污水量的30%左右。由于各种废水的SS含量不同，从理论上讲，回流水水量也应按污水SS含量来确定。

3）正式运行

① 设备使用前应按试运行方法试运行，试运行合格后方可投入正常使用。

② 先运行设备，即先注满清水，之后系统运行3～5min。然后使药剂和污水同时进入混凝、絮凝反应池，再将絮凝反应好的污水送入水体净化装置池，污水量从小到大，逐渐增大，直到满负荷为止。

③ 停止运行时，应先关闭水体净化装置的进水，待设备运行10min，然后才能停止回流水泵，在设备停止之前将排渣机选择开关置于手动位置，把浮渣刮干净。

④ 设备运行过程中，应经常注意观察系统运行是否正常，如发现问题应立即停止运行，进行检查。

⑤ 回流水泵需定期保养、维护。一般回流水泵一个月加一次润滑油。

⑥ 排渣机工作时严禁将手等放在轨道上。

⑦ 水体净化装置运行一段时间后应对池子进行清洗，一般夏季为10～20d，冬季为30～40d清洗一次，也可根据实际情况灵活运用。

⑧ 回流水泵长时间停用时，应将回流水泵内水放空，冬季应注意防冻。

⑨ 排渣根据出水水质情况进行调整。如果出水越来越浑浊，就排渣，具体操作方式为排渣 15min 左右，停 60min 左右，以此循环。

⑩ 底部排泥根据出水水质情况进行调整。如果出水越来越浑浊，就排泥，具体操作方式为依次打开气动蝶阀，一般每天 1～2 次，每个蝶阀依次打开 5s 左右，中间间隔 10s 左右。

4）主体设备或材料的使用寿命

主体设备高效能生物反应器和水体净化器使用寿命均大于 10 年。

(7) 投资效益分析

1）投资情况

以处理规模 10000m³/d 为例，总投资约 2300 万元，其中，设备投资 2000 万元。

2）运行成本和运行费用

根据水量及处理要求不同，吨水运营成本 1.0～1.2 元。

3）经济与环境效益分析

以处理规模 10000m³/d 为例，对 KtLM 强化脱氮除磷工艺和 A²/O 工艺进行技术、经济性比较，见表 4-8。

表 4-8 技术比选一览表

序号	项目	单位	KtLM 强化脱氮除磷装备技术	A²/O 工艺	工艺比较
1	占地面积	m²	1100	8500	占地节省为 1/7
2	投资成本	万元	2300	2500	费用相对节省
3	运行成本	元/t 水	1.0	0.8	运行成本略高
4	施工周期	月	2	12	时间缩短为 1/6
5	处理效果	—	可达地表准Ⅳ类	可达 GB 18918—2002 中一级 A 标准	处理效果更好

从表 4-8 中可以看出，KtLM 强化脱氮除磷工艺相比 A²/O 工艺投资成本略低，运行成本略高，整体经济性基本一致，但 KtLM 强化脱氮除磷装备技术处理效果更好，同时在占地面积与施工周期方面极具优势。

KtLM 强化脱氮除磷装备投入使用后，可大幅消减进水中污染物浓度，达标出水进入河道后能有效提升河道水环境质量，促使河道恢复其天然性，创造优美的河湖景观环境，最终逐渐恢复河道生态及水体功能，使"岸绿、景美、水清"的综合整治目标得以实现，具有极好的环境效益。

(8) 专利和鉴定情况

1）专利情况

① 发明专利

一体化高效能污水处理器（专利号：ZL201510140032.6）

② 实用新型

一体化污水处理回用装置（专利号：ZL200920121287.8）

一种污水快速净化处理装置（专利号：ZL201720819479.0）

一体化深度水处理设备（专利号：ZL201720294676.5）

2）鉴定情况

① 组织鉴定单位：中国环保机械行业协会水污染防治装备专业委员会

② 鉴定时间：2019 年 10 月 17 日

③ 鉴定意见

经查新及专家评议讨论，一致认为 KtLM 高效能污水处理系统达到国内领先水平，具有良好的经济效益、环境效益和市场推广前景。

(9) 推广与应用示范情况

1）推广方式

① 营销推广：通过网络、媒体、公众号等方式进行推广。

② 合作推广：通过招募区域合作伙伴的方式进行推广，如“九龙招商”计划。

③ 应用推广：通过技术应用，建设示范工程的方式进行推广。

2）应用情况

① 南京江宁高新技术产业开发区管理委员会；

② 中冶华天工程技术有限公司

③ 德清县建设发展集团有限公司。

3）示范工程（表 4-9）

表 4-9 示范工程

序号	工程项目名称	项目内容效果
1	江宁区泵站前池水质应急处理服务	河北桥泵站日处理水量 3000t，洋桥泵站日处理水量 10000t。该工程竣工后实现出水水质主要检测指标达到《地表水环境质量标准》(GB 3838—2002) V 类水标准，达到设计要求
2	马鞍山市中心城区水环境综合治理项目	该项目采用 10000m³/d KtLM 高效能污水处理系统，出水满足《城镇污水处理厂污染物排放标准》(GB 18918—2002) 中一级 A 标准
3	云岫路建昌桥雨水排放口截污治理工程	日处理污水量 1000t。该工程自竣工后稳定运行，处理设施出水检测指标达到《城镇污水处理厂污染物排放标准》(GB 18918—2002) 一级 A 标准，达到设计要求
4	广州市净水有限公司厂区泵站水质一体化设施提升应急项目-9 号泵站、增步桥底(标段二)	日处理污水量 5500t。该工程自竣工后稳定运行，处理设施出水检测指标达到《城镇污水处理厂污染物排放标准》(GB 18918—2002) 一级 A 标准，达到设计要求。

(10) 技术服务与联系方式

1）技术服务方式

通过与地方水务企业开展“成立合资公司”“政府购买服务”“BO”“EPC”

“EPC+O”等业务模式进行技术服务。

2）联系方式

单位名称：杭州银江环保科技有限公司

电话：0571-88220506

邮箱：2650613094@qq.com

通信地址：浙江省杭州市西湖区益乐路223号银江科技产业园A座7楼

4.2.5 “菌-藻-溞-鱼”自平衡技术消减水体氮磷

(1) 技术持有单位

四川清和科技有限公司

(2) 单位简介

四川清和科技有限公司是专业从事江、河、湖、库等开放性水域水环境污染治理的高新技术企业，拥有独立国家专利知识产权60余项。通过水利部认证并重点推荐应用的微生物水污染生态综合治理技术——各类富营养化水体污染治理、污染底泥削减和水生环境生态修复术在大面积湖库富营养化污染治理、黑臭水体治理及水生态修复项目中大量成功应用，成为水污染治理及水生态修复建设领域的成熟可靠、优势先进技术，取得了良好的社会、经济及环境效益。

公司拥有一流的科技开发队伍、先进的技术设施和严格的管理制度。在分子生物学、生态科学、水生学、分析化学、环境科学等领域进行了长达近二十年的研发和实践，以及环境信息技术等各个领域开展了卓有成效的工作，并取得良好的业绩。公司的管理团队和技术团队拥有完成各类大型项目的丰富经验，使公司成为国内环保行业内治理江河湖泊、城市污水，以及环保信息技术领域的杰出企业。

(3) 适用范围

适用于黑臭河道及小流域（主要适用于缓流型开放流域）水污染治理。

(4) 主要技术内容

1）基本原理

本技术主要是以构建菌-藻-溞-鱼微生态系统，以“生物操纵”和“中度干扰”理论为基础，遵循捕食和理化因素共同调节与控制原则，构建完整、健康、稳定的水体微生态结构，达到污染水体净化的效果。

2）技术关键

通过投放EPSB水质调节剂，构建底栖微生物生态系统，分解底泥中的有机质，消减底泥中氮、磷，减少对水体的释放，实现底泥污染物的原位降解。投加藻类，利用其生长过程需要大量吸收氮、磷等营养元素，可直接降低水体中氮、磷等污染物含量，同时藻类固定水体中二氧化碳，产生氧气，提高微生物吸收有机物的能力。但黑臭水体往往处于富营养化状态，投加藻类后，易引起“水华”，造成水体的二次污染。大型溞能摄食藻类，降低藻类的生物密度，控制“水华”发生。鱼类是水生态系统中的高营养级生物，一方面通过扰动排泄等生命活动影响水环境营养盐浓度、溶氧状态等，另一方面通过捕食影响水环境中浮游动植物的群落结构和丰富度，通过这一系列的相互作用和影响，帮助水体恢复其自净能力，最终形成稳定的水生态系统。

3）科技创新点与技术特点

科技创新点：“菌-藻-溞-鱼”自平衡技术消减水体氨氮和总磷治理技术体系从生态修复入手，以点及面、以优掩劣，通过EPSB工程菌原位底泥微生物修复技术，利用藻类将污染物资源化、无害化转移的生物操纵技术，再辅以生态链的重建环节，最终达到保护和治理水污染、全面恢复水体自净能力的目的。

技术特点：

① 技术兼容性强，可与其他水处理技术工艺集成、组合，工艺成熟，实施快捷，管理简便。

② 适用面广，适用于处理高、低浓度污染缓型流域水体。

③ 能提高水体自净能力，重建水体食物链网络，恢复水体生态平衡。

④ 在处理污染水体时，可在无动力或低能耗下运行，综合处理成本低廉。

⑤ 无二次污染，无毒副作用，生物安全性可靠。

4）工艺流程图及其说明

工艺流程如图4-13所示。

① 底泥原位治理：采用EPSB工程菌颗粒，将其投入水体中，会散化并覆盖其自身大小5倍左右的底泥，单位含量在30亿个/g的工程菌能够得到均匀地释放并在底泥上形成一层菌体富集层，该层可以加速表层底泥中有机污染物的降解与矿化。

② 水体氮、磷的消减：向水体中投加藻类，其在生长的过程中需要吸收大量的氮、磷等物质，达到直接消减水体中氮、磷的目的。

③ 仿生态系统的构建：向水体中投加大型溞和滤食性鱼类，通过模拟水体生态环境，逐步恢复水体的自净能力，最终构建完整、健康、稳定的水体微生态系统，达到治理和修复的目的。

(5) 技术指标及使用条件

1）技术指标

本技术主要是以构建菌-藻-溞-鱼微生态系统，通过其各自的活动相互影响，构成稳定的生态系统，最终达到改善水体的目的。该技术在污水治理方面能够达到：NH_3-N≤1mg/L；TP≤0.2mg/L；COD≤20mg/L；TN≤1mg/L；DO≥5mg/L。

2）经济指标

单位投资成本：180～300元/(m^2·a)。

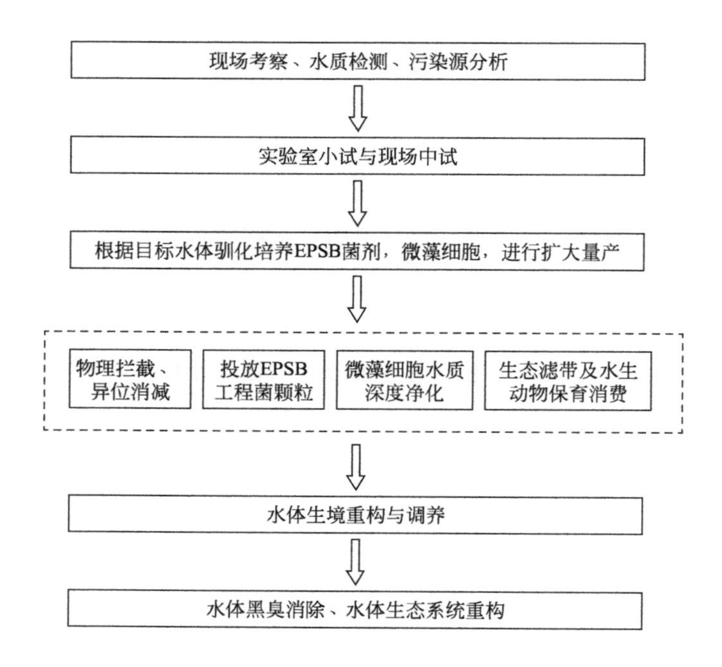

图 4-13 工艺流程图

单位运行成本：60～120 元/(m^2·a)。

单位污染物处理成本：120～208 元/(m^2·a)。

单位产品回收成本：60～88 元/(m^2·a)。

3）条件要求

该技术适用于景观水体、湖泊、水库及河道流域治理，要求水体流速≤0.5m/s，水质为劣Ⅴ类的水体。

4）典型规模

15000～66700m^2。

(6) 关键设备及运行管理

1）主要设备

主要设备为 EPSB 水质调节剂投放设备、光生物反应器。

2）运行管理

① EPSB 水质调节剂：根据水质监测情况确定投放量和投放频率。

② 藻类投放：根据水质监测情况确定。

③ 大型溞投放：根据水体水质监测情况确定。

④ 鱼类投放：根据水域面积、水体深度等确定。

3）主体设备或材料的使用寿命

EPSB 水质调节剂投放设备使用寿命 3～5 年；

光生物反应器使用寿命5～10年。

(7) 投资效益分析

1) 投资情况

以简阳市阳化河流域施家镇示范段水质提升及生物治理维护项目为例。项目总投资200万元，其中单方投资140万元，设备投资50万元。

2) 运行成本和运行费用

单位运行成本：69元/(m^2·a)。

单位运行费用：81元/(m^2·a)。

3) 效益分析

经济效益：通过有针对性地对菌种进行筛选、驯化、扩大培养，发挥对水体污染物的去除作用。微藻环境适应能力强、生长周期短、生物质产量高，以CO_2为碳源，通过光合作用把污水中不同形态的氮、磷营养物质缔结到碳骨架上合成有机物，同时光合作用释放出的氧气比曝气充氧更能为其他生物有效利用，提高微生物吸收有机物的能力，实现节能降耗。

环境效益：EPSB水质调节剂符合《中华人民共和国农业部公告　第105号》规范，是无毒、无害的饲料级微生物菌剂，具有极高的生物安全性，无二次污染。EPSB水质调节剂菌种由中国科学院生物菌种库和农业部微生物菌种库提供，准许使用于水产养殖、农作物生长调节、饲料添加、生物医药和环保治理等行业领域。微藻在污水处理方面能够实现营养元素“减排”和“资源化”双重效应，是一种绿色的生物技术。

(8) 专利和鉴定情况

1) 专利情况

① 发明专利

光合细菌颗粒及其制备方法（专利号：ZL201110450339.8）

EPSB治理水体污染的方法（专利号：ZL20131017741.1）

②实用新型

工程菌投放器（专利号：ZL201320626901.2）

湖库或缓流型河流污染智能监控与预警系统（专利号：ZL201320485319.9）

2) 鉴定情况

① 项目名称：湖泊（缓流型河流）水污染EPSB生物生态综合水污染治理技术。

② 鉴定单位：中国环境保护产业协会水污染治理委员会

③ 鉴定意见

该技术以EPSB工程菌系列产品为核心，能明显地去除水体中的氮、磷及有机污染物，持续治理可达到《地表水环境质量标准》（GB 3838—2002）的Ⅲ类水标准。该技术可用于中小型封闭和半封闭水体的水质改善和修复，在国内的工程应用达到领先水平。

(9) 推广与应用示范情况

1) 推广方式

官网推广。

2) 应用情况(表4-10)

表4-10 主要用户目录

应用单位	项目名称	运行时间效果
成都市武侯区统筹城乡工作局	成都市高攀河流域水体综合治理项目	2018.1.21—2021.1.20 逐步改善水质,恢复水体生态
成都市武侯区统筹城乡工作局	成都市二道河流域水体综合治理项目	2018.1.21—2021.1.20 逐步改善水质,恢复水体生态
简阳市水务投资发展有限公司	简阳市绛溪河流域葫芦坝至爱民桥段水域综合治理项目	2018.7.17—2019.4.20 逐步改善水质,恢复水体生态

成都二道河属于城乡结合部,河道长期缺乏环境用水,加之河道沿岸还保留有部分农业用地,沿途存在地面径流水及雨污混流水排入河道的情况,流域情况复杂,造成河道水体污染严重,底淤泥层厚度达30～40cm。其中含有大量的有机物、氮、磷、重金属等污染物,检测水质数据显示为严重劣Ⅴ类水体,其中氨氮、总磷的值分别为50mg/L,4.5mg/L。本河道治理总体目标为:改善河道水环境质量,保证河道水体清澈,水质指标(NH_3-N、TP)达到地表水环境质量Ⅳ类标准。采用该技术治理6个月后,水体氨氮降至1.36mg/L,降解率97%,总磷降至0.17mg/L,降解率96%,基本达到地表水Ⅳ类水质要求。

高攀河作为流经成都市中心城区二、三环路间的一条河流,由于生活污水的排放,水体透明度下降,自净能力减弱,水体呈灰白色,水中悬浮物浓度较高。检测其玉洁巷桥出水氨氮含量为2.05mg/L,总磷含量为0.48mg/,属地表Ⅴ类水质,本河道治理总体目标为:改善河道水环境质量,保证河道水体清澈,水质指标(NH_3-N、TP)达到地表水环境质量Ⅳ类标准。采用该技术治理后,水体氨氮为0.75mg/L,总磷为0.15mg/L,达到地表Ⅲ类水质要求。

3) 获奖情况

2015年水利部水利先进技术、水利先进示范项目认证。

2013年国家重点环境保护实用技术,重点示范项目认证。

(10) 技术服务与联系方式

1) 技术服务方式

依托多年的治水经验和强大的技术团队,为用户提供工程现场勘查、整体设计、项目施工、项目运营、后期维护等服务。

2）联系方式

单位名称：四川清和科技有限公司

电话：028-85193302

邮箱：qhkj1997@163.com

通信地址：中国（四川）自由贸易试验区成都高新区天府大道1700号3栋3单元14层1407号

第5章 污染应急综合保障技术及典型案例

5.1 污染应急综合保障政策及技术概况

5.1.1 污染应急政策与法制体系

(1) 政策背景

2006年10月11日，中国共产党第十六届中央委员会第六次全体会议通过了《关于构建社会主义和谐社会若干重大问题的决定》（以下简称《决定》），正式提出了我国按照“一案三制”的总体要求建设应急管理体系。《决定》指出：“完善应急管理体制机制，有效应对各种风险。建立健全分类管理、分级负责、条块结合、属地为主的应急管理体制，形成统一指挥、反应灵敏、协调有序、运转高效的应急管理机制，有效应对自然灾害、事故灾难、公共卫生事件、社会安全事件，提高危机管理和抗风险能力。按照预防与应急并重、常态与非常态结合的原则，建立统一高效的应急信息平台，建设精干实用的专业应急救援队伍，健全应急预案体系，完善应急管理法律法规，加强应急管理宣传教育，提高公众参与和自救能力，实现社会预警、社会动员、快速反应、应急处置的整体联动。坚持安全第一、预防为主、综合治理，完善安全生产体制机制、法律法规和政策措施，加大投入，落实责任，严格管理，强化监督，坚决遏制重特大安全事故。”

由此可以看出，国家在应对突发事件和应急管理中将“一案三制”作为应急管理机制的核心。“一案”即应急预案，体现预防原则；“三制”即突发环境事件应急法制、体制与机制。

(2) 应急预案

针对我国境内突发环境事件的应对工作，2015年2月3日，国务院发布了《国家突发环境事件应急预案》。除此之外，核设施及有关核活动发生的核事故所造成的辐射污染事件按照2013年6月30日修订的《国家核应急预案》执行；海上溢油事件按照2015年4月1日印发的《国家海洋局海洋石油勘探开发溢油应急预案》执行；船舶污染事件按照2015年5月12日修订的《中华人民共和国船舶污染海洋环境应急防备和应急处置管理规定》执行；重污染天气应对工作按照国务院《大气污染防治行动计划》执行。

以《国家突发环境事件应急预案》为例，除上文所述适用范围之外，还包括突发环境事件组织指挥体系、监测预警和信息报告、应急响应、后期工作、应急保障几个方面。

① 突发环境事件组织指挥体系分为国家层面组织指挥机构、地方层面组织指挥机构和现场指挥机构三层。

a. 国家层面组织指挥机构：环境保护部负责特大突发环境事件应对的指导协调和环境应急的日常监督管理工作，必要时还将成为国家环境应急指挥部，由国务院领导同志担任总指挥。

b. 地方层面组织指挥机构：县级以上地方人民政府负责本区域内的突发环境事件应对工作，跨行政区域的突发环境事件由各有关区域人民政府共同负责，或由共同的上一级地方人民政府负责。

c. 现场指挥机构：负责突发环境事件应急处置的人民政府需要成立现场指挥部。

② 监测预警和信息报告包括监测和风险分析、预警、信息报告与通报三个方面。

a. 监测和风险分析：各级环保部门要加强环境监测，并对风险信息加强收集、分析和研判；企业事业单位和其他生产经营者应定期排查环境安全隐患，开展风险评估。

b. 预警：预警分为四级，从低到高分别用蓝色、黄色、橙色、红色表示，预警信息发布后，当地政府应采取分析研判、防范处置、应急准备及舆论引导措施。

c. 信息报告与通报：涉事企业事业单位或其他生产经营者—当地环境保护主管部门（核实、认定）—上级环境保护主管部门及同级人民政府；地方各级人民政府及其环境保护主管部门应逐级上报，必要时可越级上报。

③ 应急响应分为响应分级、响应措施、国家层面应对工作、响应终止四个方面。

a. 响应分级：严重程度从高到低，分为Ⅰ级、Ⅱ级、Ⅲ级、Ⅳ级。

b. 响应措施：现场污染处置、转移安置人员、医学救援、应急监测、市场监管和调控、信息发布和舆论引导、维护社会稳定、国际通报和救助。

c. 国家层面应对工作：初判发生重大以上突发环境事件或情况特殊时，环境保护部立即派工作组赴现场指导；当需要国务院协调处置时，成立国务院工作组；根据工作需要和国务院部署，成立国家环境应急指挥部。

d. 响应终止：当事件条件已经排除、污染物质已降至规定限值内、所造成危害基本消除时，启动相应的人民政府终止应急响应。

④ 后期工作包括损害评估、事件调查、善后处置三个方面。

a. 损害评估：应急响应终止后，要及时组织开展污染损害评估，并将结果向社会公布。

b. 事件调查：由环境保护主管部门牵头，会同监察机关及相关部门，组织开展调查。

c. 善后处置：事发地人民政府要组织制定补助、补偿、抚慰、抚恤、安置和环境恢复等善后工作方案。

⑤ 应急保障包括队伍保障，物资与资金保障，通信、交通与运输保障，技术保障四个方面。

a. 队伍保障：国家环境应急监测队伍、公安消防部队、大型国有骨干企业应急救援队伍及其他相关方面应急救援队伍等力量，要积极参加应急监测、处置与救援、调查处理等工作。

b. 物资与资金保障：突发环境事件应急处置所需经费首先由事件责任单位承担。

c. 通信、交通与运输保障：地方各级人民政府及通信主管部门、交通运输部门、公安部门要参与保障。

d. 技术保障：依托环境应急指挥技术平台，实现信息综合集成、分析处理、污染损害评估的智能化与数字化。

《国家突发环境事件应急预案》确立了中枢指挥系统、事件分级响应，确保了公众知情权，强调了提高公众的灾害自救能力。其对应对突发环境事件的组织体系、运行机制、应急保障、监督管理等方面进行了详细部署，为国家处理突发环境事件提供了系统的指导和依据。

(3) 应急监测的相关法律、法规

①《中华人民共和国环境保护法》

②《中华人民共和国水污染防治法》

③《中华人民共和国大气污染防治法》

④《中华人民共和国固体废物污染环境防治法》

⑤《中华人民共和国噪声污染防治法》

⑥《全国环境监测管理条例》

⑦《环境监测报告制度》

⑧《中华人民共和国安全生产法》

⑨《国家突发环境事件应急预案》

⑩《国家突发公共事件总体应急预案》

⑪《剧毒化学品目录》

⑫《国家危险废物名录》

⑬《重大危险源辨识》

⑭《危险货物品名表》

⑮《危险化学品安全管理条例》

⑯《关于进一步加强突发性环境污染事故应急监测工作的通知》

⑰《中华人民共和国突发事件应对法》

⑱《突发环境事件应急预案管理暂行办法》

⑲《突发环境事件应急监测技术规范》

⑳《集中式地表饮用水水源地环境应急管理工作指南（试行）》

㉑《全国环保部门环境应急能力建设标准》

㉒《突发环境事件应急监测技术规范》

以及相关的国家有关法律、法规和规范。

5.1.2 污染应急体制与机制

我国现阶段突发环境事件应急管理遵循了“一案三制”的总体要求和规划，通过实践不断摸索和总结经验，按照预防与应急并重，常态与非常态结合的原则，逐步建立起“分类管理、分级负责、条块结合、属地为主”的应急管理体制和“统一指挥、反应灵敏、协调有序、运转高效”的应急管理体制。

目前，我国已初步形成了中央政府领导、有关部门和地方各级政府各负其责、社会组织和人民群众广泛参与的应急管理体制。从机构设置看，既有中央级的非常设应急指挥机构和常设办事机构，又有地方政府对应的各级应急指挥机构，县级以上地方各级人民政府设立了由本级人民政府主要负责人、相关部门负责人组成的突发公共事件应急指挥机构；根据实际需要，设立了相关突发公共事件应急指挥机构，组织、协调、指挥突发公共事件应对工作。从职能配置看，应急管理机构在法律意义上明确了在常态下编制规划和预案、统筹推荐建设、配置各种资源、组织开展演练、排查风险源的职能。从人员配备上，既有负责日常管理的从中央到地方的各级行政人员和专职救援队伍，又配备了高校和科研单位的环境应急管理专家。

经过几年的努力，我国初步建立了应急监测预警机制、信息沟通机制、应急决策和协调机制、分级负责与响应机制、社会动员机制、应急资源配置与征用机制、奖惩机制、社会治安综合治理机制、城乡社区管理机制、政府与公众联动机制、国际协调机制等应急机制。另外，特别针对薄弱环节，有针对性地加强机制建设，如以往在信息披露和公众参与方面存在缺失，四川汶川地震发生后，党和政府注意发挥信息发布机制和志愿者机制的作用，主动向社会发布实情报告，举行记者招待会或以其他形式与社会直接面对面沟通，大量媒体记者包括境外媒体记者被允许进入灾区进行采访和报道，增强了政府信息公开的时效性与权威性，避免了谣言的传播，有效引导了舆论导向，稳定了人心。又如，在突发公共事件中，关于怎样开展与国际社会合作的经验以前并不多，经过近几年实践摸索，建立了减灾国际协作机制，在特大灾害中邀请有丰富经验的外国和境外救援人员参与救灾。同时，我国在建立应急管理机制的过程中还与探索建立绩效评估、行政问责制度相结合，已形成了灾害评估、官员问责的一些成功实践范例。

我国在培育应急管理机制时，重视应急管理工作平台建设。国务院制定了“十一五”期间应急平台建设规划并启动了这一工程，公共安全监测监控、预测预警、指挥决策与处置等核心技术难关已经基本攻克。国家统一指挥、功能齐全、先进可靠、反应灵敏、实用高效的公共安全应急体系技术平台正在加快建设步伐，为构建一体化、准确、快速应急决策指挥和工作系统提供支撑和保障。

通过近年来应对突发环境事件的实践积累，我国突发环境事件应急体制机制不断健全，在重大的突发灾害或事故面前，处理机制的建立和运转成熟有效，将突发环境事故造成的损失和不利影响降至最低，有效地保障了广大人民的生命财产和生态环境安全。以 2015 年天津滨海新区爆炸事故为例，2015 年 8 月 12 日 22 时 51 分 46 秒，瑞海公司危险品仓库最先起火，23 时 34 分 37 秒发生第二次更剧烈的爆炸。22 时 52 分接警后，22 时 56 分，天津港公安局消防四大队首先到场，8 月 13 日凌晨 1 点左右成立总指挥部，指挥部下设五个工作组，分别是事故现场处置组、伤员救治组、保障维稳群众工作组、信息发布组和事故原因调查组，全方位开展现场救援以及防化处理、房屋回购、人员赔偿等善后处理各项工作。8 月 13 日凌晨至 19 日，国务委员率国务院工作组赶赴事故现场，协调指导应急处置工作。事故发生后，党中央、国务院高度重视，习近平总书记、李克强总理多次做出批示，要求全力组织搜救，注意做好科学施救，防止发生次生事故，同时查明事故原因，及时公开透明地向社会发布信息。2015 年 8 月 18 日，经国务院批准，成立由公安部、安全监管总局、监察部、交通运输部、环境保护部、全国总工会和天津市等有关方面组成的国务院天津港“8•12”瑞海公司危险品仓库特别重大火灾爆炸事故调查组，邀请最高人民检察院派员参加，并聘请爆炸、消防、刑侦、化工、环保等方面的专家参与调查工作。

5.1.3 应急污染主要处理技术

长期以来，污废水排放始终是大多数城市地表水体、饮用水源地安全的重要威胁。这些水污染既包括工业点源、生活污水和农业面源等常规污染，也包括船舶化学品和石油泄漏、工业事故排放、暴雨径流污染和蓄意投毒等突发性水污染。其中，突发性水污染事件严重影响社会的正常活动，给生态环境带来了极大的破坏，其危害不容小觑。由于突发性水污染事故的发生时间、污染物性质、影响范围和破坏程度都具有不确定性，且在短时间内难以完成应对方案的制订和实施，因此往往对人体健康、生态环境和社会经济造成严重的破坏和深远的影响。

面对国内突发性水污染事故频发的局势，亟需事先确定对特定污染物的应急处理技术，以便事故发生时能够积极应对。这就需要对突发性的水污染事件有针对性的环境应急处理技术来提供支持。

(1) 有机有毒污染物的应急处理方法

有机有毒污染物是一类具有很强的毒性，在环境中难降解，可远距离传输，并随食物链在动物和人体中累积、放大的污染物。部分具有内分泌干扰特性，主要包括多环芳烃、有机氯农药、多溴联苯醚、二噁英等，以及一些有机金属化合物（有机汞、有机锡等）等。已有研究表明，有机有毒污染物大多具有“致癌、致畸、致突变”的三致效应和遗传毒性，可干扰、抑制或破坏动物和人体的神经系统、免疫系统以及内分泌系统，导致基因突变和遗传缺陷，对人类健康和生态环境造成长期的影响和危害。目前处理突发性有机有毒污染物的方法主要有吸附法、氧化分解法等物理化学方法。

(2) 突发性重金属污染的应急处理方法

目前，针对突发性重金属污染事故的应急处理方法主要有化学沉淀法及吸附法。化学沉淀法是通过投加药剂调整污水的 pH 值，使重金属污染物生成金属氢氧化物或碳酸盐等沉淀形式，再通过铝盐、铁盐等絮凝及沉淀去除。吸附法是采用活性炭、沸石等高吸附量介质进行快速处理，工艺简单、效果稳定，尤其适用于大流量低污染物含量的去除，成为应对突发性重金属水污染事故首选的应急处理技术。

(3) 突发性油类污染的应急处理方法

随着石油资源的不断开发利用，海上石油开采量不断增加，船舶和陆源排放污油量逐年增大，因油类造成的海洋污染事件也接踵而来。石油污染物是一类危害程度大、污染范围广的工业污染物，石油污染物种类繁多，主要含有烷烃、环烷烃、芳香烃和不饱和烯烃、含氧化合物、含硫化合物、含氮化合物、胶质和沥青质等。针对突发性油类污染的应急处理方法主要有机械物理法、氧化分解法以及化学破乳法等。运用化学药剂加速原油分解，防止油水合一是治理油类水污染的有效方式，如使用石墨和活性炭。对于常见突发性油类泄漏事故造成的污染事件，应建立应对油类污染事件的长效机制，做到将应急处理与预防有效结合。

(4) 生物污染的应急处理方法

水体的生物性污染主要是指微生物污染，以及低等水生植物（如藻类）爆发造成的污染。生物性污染与其他污染的不同之处在于，它的污染物是活的生物，能够逐步适应新的环境，不断增殖并占据优势，从面危害其他生物的生存和人类的生活。

有机污染严重、氮磷含量超标导致水体呈富营养化状态的夏季，蓝藻时常暴发，并在水面形成一层蓝绿色带有腥臭味的浮沫，称为“水华”。藻类的暴发性增殖是使水体生态平衡发生改变、进而对水环境造成危害的污染现象。藻类所分泌的臭味物质可导致饮用水产生异味。

水体突发性蓝藻暴发的处理方法主要有物理、化学及生物方法。物理防治包括过滤、吸附、曝气和机械除藻等；化学防治主要包括化学药剂法、电化学降解法等；物理化学防治可通过添加混凝剂对藻类进行沉淀，或通过化学加药气浮工艺去除水中的藻类、其他固体杂质和磷酸盐，从而使整个水体保持良好状态；对于水体微生物超标问题，可采用强化消毒技术（Cl_2、ClO_2、次氯酸盐、紫外辐照、臭氧等）进行消毒处理，在水源水出现较高微生物风险时，可加大消毒剂投加量及延长消毒时间来强化消毒效果。

一般而言，化学方法除藻虽然具有一定的效果，可快速杀死藻类，但极易产生二次污染，同时化学药品的生物富集和放大对整个生态系统会产生较大的负面影响，长期使用低浓度的化学药物会使藻类产生抗药性，易造成环境污染甚至破坏区域生态平衡，因此不宜在水源地使用。生物除藻方法以长期防治为主，且生物之间作用机制复杂、影响因子众多、可控制性差，不适合在蓝藻暴发期间作为应急处理措施。而物理除藻方法虽然工作量较大，周期较长，控藻成本较高，但相对简单易行、见效快、副作用小，有助于加快水体生态修复，是一种有效的应急处理手段，适用于大部分水源地治理蓝藻水华，近年来物理原位控藻技术的研究也越来越受到重视并得到广泛的应用。

5.2 典型案例

5.2.1 采用管式膜及双效蒸发器处理医疗废弃物焚烧车间湿法烟气脱酸废水零排放技术

(1) 技术持有单位

广东绿日环境科技有限公司

(2) 单位简介

绿日环境是专业的环保解决方案提供商，是环境健康领域的先进组织，为客户提供一站式、一体化、综合的、量身订造的环保服务。历经多年的发展，绿日环境已成长为一家涵盖工程设计及施工总承包、环保设施投融资及第三方运营托管、废水及回用水装备研发制造、技术咨询等板块的专业环保集团公司，公司拥有国家环保工程设计资质证书、施工资质证书和环境污染治理设施运营资质证书，已取得 ISO9001：2008 质量体系认证，是国家高新技术企业。

公司拥有一支强大的专业技术队伍，包括环境工程、环境科学、给排水、化工、建筑、结构、电气、自动控制、暖通空调、概预算、机械等专业人才，90%以上人员为本科以上学历，多年从事相关专业，具有非常丰富的专业经验。同时公司也非常注重人才的培养，通过机制和提供培训机会，形成适合人才成长的环境。公司员工努力成长，共同为实现"天更蓝、水更清、地更绿、日子更美好"的美丽中国梦而奋斗。

公司与国内多所高等院校和科研机构、知名环保企业建立了广泛密切的合作，并与德国、加拿大、美国、荷兰、日本、法国等环保技术及产业化发达的国家有广泛的交流与合作，已经成为环境污染控制领域一个集产、学、研为一体的高新科技实体。

公司强大的自主研发和技术能力、独特的经营模式、经验丰富的专业管理团队、极具竞争力的成本优势，为集团业务的快速发展提供了有力的保证。

(3) 适用范围

该技术适用于中小规模高硬度与盐分废水处理。

(4) 主要技术内容

1）基本原理

采用管式膜及双效蒸发器来处理医疗废弃物焚烧车间湿法烟气脱酸废水，可使处理后废水达到零排放要求，浓缩成结晶状态。

2）技术关键

① 采用管式超滤膜预处理，去除废水中的硬度及悬浮物，以减少硬度和悬浮物对蒸发器列管的影响；

② 采用钛材为主体的双效蒸发器对废水进行蒸发析出晶体，废水经过蒸发后回到循环水池进行回用。

3）科技创新点与技术特点

① 技术创新点：改进管式超滤膜预处理方式，在传统的混凝、絮凝后增加预沉池，降低管式超滤膜被污堵的风险。

② 技术特点：采用该技术，可使处理后废水达到零排放要求。

4）工艺流程图及其说明

图5-1为工艺流程图。高盐废水经调节池调节水质水量后，进入混凝反应池进行物化沉淀，在调节pH的同时去除废水内部分杂质；经物化处理后废水进入管式膜系统，在超滤作用下废水中的硬度及悬浮物被大量分离；经管式膜后，高浓度含盐浓缩废水进入双效蒸发器内进行蒸发，析出晶体装车外运交由第三方处理，蒸发废水回到循环水池进行回用。

(5) 技术指标及使用条件

1）技术指标

① 进水水质

该技术可处理高盐分医疗废弃物焚烧车间湿法烟气脱酸废水，废水主要污染物浓度如表5-1所示。

表5-1 高盐废水进水水质

废水种类	pH	BOD_5 /(mg/L)	COD_{Cr} /(mg/L)	SS /(mg/L)	TDS /(mg/L)
高盐废水	6.5～9	—	≤200	<200	16000

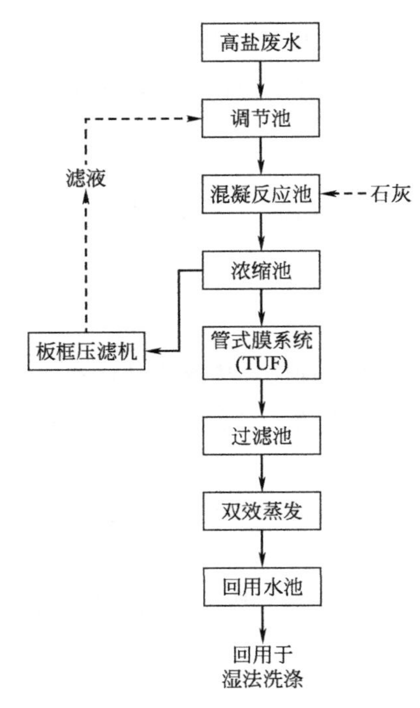

图 5-1　工艺流程图

② 出水水质

要求达到《城市污水再生利用　工业用水水质》(GB/T 19923—2005) 的冷却用水标准回用。主要指标见表 5-2。

表 5-2　工业用水水质标准

序号	控制项目	水质标准
1	pH	6.5～8.5
2	浊度/NTU	≤5
3	色度/倍	≤30
4	BOD_5/(mg/L)	≤10
5	COD_{Cr}/(mg/L)	≤60
6	铁/(mg/L)	≤0.3
7	锰/(mg/L)	≤0.1
8	氯离子/(mg/L)	≤200
9	二氧化硅/(mg/L)	≤50
10	总硬度(以 $CaCO_3$ 计)/(mg/L)	≤450

续表

序号	控制项目	水质标准
11	总碱度(以 $CaCO_3$计)/(mg/L)	≤350
12	硫酸盐/(mg/L)	≤200
13	NH_3-N/(mg/L)	≤10
14	总磷/(mg/L)	≤1.0
15	溶解性总固体/(mg/L)	≤1000
16	石油类/(mg/L)	≤1.0
17	阴离子表面活性剂/(mg/L)	≤0.5
18	余氯/(mg/L)	≤0.05
19	粪大肠菌群/(个/L)	≤2000

2）经济指标

① 废水回用率高

管式膜+双效蒸发器的蒸发废水回到循环水池进行回用，实现了废水零排放。蒸发器产出的洁净水，其硬度和污染物浓度都很低，达到了回用水的标准，进入循环水池，可用于处理系统中管式膜的反冲洗水，为整个处理系统节约了80%自来水用量。

② 固体废物减量

相较于传统的絮凝沉淀+过滤+生化处理工艺，管式膜+双效蒸发器通过管式膜和蒸发器使高浓度含盐废水进行浓缩蒸发，含盐污染物结晶析出，相对传统工艺产生的生化污泥量，减少了50%的固体废物处理量，节约了很大一部分第三方危废处理费用。

3）条件要求

污水不能对膜管和膜表面造成破坏：该技术运用管式膜对高盐度废水进行浓缩，要求污水中的污染因子不会对膜造成堵塞或损坏。因此该技术不适用于处理含油污、油脂、高COD、PAM、硅类消泡剂的废水。

4）典型规模

该技术典型规模为中小型。

(6) 关键设备及运行管理

1）主要设备

该技术的主要核心设备为管式膜及双效蒸发器。其中，管式膜用于去除废水中的硬度及悬浮物，以减少硬度和悬浮物对蒸发器列管的影响；双效蒸发器用于废水蒸发、析出晶体，以达到蒸发水回用及废水零排放的目的。

2）运行管理

以典型案例“广东生活环境无害化处理中心升级改造项目”为例，运行包括每日维持管式膜及双效蒸发器正常运行，以及管式膜超滤前混凝所需药剂的添加等。

3）主体设备或材料的使用寿命

管式膜和双效蒸发器使用寿命为5年。

(7) 投资效益分析

1）投资情况

以典型案例“广东生活环境无害化处理中心升级改造项目”为例，该项目从高盐分废水调节池至蒸发器冷凝水末端，总投资为1000万元，其中设备投资为250万元。

2）运行成本和运行费用

该项目运行成本主要在用电、药剂、人工。

① 水电费

F_1＝(管式膜系统电费384.8＋蒸发器系统电费3088)/处理量84＝41.34(元/t)

管式膜系统电费和蒸发器系统电费的具体情况见表5-3和表5-4。

表5-3 管式膜系统（TUF）电费

序号	设备名称	功率/kW	数量/台	运行数量/台	运行时间/h	折算系数	运行功率/kW
1	TUF进水泵	0.55	2	1	20	0.8	8.8
2	1#搅拌机	1.5	1	1	20	0.8	24
3	2#搅拌机	1.5	1	1	20	0.8	24
4	管式膜循环泵	15	1	1	20	0.8	240
5	管式膜反洗泵	2.2	1	1	20	0.8	35.2
6	管式膜冲洗泵	2.2	1	1	20	0.8	35.2
7	管式膜化学清洗泵	1.1	1	1	20	0.8	17.6
8	合计						384.8
以每度电价格为1.0元进行计算，TUF系统电费为：384.8元							

表5-4 蒸发器系统电费

序号	设备名称	功率/kW	数量/台	运行时间/h	折算系数	运行功率/kW
1	进料泵	7.5	1	20	0.8	120
2	蒸馏水泵	3	1	20	0.8	48
3	一效强制循环泵	45	1	20	0.8	720
4	二效强制循环泵	45	1	20	0.8	720

续表

序号	设备名称	功率/kW	数量/台	运行时间/h	折算系数	运行功率/kW
5	出料泵	11	1	20	0.8	176
6	母液回流泵	4	1	20	0.8	64
7	真空泵	7.5	1	20	0.8	120
8	离心机	15	1	20	0.8	240
9	母液泵	5.5	1	20	0.8	88
10	冷凝水泵	3	1	20	0.8	48
11	冷却循环水泵	37	1	20	0.8	592
12	送料泵	5.5	1	20	0.8	88
13	凉水塔	4	1	20	0.8	64
14	合计					3088
以每度电价格为1.0元进行计算，蒸发器电费为：3088元						

② 吨水药剂费

$$F_2=154.51/84=1.84(\text{元/t})$$

药剂费具体情况见表5-5。

表5-5 药剂费

序号	名称	水量/(t/d)	加药量/(mg/L)	浓度	耗药量/kg	价格/(kg/元)	总价/元
1	氢氧化钙	84	1000	100%	84.0	1	84.00
2	PAC	84	350	100%	29.4	2.1	61.74
3	次氯酸钠	84	8	10%	6.7	0.9	6.05
4	盐酸	84	8	37%	1.8	1.5	2.72
5	合计						154.51

③ 吨水人工费

$$F_3=27300/84/30\times40\%=4.33(\text{元/t})$$

本技术人工费占综合废水处理总人工费的40%，具体情况见表5-6。

表5-6 人工费

序号	名称	职责	人数	月工资/元	合计/元
1	站长	全面负责站区管理，长白班	1	7000	7000
2	操作工	负责运营操作	3	4000	12000

续表

序号	名称	职责	人数	月工资/元	合计/元
3	化验员	负责水质分析,并协助运行	1	4200	4200
4	维修人员	负责设备维护并协助运行	1	4100	4100
5	合计				27300

④ 运行成本

$$\sum F=F_1+F_2+F_3=41.34+1.84+4.33=47.51(\text{元/t})$$

3）效益分析

① 经济效益：项目建设投资 1000 万元，运行成本包括每日用水电、药剂及人工。整个项目的投资回收期为 5 年，使用期为 20 年，五年之后项目净现值不会下降，项目投资可行，投资回收期合理。

② 环境效益：通过本技术处理的废水，能够达到废水零排放要求，仅有浓缩成结晶态的固体废物产生，其环保和可重复利用的技术方式，将大幅改善污水外排对周围环境造成的影响，具有良好的环境效益。

(8) 专利情况

一种处理重金属废水的蒸发系统（专利号：CN205973859U）

(9) 推广与应用示范情况

1）推广方式

① 网络收集客户信息。

② 电话沟通了解客户，预约上门拜访或邀请来公司参观，参观示范工程，了解项目进而促使合作。

③ 通过专业技术交流会议进行推广。

2）应用情况

主要用户为广东生活环境无害化处理中心有限公司，项目规模 $84m^3/d$。

3）示范工程

广东生活环境无害化处理中心有限公司是采用管式膜及双效蒸发器处理医疗废弃物焚烧车间湿法烟气脱酸废水零排放技术的主要应用客户，"广东生活环境无害化处理中心升级改造项目"将作为公司对该技术的示范工程进行推广。此项目建设规模是高盐分废水 $84m^3/d$,总投资为 1000 万元，设备有效年运行时数为 8712h，项目使用期为 20 年。处理工艺流程为：高浓度含盐废水→调节池→混凝反应池→浓缩池→管式膜系统（TUF）→过滤池→双效蒸发器→回用水池→废水回用。该项目运用"管式膜及双效蒸发器处理医疗废弃物焚烧车间湿法烟气脱酸废水零排放"技术，此技术与传统处理工艺相比，能有效降低前期投资与占地面积，提高系统自动化处理程度，并能稳定产出结晶废料和零废水排放，方便后续处理。

(10) 技术服务与联系方式

1) 技术服务方式

① 咨询服务：有专业工程师和资深工程师为客户做指引和解答。

② 上门服务：专业的维修工程师到现场为客户解决问题，并做简单的技术培训。

③ 在线技术支持：公司设有全天在线的专用QQ，可通过即时问答解决客户的问题。

④ 加急服务：紧急突发事件的服务需求，任何时间、任何地点公司均会响应并在两小时内派出工程师。

2) 联系方式

单位名称：广东绿日环境科技有限公司

电话：4000688454

传真：020-82327290

邮编：lrhbkj@126.com

通信地址：广州市天河区宦溪西路36号（东英商务园）C栋

5.2.2 智能高效医院污水消毒装置

(1) 技术持有单位

四川永沁环境工程有限公司

(2) 单位简介

永沁环境成立于2009年，国家高新技术企业，四川环保产业50强，拥有十几项资质，45项专利等自主知识产权，公司专注于医院污水处理设备和生活污水处理设备的研发、制造、销售，拥有各类医疗和生活污水处理产品，涵盖各类医疗机构污水处理及消毒、生活污水处理及回用。公司秉承“定做的才是合适的”理念，为客户量身定做高端污水处理设备。

(3) 适用范围

① 人民医院、中医院、乡镇卫生院；

② 疾控中心、血站、门诊部；

③ 美容诊所、口腔诊所、中西医诊所、牙科诊所；

④ 卫生站、医务室；

⑤ 其他医疗废水。

(4) 主要技术内容

1) 基本原理

智能高效医院污水消毒装置主要由消毒灭菌控制系统和药剂投加系统构成。其中消毒灭菌控制系统包括在线检测仪、数据采集仪及PLC控制电路，药剂投加系统由投药泵、贮药箱、水力搅拌泵构成。本装置通过消毒灭菌控制系统来进行自动控制，首先在贮药箱中完成药剂的配置，再通过投药泵将配制好的溶液泵入消毒池中进行消毒杀菌。整套设备通过控制系统自动启停控制所有电气对象，可实现智能、高效加药。

2）技术关键

本装置可用于投加固体、液体消毒剂。搭载消毒灭菌控制系统，进行高度智能化精准投药消毒。具备断电投加功能，停电时可继续投加药剂，该系统具备软件著作权。

装置采用水力搅拌实现药水混合，不需要机械搅拌，避免了搅拌器腐蚀等造成的高故障率问题。药水用完自动断电并进行声光报警，药剂配置时药箱水满自动断水。可以与余氯在线检测数据联动，实现自动启停，大大节约加药量，确保余氯和大肠杆菌在标准限值内。

3）科技创新点与技术特点

① 一机多用，可用于液体消毒剂、粉状消毒剂的投加。

② 数字显示设备累计运行时间，具备统计功能。

③ 断电投加功能，停电时继续自动投加药剂。

④ 水力搅拌实现药水混合，不需要机械搅拌。

⑤ 药水用完自动断电并声光报警，药剂配置时药箱水满自动断水。

⑥ 消毒池流入污水时自动启动，达到消毒接触时间后自动停止。

⑦ 定时自动混合，充分溶解药剂，节约药剂成本。

⑧ 可以与余氯在线检测数据联动，实现自动启停，大大节约加药量，确保余氯和大肠杆菌在标准限值内。

⑨ 可并入计算机管理系统，实现远程控制。

4）工艺流程图及其说明

图5-2为工艺流程图。智能高效医院污水消毒装置运行时，首先通过消毒灭菌控制系统启动整套设备，在贮药箱内进行溶液配制，通过水力搅拌使药剂和水搅匀后，计量泵依据设定加药量开始工作，往消毒池体内投入消毒溶液进行消毒杀菌，消毒后的污水达标外排。

加药系统的加药量依据余氯在线监测数据进行自动调整，当使用多台计量泵时，计量泵之间能自由切换。贮药箱的液位、计量泵的工作状态均能在搭载消毒灭菌控制系统的控制界面中显示。消毒灭菌控制系统中输入液位的底限值和高限值，连锁开关控制加药泵。当贮药箱内液位降低到低液位时，加药系统装置自动断电并声光报警，药剂配置时贮药箱水满自动断水。通过余氯值来实现加药系统的自动启停，大大节约了加药量，确保余氯和大肠杆菌在标准值内。

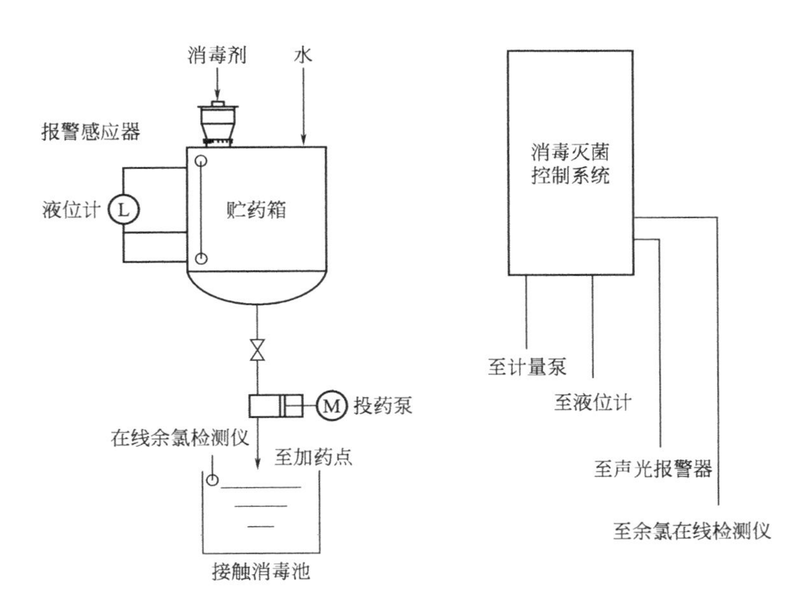

图 5-2　工艺流程图

(5) 技术指标及使用条件

1）技术指标

① 单台加药量：5～10000L/h。

② 通用，可用于投加固体、液体消毒剂，可用于投加市面上所有种类的消毒剂。

③ 抗腐蚀，使用寿命可达 20 年。

④ 防护等级：IP65。

⑤ 电源电压：220V。

⑥ 出水粪大肠杆菌群数＜100MPN/L，应急情况下可达到传染病医院的标准。

⑦ 出水余氯＜0.5mg/L，应急情况下可达到环保部门临时要求的标准。

⑧ 满足《医疗机构水污染物排放标准》（GB 18466—2005），应急情况下可以达到传染病医院的标准。

⑨ 占地面积小于 $1m^2/100m^3$ 水。

2）经济指标

本技术装备单台最大加药量为 10000L/h，占地面积小于 $1m^2/100m^3$ 水，设备单方水投资不超过 100 元。

3）条件要求

① 设计制造标准

《环境保护产品技术要求　水处理用加药装置》（HJ/T 369—2007）

《聚乙烯卧式吹塑罐》（BB/T 0072—2017）

《水处理设备性能试验　第 4 部分：加药装置》（DB44/T 841.4—2010）

《水处理设备　技术条件》(JB/T 2932—1999)

② 系统配置

PE贮药箱1套；计量泵1台；搅拌泵1台；消毒灭菌控制系统1套；声光报警器1套；液位计1套；余氯在线监测仪1套；管件管材1套。

4) 典型规模

智能高效医院污水消毒装置单台最大加药量10000L/h，最大医疗污水处理量可达5000m³/d，可采用多台组合的方式扩大消毒能力。

(6) 关键设备及运行管理

1) 主要设备(表5-7)

表5-7　主要设备清单

序号	设备名称	型号规格	数量	备注
1	消毒灭菌控制系统	自动控制投药	1套	软件著作权
2	医院污水消毒装置	由投药泵、贮药箱、搅拌泵构成	1套	自有专利
3	液位计	0～5m	1套	
4	声光报警器	电压24V	1套	
5	余氯在线检测仪	0～20mg/L	1套	

2) 运行管理

全自动运行，控制系统采用PLC+触摸屏，系统搭载自有软件著作权的控制软件。

3) 主体设备或材料的使用寿命

抗腐蚀，使用寿命可达20年。

(7) 投资效益分析

以成都市公共卫生临床医疗中心项目为例进行投资效益分析。该中心是新型冠状病毒肺炎定点收治医院，四川首例新冠肺炎患者由该中心治愈。

1) 投资情况

总投资和单方投资：项目总投资为148.05万元，智能高效医院污水消毒装置投资为8万元。日处理1000m³污水，消毒设备单方投资80元。

2) 运行成本和运行费用

① 电耗：项目电耗每年50000元，其中智能高效医院污水消毒装置每年电耗5000元。

② 人工费：项目年人工费40000元，消毒装置由操作人员同时操作，不单计人工费。

③ 维修管理费：设备维护维修费3000元/次，每年维护4次，则工程项目每年维护费用为12000元，其中智能高效医院污水消毒装置每年维护费为2000元。

④ 原材料费主要为消毒药剂的投入，项目采用次氯酸钠消毒，每年原材料费约25000元。

本项目年运行费用合计为127000元/a，智能高效医院污水消毒装置年运行费用为32000元。

设备单位废水处理运行成本合计为：0.35元/m^3，智能高效医院污水消毒装置运行成本为0.09元/m^3。

3）效益分析

① 经济效益分析

项目整体运行成本为0.35元/m^3，污水处理能力为1000m^3/d，总占地面积120m^2，本技术设备占地3m^2，消毒装置运行成本0.09元/m^3。

② 环境效益分析

以项目出水监测报告估算，按进水COD 350mg/L，BOD_5 200mg/L，SS 150mg/L，氨氮75mg/L，粪大肠菌群数5000MPN/L估算，其削减总量可达到COD减排121.9t/a，BOD_5减排71.905t/a，SS减排52.56t/a，氨氮减排27.27426t/a，粪大肠菌群数减排1.82135×10^{12}MPN/a，有效削减污染物排放量，稳定达到《医疗机构水污染物排放标准》（GB 18466—2005）表1中排放限值要求，改善周边环境质量，环境效益显著。

(8) 专利情况

① 实用新型

医院污水处理消毒装置（专利号：ZL201520051393.9）

② 软件著作权

消毒灭菌控制系统（证书号：软著登字第2396675号）

(9) 推广与应用示范情况

1）推广方式

线上推广：网站推广、搜索引擎推广、资源合作推广、事件营销、即时通信营销。

线下推广：参与政府采购、协作单位合作。

2）应用情况（表5-8）

表5-8 主要用户名录

序号	项目名称	内容
1	宣汉县卫生局	17套消毒装置
2	达县卫生局	14套消毒装置
3	大竹县卫生局	9套消毒装置
4	开江县卫生局	7套消毒装置

续表

序号	项目名称	内容
5	资中县卫生局	15套消毒装置
6	名山区卫生局	5套消毒装置
7	郫都区疾控中心、乐山马边县戒毒所	
8	双流第一人民医院、资中县人民医院	
9	南充第五人民医院、大邑县人民医院昭觉县人民医院、康定市人民医院、木里县中藏医院	

3）示范工程

成都市公共卫生临床医疗中心项目具体情况如下。

规模：污水处理量为1000m^3/d，总占地面积120m^2，本技术设备占地3m^2。

投资：本项目污水处理站的投资费用主要包括机电设备（机械格栅、水泵、潜水搅拌机、风机、成品气浮装置、智能高效医院污水消毒装置、污泥叠螺机、余氯在线监测仪等）和设备配套的供货、安装、调试，总投资为148.05万元，其中智能高效医院污水消毒装置设备投资为8万元。

工艺流程：污水经收集后进入格栅池，通过机械格栅去除较粗大悬浮物及杂质后进入调节池中均衡水质水量，减轻后续水处理工艺的处理负荷。调节池出水依次进入接触氧化池进行生化处理，降低污水中的有害物质后进入沉淀池，经固液分离后进入消毒池，通过智能高效医院污水消毒装置往池内投加次氯酸钠溶液，去除污水中的有害病菌。并通过设置于消毒池出水处的余氯在线检测仪监控出水余氯值，达标后得以排放。

运行参数与运行经验：消毒池流入污水时或余氯低于下限数字时装置自动启动，达到消毒接触时间并且余氯满足要求后自动停止。消毒池内pH为5～9，次氯酸钠能取得更好的消毒杀菌效果。消毒池内的水力停留时间为2h。

与使用传统加药设备的污水处理工程相比较，智能高效医院污水消毒装置具备设备自动化程度高、占地面积小、投资费用低、运行效果安全可靠等性能特点。

(10) 技术服务与联系方式

1）技术服务方式

咨询服务、上门服务、在线技术支持、培训服务。

2）联系方式

单位名称：四川永沁环境工程有限公司

电话：028-64609933，18180573933

邮箱：office@scyongqin.com

通信地址：成都市青羊区光华东三路486号

5.2.3 处理难降解有机废水的电氧化技术及装备

(1) 技术持有单位

中钢集团武汉安全环保研究院有限公司

(2) 单位简介

中钢集团武汉安全环保研究院有限公司集科研开发、工程设计与承包、科技产业、咨询服务于一体，涵盖安全、环保、循环经济三大领域。具有建设部颁发的市政排水甲级、冶金（环保）甲级、市政环境卫生甲级、市政给水乙级、建筑乙级，环境专项工程（水、气甲级；声、固乙级）设计资质，通过了ISO9001、ISO14001、GB/T 28001三体系认证。建院以来形成科研成果600余项，获得专利授权50余项，编制标准与规范十余项。特别是在高浓度有机废水（包含垃圾渗滤液）的处理及资源化技术研究、垃圾填埋场的设计（包含作业规划）及修复治理方面，为社会提供项目策划及咨询、科研与技术开发、工程设计与总承包等全方位服务，专业配套齐全，研发能力强，其业绩及研究成果达到国内先进水平。

(3) 适用范围

该应急设备适用于处理含难降解有机物污水、焦化电镀工业废水及含氨氮的污水。

(4) 主要技术内容

1）基本原理

电氧化技术处理废水的机理分为直接氧化和间接氧化两大类。

直接氧化是指污染物在电极上直接被氧化或还原而从废水中去除。直接氧化可分为阳极过程及阴极过程。阳极过程是指污染物在阳极表面氧化而转化成毒性较低的物质或易生物降解物质，甚至发生有机物无机化，从而达到消减污染的目的；阴极过程是指污染物在阴极表面还原而得以去除，主要用于卤代烃的还原脱卤和析氢反应。

间接氧化是指利用电化学产生的氧化还原物质作为反应剂或催化剂，使污染物转化成毒性更小的物质。间接氧化可分为可逆过程和不可逆过程。可逆过程是指在电解过程中金属氧化物电极形成非计量型高价氧化物时，有机物以电化学转化方式降解，而在形成高活性的·OH时，降解过程以电化学燃烧的方式进行。相比较而言，电化学燃烧过程中间产物少，可以使有机物更彻底地矿化为CO_2和H_2O。不可逆过程是指电化学燃烧是物理吸附态的“活性氧”（·OH）使有机物完全氧化。同时不可逆过程中还产生次氯酸根（OCl^-）、臭氧（O_3）、过氧化氢（H_2O_2）以及一些其他物质（ClO_2、O_2^-、HO_2^-和O_2）等共同氧化有机污染物。

2）技术关键

① 电氧化槽的结构方式及布水方式；

② 进行电氧化反应的阳极板和阴极板类型；

③ 影响间接氧化的阴离子浓度和类型及电流密度的选择。

3）创新点与技术特点

① 该应急设备适用于处理难降解有机物、焦化电镀工业废水及含氨氮污水处理；

② 电解过程中产生的·OH无条件地与废水中的有机污染物反应，可将其氧化为CO_2、H_2O和小分子有机物，该技术属于"环境友好技术"，避免了因额外添加药剂而引起的二次污染；

③ 能量效率高，反应条件温和，一般常温常压下就能进行；

④ 对难降解有机物及氨氮有很高的去除效率，且反应设备及其操作一般比较简单；

⑤ 既可以单独处理，又可以和其他生物方法相结合；

⑥ 针对含氯的其他废水，电氧化过程中产生的次氯酸根可对其进行消毒处理。

4）工艺流程及其说明

首先污水进入预处理单元，使溶解性固体及悬浮物满足进入电氧化系统的需要值。然后用提升泵把预处理后的污水送至电解循环槽，启动循环泵使其在电解槽循环。开启电源，调整电流、电压至所需值。电解一定的时间后，污水达标排放。

同时对电解过程中阴极产生的氢气，阳极产生的氧气进行负压收集后高空排放处理。若污水中含有氯离子，则对电解过程中阳极产生的氯气和氧气进行收集，收集后的氯气可采用氢氧化钠溶液进行两级吸收后高空排放。

(5) 技术指标及使用条件

1）技术指标

① 难降解有机物去除效率≥80%。

② 氨氮的去除效率≥90%。

③ 阳极板采用涂层为多种贵金属的钛电极，阴极板采用电阻较小的进口组合钢材质。

④ 电氧化系统主要由预处理系统、电氧化单元、尾气处理单元组成。

a. 预处理单元主要由搅拌机、加药装置、提升泵等组成；

b. 电氧化单元主要由循环槽单元、电源单元、电解槽单元所组成；

c. 尾气处理单元由尾气收集单元、喷淋塔、循环泵所组成。

⑤ 电解槽为立式无隔膜电解槽，整体为钛材质，外部有检修和观察口，内含阴极板和阳极板，上部有阴极和阳极接电板，底部有电解液排放口和循环管道。

⑥ 电氧化系统采用自动化控制装置，当电氧化过程开始后，启动循环泵及电源，电源自动调整到设定值，当电氧化时间完成后，自动停止电解过程并排水。

2）经济指标

一套$50m^3/d$的电氧化设备投资约300万元。

3）条件要求

① 处理水量≥$10m^3/d$；

② 原水要求硬度≤1000mg/L、悬浮物≤1000mg/L、氨氮≤1000mg/L、COD≤5000mg/L。

(6) 关键设备及运行管理

1) 主要设备

处理难降解有机废水及高氨氮的电氧化装备主要由表5-9中所列设备组成，其中主体设备可根据处理污水规模，处理污水的氨氮、难降解有机物以及其他污染物的含量确定参数及材质。

表5-9 主要设备表

序号	名称	数量	单位
1	预处理一体化装置(含提升泵、搅拌机等)	1	套
2	电氧化装置(含电解槽、电源、电极板等)	1	套
3	尾气处理装置(含尾气收集、喷淋塔、循环泵等)	1	套

2) 运行管理

电氧化系统采用先进、可靠的自动化技术，提高企业的运行水平，尽可能地减少工人劳动强度。系统以巡视、巡检为主。配置技术人员、维修人员及操作人员。

巡检制度：每班至少巡检2次，并详细检查和记录设备运行状况，发现问题及时向技术员反馈。

安防监控制度：操作人员非巡检期间，对监控设备进行实时监测，发现异常，及时向技术人员反馈。

3) 主体设备或材料的使用寿命

预处理系统、尾气处理系统的使用寿命在8年以上。电解槽的使用寿命在10年以上；阳极板的使用寿命在5年以上；阴极板的使用寿命在8年以上；泵的使用寿命在5年以上。

(7) 投资效益分析

1) 投资情况

以深圳市下坪固体废弃物填埋场渗滤液处理二厂为例，一座400m^3/d的渗滤液浓缩液电氧化装置，其水质条件如下：含氨量为300mg/L，COD为2000mg/L，投资约2200万元，单方投资为5.5万元。

2) 运行成本和运行费用

运行成本44.57元/t污水。其中药剂费8.1元/t污水，水费0.16元/t污水，电费32.8元/t污水，工人薪酬费为2.18元/t污水，检修费用为1.33元/t污水。

3）效益分析

若采用机械蒸发法，则水费为0.16元/t污水，电费57.6元/t污水，药剂费用为18.36元/t污水，工人薪酬费为2.18元/t污水，检修费用为1.33元/t污水，则机械蒸发系统处理废水的成本为79.63元/t污水。电氧化法较机械蒸发法降低运行费用35.06元/t水，年节省费用511.88万元，且系统运行稳定性、可靠性大增。同时蒸发法在蒸馏水排放的同时，剩余10%～20%的污染物浓度更高的浓缩液，这部分浓缩液目前还没有较好的处理方法。

表5-10是电氧化系统与机械蒸发系统工程指标对比表。

表5-10 电氧化系统与机械蒸发系统工程指标对比表

项目	电氧化系统	机械蒸发系统
占地面积	较小，布置灵活	较小，布置灵活
设备寿命	主体设备寿命10年以上	主体设备寿命5～10年
人员管理	6人倒班值守	6人倒班值守
运行管理	自动化程度高，便于管理	对技术要求比较高，不便于管理
单方投资	5.5万元/t污水	10万元/t污水
运行成本	44.57元/t污水	79.63元/t污水

从表5-11可以看出，电氧化工艺相比机械蒸发工艺，具有较大的优势。在高氨氮、难降解有机废水处理行业，电氧化法可以使氨气变为氮气，难降解有机物转变为二氧化碳和水，真正体现了"环境友好型技术"的理念，在绿色工艺方面极具潜力，有利于我国推动循环经济及可持续发展战略的进程。

(8) 专利情况

处理垃圾渗滤液浓缩液的电化学方法（专利号：ZL201210135098.2）

(9) 推广与应用示范情况

1）推广方式

应用推广：通过技术应用，建设示范工程的方式进行推广。

宣传推广：通过参加行业内专业技术交流会议进行推广。

2）应用情况

公司自主研发的"纳滤浓缩液减量回用及电分解技术"在深圳市下坪固体废弃物处理二厂、吴江七都镇存量垃圾场渗滤液处理等项目上已成功得到工程应用。表5-11为主要用户名录。该技术特别适用于简易垃圾填埋场存量垃圾渗滤液的处理，作为各类废水的应急装置，该技术具有较大的优势，在水处理行业有广阔的应用前景。

表 5-11 主要用户名录

序号	主要用户名录
1	深圳市下坪固体废弃物填埋场
2	光大环境修复(江苏)有限公司
3	深圳能源环保有限公司
4	光大环保能源有限公司

3）示范工程（表 5-12）

表 5-12 典型案例

序号	项目名称	项目规模	项目地址	建设单位
1	深圳市下坪垃圾卫生填埋场渗滤液处理二厂	膜滤浓缩液处理规模 400m³/d	深圳市罗湖区清水河	深圳市下坪固体废弃物填埋场
2	吴江七都镇存量垃圾场渗滤液处理服务	处理存量垃圾渗滤液不低于 40000m³，处理垃圾渗滤液 100m³/d	吴江区爜烂村汪鸭潭北邻	苏州市吴江区七都镇环境卫生管理所

(10) 技术服务与联系方式

1）技术服务方式

提供可行性研究报告、工程设计、设备供货及现场调试指导等技术服务。

2）联系方式

单位名称：中钢集团武汉安全环保研究院有限公司

电话：027-86396788-816，13517216180

邮箱：13517216180@163.com

邮编：430081

通信地址：武汉市青山区和平大道 1244 号

5.2.4 突发环境事故水体有害物质现场应急检测装置

(1) 技术持有单位

天津市环境保护技术开发中心设计所

(2) 单位简介

天津市环境保护技术开发中心设计所是天津市生态环境技术科学研究院直属单位，是国家级高新技术企业，在资质方面具有环境工程设计专项资质（水污染防治工程、大气污染防治工程、物理污染防治工程）乙级资质、建筑业企业资质（环保工程专业承包壹级）、工程咨询单位乙级资信（生态建设和环境工程）等，先后通过了ISO9001、ISO14001、职业健康安全体系、知识产权管理体系认证。

在工业污水治理、城镇污水处理厂低成本提标改造、人工湿地污水处理、农村环境治理、黑臭水体等方面都有自己独到的技术，并形成专利技术体系。近年来单位承接了天津、河北、山西、湖北、贵州、常州、黑龙江、抚顺等国内多项以及非洲、俄罗斯、孟加拉等国外多项工业废水处理、市政污水处理、人工湿地水处理、废气处理、土壤修复、危险废物处理处置中心等项目，业务遍及国外及国内26个省市自治区，取得了良好的环境效益和社会效益。

(3) 适用范围

用于突发事故应急救援的水体水质分析和定性定范围的检测装置。

(4) 主要技术内容

1）基本原理

由于事故突发地通常具有较高的危险性，因此在情况不明的区域进行人工采集会增加救援人员的风险，还会延长有害物质的检测周期，从而使救援工作无法及时开展。因此，开发了一种用于突发事故应急救援的水体有害物质检测装置。

采集单元内部设有采集空腔，进料泵的进料端与待测水体相连，出料端通过进料管与采集空腔相连，进行自动采集。检测单元预反应装置通过第一输送管与采集空腔相连，在预反应装置内部装有一阶段反应物质；再反应装置通过第二输送管与预反应装置相连，在再反应装置内部装有二阶段反应物质，实现对污染物种类的定性判断甚至判断大致浓度范围。监控单元采用视频采集装置，视频采集装置用于拍摄再反应装置的图像，并将图像发送至微机。

2）技术关键

① 定性分析和大致浓度范围判断；

② 事故突发水质预判，显著提高响应速度，各模块单元运输方便，连接方便。

3）科技创新点与技术特点

① 机械视觉系统和自动采样分析系统的集成与创新；

② 自动化程度高、无人值守、易于维护管理，可实施远程监控及控制，并避免在情况不明的区域进行人工采集的风险；

③ 设备占地面积小、设备紧凑、高度集成，便于搭载在其他设备上。

4）工艺流程及其说明

当事故发生地的危险系数较高时，本装置可安装在无人侦测船或两栖无人侦测车内部，参与检测人员可通过遥控装置远程遥控驱使无人设备进入事故发生地，从而降低救援人员的风险。当检测人员完成对采集空腔的调整后即可开启进料泵，待测样品将会沿进料管进入采集空腔内部。在进行采集工作时，进料泵将会开启较长的时间，此时，超出预设体积的待测样品将会通过溢流管流向外界环境，从而确保采集空腔内部装满样品。当采集空腔内部装满样品后，本装置即可开启检测工作，此时，待测样品将会进入检测单元内部，依次流过预反应装置和再反应装置，从而分阶段地对有害物质进行检测分析。同时通过设置发光板能够提升再反应装置周围环境的亮度，从而提升图像的清晰程度，便于视频采集与微机分析。即在事故发生地对有害物质进行定性分析，使救援人员快速获得有害物质的情况，及时制定切实可行的救援方案。

(5) 技术指标及使用条件

1）技术指标

① 在事故发生地对18种有害物质进行定性分析，如COD、氨氮、TN、TP等，且可根据实际需求加载特征物质分析；

② 在设备化方面，融入模块化的设计理念，单个模块尺寸小，可安装在无人侦测船或两栖无人侦测车内部，可通过遥控装置驱使无人设备进入事故发生地。

2）经济指标

占地面积：$0.1m^3$；

运行费用：100元/次（包含电费和18种有害物质定性检测药剂费）。

3）条件要求

要求污水中不含纤维杂质（如布条、纱线、绳子等）及泥沙等无机颗粒，进水悬浮物含量≤3000mg/L。

4）典型规模

典型规模为18种/次，其他规模则可以根据现场实际需要调整检测种类。

(6) 关键设备及运行管理

1）主要设备

模块化设备主要型号及功能见表5-13，可根据现场需要进行选择组合。

表5-13 模块化设备主要型号及功能

序号	名称	功能
1	定深采样模块	采样
2	一部比色皿模块	pH、氨氮、COD等9种样品检测
3	两部比色皿模块	TN、TP、TCr等9种样品检测
4	比色管模块	视觉系统比色
5	取样瓶模块	样品存储

2）运行管理

在运行管理上，采用成熟的互联网+勘测设备搭载技术，可远程操控管理系统模式，项目从进料、制作、成品出厂、运输、安装等到售后都按照严格的程序以及技术规程来操作。

3）主体设备或材料的使用寿命

主体设备材质为碳钢＋内衬玻璃钢防腐，防腐寿命可以达到3年以上。部分连接管道使用寿命为100h。

（7）投资效益分析

1）投资情况

总投资6万元，其中设备投资5万元。

2）运行成本和运行费用

从运行费用上看，除个别装置配置特殊外，大部分装置的运行费用在100元/次左右，没有太大差异。

从运行管理上看，基本都可以实现远程监控，但自动化程度存在差异。相对来说，在日常维护方面简单。

3）效益分析

① 经济效益分析

主要弥补了当事故发生地的危险系数较高时难以及时取样和测定水质，装置可安装在无人侦测船或两栖无人侦测车内部，这样参与救援的人员可通过遥控装置驱使无人设备进入事故发生地取样检测。

② 环境效益分析

及时判断受污染水体水质，便于后续水处理工作，有利于京津冀板块整体水环境的改善和提升。

③ 社会效益分析

进行突发事故污水快速定性分析，能够实现工艺的快速复制、批量生产，降低救援人员风险，提升有害物质检测效率的目的，为应急废水处理针对性、行业化、规范化提供了有力的技术支撑。

（8）专利和鉴定情况

1）专利情况

一种水体污染物快速定性分析装置（专利号：ZL202020427434.0）

一种用于突发事故应急救援的水体有害物质检测装置（专利号：ZL202020427094.1）

2）鉴定情况

① 组织鉴定单位：天津市高新技术成果转化中心

② 鉴定时间：2018年4月

③ 鉴定意见

2018年4月，天津市高新技术成果转化中心组织专家对"突发水污染事件应急处置系列技术装备研究与应用集成"进行了技术鉴定。现场专家一致认为，通过技术创新与集成应用，在现场应急勘察测绘、危险水域采样、应急快速检测、应急处置及装备研发等技术方面，实现了突发水污染事件的科学应急、准确应急与高效应急，并取得创新成果。

(9) 推广与应用示范情况

1）推广方式

自2015年以来，该设备已经在多个应急现场污水处理工程中成功应用，用于爆炸事故、火灾事故、工业纳污坑塘等废水处理工程前期取样和预判。

2）应用情况

目前突发事故应急救援的水体有害物质检测装置成果已于多个应急项目中应用。各行业代表性用户名录见表5-14。

表5-14 各行业代表性用户名录

序号	项目名称	废水种类	规模/10^4m^3	项目时间
1	天津港8.12爆炸事故现场高含氰废水与污染土壤处理处置工程	含氰废水	95.95	2015
2	宁夏腾格里沙漠石油石化污水应急处理工程	石化废水	225	2016
3	华北渗坑事件：天津静海区工业渗坑污水底泥处理及生态修复工程	工业渗坑	162.5	2019
4	白洋淀上游水系生态治理：保定蠡县留史镇工业纳污坑塘应急治理工程	纳污坑塘	84.446	2018
5	天津三星视界有限公司火灾事故有机废水应急处理工程	事故有机废水	3	2017
6	天津市双口填埋场过渡期(排放)应急处理服务项目	垃圾渗滤液	35	2018

3）示范工程

天津市静海区唐官屯佟庄子渗坑污水底泥应急处理工程

① 背景

本工程为天津市静海区唐官屯镇佟庄子坑塘群，由6个坑塘组成，为天津市典型的酸污染渗坑。

② 模块选择性及处理流程

事故发生地的危险系数较高，其中3#坑塘情况最为恶劣，坑塘地表水呈酸性，pH值甚至在1左右，检测人员不方便进入。检测装置安装在两栖无人侦测车内部，参与检测人员可通过遥控装置驱使无人设备进入事故发生地，从而降低检测人员的风险。在事故发生地对有害物质进行定性分析，使人员快速获得有害物质的情况，及时制定切实可行的处理方案。项目治理完成后，地表水达到《地表水环境质量标准》

(GB 3838—2002) 中Ⅴ类水体相关限值要求；底泥重金属含量均达到风险评估报告中相关限值要求，恢复了当地的生态环境。

(10) 技术服务与联系方式

1) 技术服务方式

提供设计、制造、安装、调试全套技术服务。

2) 联系方式

单位名称：天津市环境保护技术开发中心设计所

电话：022-87671318

传真：022-87671318

邮箱：tjhbkfzx@163.com

邮编：100191

通信地址：天津市南开区复康路17号

5.2.5 高效臭氧催化氧化水处理系统

(1) 技术持有单位

天津市环境保护技术开发中心设计所

(2) 单位简介

天津市环境保护技术开发中心设计所是天津市生态环境技术科学研究院直属单位，是国家级高新技术企业，在资质方面具有环境工程设计专项资质（水污染防治工程、大气污染防治工程、物理污染防治工程）乙级资质、建筑业企业资质（环保工程专业承包壹级)、工程咨询单位乙级资信（生态建设和环境工程）等，先后通过了ISO9001、ISO14001、职业健康安全体系、知识产权管理体系认证。

在工业污水治理、城镇污水处理厂低成本提标改造、人工湿地污水处理、农村环境治理、黑臭水体等方面都有自己独到的技术，并形成专利技术体系。近年来单位承接了天津、河北、山西、湖北、贵州、常州、黑龙江、抚顺等国内多项以及非洲、俄罗斯、孟加拉等国外多项工业废水处理、市政污水处理、人工湿地水处理、废气处理、土壤修复、危险废物处理处置中心等项目，业务遍及国外及国内26个省市自治区，取得了良好的环境效益和社会效益。

(3) 适用范围

用于污染水处理的深度处理单元，根据实际情况可采用重力自流进入处理区，无需开启设备进水泵机。广泛适用于多种需要高级氧化处理的现场。如制药废水、染料生产废水、其他化工废水脱色；有机碳磷农药废水、有机氯农药废水、其他难生化降解的有机废水、有色冶炼水、轧钢废水、电镀废水、其他含有重金属的酸性废水等难降解废水处理。

(4) 主要技术内容

1) 基本原理

臭氧氧化能力强，直接与反应物反应时具有选择性强、反应速度慢的特点。间接氧化指臭氧在催化剂作用下，生成氧化性更强的羟基自由基，通过羟基自由基与反应物发生作用，将其氧化降解。因而，间接氧化作用可以氧化多种化合物，将难降解的大分子物质氧化成较简单的小分子物质，降低处理难度。臭氧氧化性强，处理效果好，但是耗电量大，运行费用高，常与其他技术联用来降低处理成本或设法提高臭氧利用率。

2) 技术关键

① 催化剂投加可以大大提高臭氧反应的速率，使处理过程更快更高效；

② 可根据污染物浓度大小及风量，对应调控臭氧流速和气液比，使循环水喷淋塔中的臭氧保持一个微正压的动态平衡，解决了臭氧接触氧化处理污废水效率不高的问题，提高了处理效能；

③ 高效臭氧催化氧化和消除臭氧装置，实现臭氧尾气的零排放，具有经济价值，也实现了环保的闭环；

④ 本技术适用于多种有机废水处理，且此方法可应用于工业废气的连续氧化降解或水体中染料的脱色降解或COD的降解，因此具有广泛的应用前景。

3) 科技创新点与技术特点

① 采用富氧曝气器形成以空气作为补气来源的臭氧内循环系统，循环臭氧连同循环的污水，在喷淋区多次反应，混合充分，气体停留时间更长，有利于增大臭氧利用率。不锈钢防腐高压水泵提供足够的压力，使臭氧依靠外部负压顺利地达到循环效果。

② 通过多次循环的方法提高了臭氧在水溶液中的溶解度并延长了其半衰期。

4) 工艺流程图及其说明

水处理装置（图5-3）处理废水时包括如下步骤：

① 进水：进水通过泵加压为高压水流，经过进水阀进入到喷淋系统，进行循环喷淋；臭氧通过水射器负压吸入后在喉管处进入到废水中。

② 催化臭氧氧化反应：废水通过布水装置均匀喷淋，依次通过空心球填料层和催化剂填料层，最后经过紫外超声区，进入集装箱底部，再通过循环泵重新循环进入系统；臭氧以空气作为补气来源，采用富氧曝气器进入装置，循环臭氧连同循环的污水，在喷淋区多次反应。

③ 尾气处理：反应结束后的尾气从集装箱顶自动排气阀排出进入臭氧尾气消除装置。尾气消除装置尾部有尾气检验装置，装置中指示剂通过变色实时检测还原性药剂的消耗情况。最终处理后气体排入空气，实现臭氧零排放。

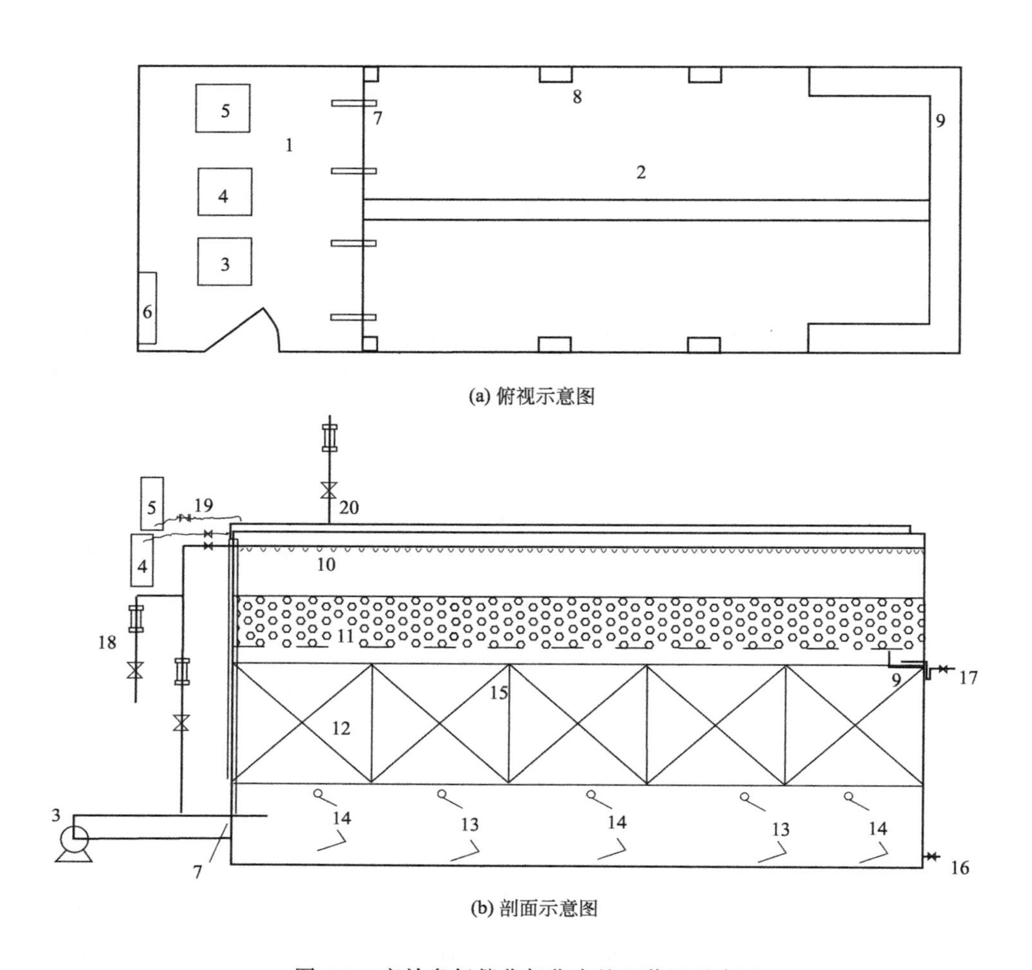

图 5-3　高效臭氧催化氧化水处理装置示意图

1—设备间；2—喷淋水池；3—循环水泵；4—臭氧发生器；5—臭氧尾气破坏装置；6—配电柜；7—文丘里水射器；8—塔板；9—出水堰；10—喷淋头；11—空心球填料；12—催化剂填料；13—超声波探头；14—紫外灯；15—镂空框笼；16—泄空管；17—出水管；18—进水管；19—带单向阀的排气口；20—补气口

(5) 技术指标及使用条件

1）技术指标

① 在处理能力上，可满足不小于 $500m^3/d$ 的应急处理规模。

② 净化效率方面，在进水 COD≤500mg/L 的情况下，经装置处理后出水 COD≤200mg/L，满足开链要求。

③ 在设备化方面，融入模块化的设计理念，尺寸控制在标准集装箱大小，便于运输调运；同时关键设备与在线仪表、信息传输设备高度集成化。

2）经济指标

占地面积：$0.5m^2/m^3$ 水（$500m^3/d$ 计）。

运行费用：小于 3 元/m^3水。

3）条件要求

要求污水中不含纤维杂质（如布条、纱线、绳子等）及泥沙等无机颗粒，进水悬浮物含量≤30mg/L。

4）典型规模

处理规模：适用于高级氧化段，单个模块有效容积为 19m^3。以常规臭氧停留时间 0.25～1h 计算，该模块日处理量为 160～600m^3。典型规模为 500m^3/d，其他规模则可以采用多套同一规格进行组合。

(6) 关键设备及运行管理

1）主要设备

装置主要设备及功能见表 5-15。

表 5-15 装置主要设备及功能

名称	单位	数量	备注
氧化处理池	座	1	池体
进水离心泵	台	2	污水进水
紫外灯	台	1	臭氧催化
富氧曝气器	个	4	纳米曝臭氧
臭氧发生器	台	2	生成臭氧
pH 仪表	台	1	pH 控制
超声波振荡器	台	1	超声催化
加药泵	台	2	污水进行 pH 调节
填料箱	个	20	臭氧催化剂

2）运行管理

在项目管理上，采用成熟的互联网＋水处理远程操控管理系统模式，项目从进料、制作、成品出厂、运输、安装等到售后都按照严格的程序以及技术规程来操作。

3）主体设备或材料的使用寿命

主体设备材质为碳钢＋内衬玻璃钢防腐。耐酸、碱，耐老化，防腐寿命可以达到 10 年以上。

(7) 投资效益分析

1）投资情况

总投资 70 万元，其中设备投资 50 万元。

2）运行成本和运行费用

运行费用：2.1元/t水（该费用实际为污水提升所耗电费，如采用同等规模臭氧氧化塔，该费用同样存在）。

从运行管理上看，可以实现远程监控，自动化程度高。

3）效益分析

① 经济效益分析

主要弥补了传统臭氧水处理工程基建费用高、臭氧利用效率低、运行成本高、占地面积大、运行维护人员技术水平需求高等问题。

② 环境效益分析

在提标改造工程中，处理后废水出水水质COD达到地表Ⅴ类水标准，减少了污染物排放总量，改善了区域水环境，有力地支撑了京津冀板块整体水环境的改善和提升。

③ 社会效益分析

将污水处理工艺装备化，能够实现工艺的快速复制、批量生产，能够满足污水处理项目点多、面广的建设需要，为应急废水处理行业化、规范化提供了有力的技术支撑。

(8) 专利情况

① 发明专利

一种高效的臭氧催化氧化水处理系统及控制办法（专利号：ZL201911332897.7）

② 实用新型

移动式射流曝气装置（专利号：ZL201820749733.9）

(9) 推广与应用示范情况

1）推广方式

自2015年以来，该设备已经实现产业化并在公司多项污水处理工程中成功应用，用于纺织印染、造纸、制革、工业坑塘、渗滤液等废水高级氧化工艺段以及市政污水提标改造。

2）应用情况

目前，移动式废水应急处理装置成果已于多个应急项目中应用，各行业代表性用户名录见表5-16。

3）示范工程

蠡县坑塘治理项目（东侯佐村北坑塘）

① 应用背景

本工程纳污坑塘多数位于村中或村庄附近，其水体呈红色或暗黑色，散发着臭味，造成视觉和嗅觉污染。将坑塘进行治理，恢复其本来的面貌，消除坑塘污水和底泥的视觉和嗅觉污染，不仅可以改善附近村民的生活环境，为居民休闲娱乐提供去处，

表 5-16 各行业代表性用户名录

序号	项目名称	废水种类	规模/10^4m^3	项目时间
1	白洋淀上游水系生态治理:保定蠡县留史镇工业纳污坑塘应急治理工程	纳污坑塘	84.446	2018
2	长江大保护:江苏常隆化工有限公司高浓度难降解有机化工废水应急处理工程	化工废水	1.3	2019
3	天津市双口填埋场过渡期(排放)应急处理服务项目	垃圾渗滤液	35	2018

还可以恢复其动植物栖息地功能，增加物种多样性。绿水青山就是金山银山，坑塘的修复，对于提升坑塘的生态环境收益和价值具有重要的意义。

② 规模、水质、要求

本工程临时污水处理项目要求污水处理规模达到 300m³/d，出水水质执行《地表水环境质量标准》(GB 3838—2002) 中Ⅴ类标准限值。

通过现场采样和运行过程中水质分析，确定坑塘中塘水悬浮物含量为 336mg/L。而氨氮、化学需氧量远高于标准限值（地表水Ⅴ类限值），分别超标了 30.3～127.5 倍、11～73 倍。所采 3 个样品均超标，超标率为 100%。经本装置处理塘水 COD 去除率达 90.91%，氨氮去除率达 96.70%以上，出水达到地表水Ⅴ类限值，运行成本仅为 1.56 元/t 水。

(10) 技术服务方式与联系方式

1) 技术服务方式

提供设计、制造、安装、调试全套技术服务。

2) 联系方式

单位名称：天津市环境保护技术开发中心设计所

电话：022-87671318

传真：022-87671318

邮箱：tjhbkfzx@163.com

邮编：100191

通信地址：天津市南开区复康路 17 号

5.2.6 组合式突发水污染事件的应急处置系统

(1) 技术持有单位

天津市环境保护技术开发中心设计所

(2) 单位简介

天津市环境保护技术开发中心设计所是天津市生态环境技术科学研究院直属单

位，是国家级高新技术企业，在资质方面具有环境工程设计专项资质（水污染防治工程、大气污染防治工程、物理污染防治工程）乙级资质、建筑业企业资质（环保工程专业承包壹级）、工程咨询单位乙级资信（生态建设和环境工程）等，先后通过了ISO9001、ISO14001、职业健康安全体系、知识产权管理体系认证。

在工业污水治理、城镇污水处理厂低成本提标改造、人工湿地污水处理、农村环境治理、黑臭水体等方面都有自己独到的技术，并形成专利技术体系。近年来单位承接了天津、河北、山西、湖北、贵州、常州、黑龙江、抚顺等国内多项以及非洲、俄罗斯、孟加拉等国外多项工业废水处理、市政污水处理、人工湿地水处理、废气处理、土壤修复、危险废物处理处置中心等项目，业务遍及国外及国内 26 个省市自治区，取得了良好的环境效益和社会效益。

(3) 适用范围

① 有机污染类突发水污染事件的应急治理（污染治理阶段）。

② 与其他物理、化学模块组合应用提高出水水质、降低应急成本。

③ 城镇生活污水处理厂生化单元的临时应急替代。

④ 其他临时性、一次性、过渡性污水处理工程的应用。

(4) 主要技术内容

1）基本原理

组合式突发水污染事件应急处置设备，采用“标准化、模块化、集成化”的设计理念，将各功能单元拆分为不同模块，通过各模块之间的组合形成特定工艺流程，实现对应急事故不同废水处理的易管可控，满足大型水污染事件现场应急处置的需求，解决由于设备通用性、可适用性、可移动性、易于操作等方面因素对现场应急处置的响应速度和处理效率的制约。

2）技术关键

① 多功能沉淀池是将混合、絮凝反应及沉淀工艺综合在一个池内。

② 可适用的工艺模块包括混凝沉淀、化学沉淀、氧化还原、化学吸附、中和以及生物处理，能够广泛适应各种突发水污染事件应急处置需求。

③ 相应模块按照集装箱尺寸做成撬装式，便于运输、组装和快速投入使用。

3）科技创新点与技术特点

① 灵活性高，能够依靠一系列设备，实现对不同污染物的有效处理；

② 响应迅速，各模块单元运输方便，连接方便；

③ 设备占地面积小、设备紧凑、高度集成。

4）工艺流程图及其说明

图 5-4 为工艺流程图。模块化设备可以根据现场水质的不同，组合成针对性处理工艺。以生活污水临时处理项目为例，其处理工艺由多个生化模块组成，其处理流程如下：

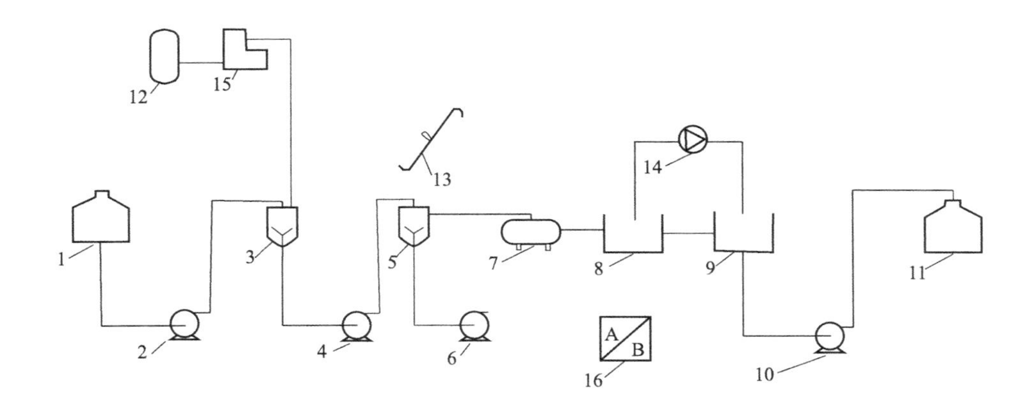

图 5-4 工艺流程图

1—原水储罐；2—原水提升泵；3—多功能搅拌池；4—搅拌池泵；5—多功能沉淀池；6—污泥泵；7—缺氧池；8—好氧池；9—MBR 池；10—MBR 膜池出水泵；11—出水储罐；12—药剂储罐；13—螺旋上料机；14—曝气模块；15—计量泵；16—中控系统

① 原水储罐内废液经原水提升泵进入多功能搅拌池，多功能搅拌池为敞口式集装箱，将混合、絮凝反应及沉淀工艺综合在一个池内。池体设置双轴搅拌器，可以保证药剂在池内充分混合。依靠螺旋上料机进行计量加药，可添加氧化剂、还原剂、酸、碱等试剂。

② 多功能沉淀池出水经搅拌池泵进入缺氧池。缺氧池为闭口式集装箱，内设好氧混合液回流，以灵活调整整体脱氮能力。缺氧池内设置潜水搅拌机一台，穿孔管曝气一套。

③ 缺氧池出水自流进入好氧池。好氧池池体为敞口式集装箱，内设微孔曝气器。曝气器由曝气模块提供气源。

④ MBR 膜池池体为敞口式集装箱。膜池自带混合液回流泵一台，形式为可提升式无堵塞自耦式潜污泵，膜池还带有 MBR 反洗泵一台，为管道式离心泵。

⑤ 中控系统利用 PLC 控制系统可完成对各工艺控制点、在线水质监测（控）设备的信号采集，根据现场中央控制计算机按工艺要求发出的对各工艺控制点、在线水质监控设备控制信号的输出，实现与现场中央控制计算机的联网。处理厂所有动力设备均可实现手动、自动操作切换。

(5) 技术指标及使用条件

1）技术指标

① 在处理能力上，通过不同模块的串联、并联可满足不小于 2000m^3/d 的应急处理规模。

② 净化效率方面，在进水 COD≤500mg/L 的情况下，经生化模块组成的工艺处

理后出水 COD≤40mg/L，满足《地表水环境质量标准》(GB 3838—2002) 中Ⅴ类水质标准的要求。

③ 在设备化方面，融入模块化的设计理念，相应模块按照集装箱尺寸做成撬装式，便于运输调运；每个模块都可成为一个独立运行的处理单元，将关键设备、在线仪表、信息传输设备高度集成化，同时可通过管道实现与其他水处理模块的快速串联、并联，满足突发水污染应急治理的规模、工艺要求。

2) 经济指标

占地面积：$0.5m^2/m^3$ ($200m^3/d$ 计)。

运行费用：0.5 元/m^3。

3) 条件要求

要求污水中不含纤维杂质（如布条、纱线、绳子等）及泥沙等无机颗粒，进水悬浮物含量≤3000mg/L。

4) 典型规模

典型规模为 $200m^3/d$，其他规模可以采用多套同一规格进行组合。

(6) 关键设备及运行管理

1) 主要设备

模块化设备主要型号及功能见表 5-17，其他规模则可以采用多套同一规格设备进行组合。

表 5-17 模块化设备主要型号及功能

序号	名称	处理能力/(m^3/d)	功能
1	缺氧模块	200	污水进行缺氧消化
2	好氧模块	200	污水进行好氧氧化
3	MBR 模块	200	经过 MBR 膜组件完成产水
4	药剂存储投加模块	—	电气控制系统;提升泵、加药泵、鼓风机等设备
5	调节存储模块	—	污水进行调蓄
6	高效固液分离模块	500	泥水进行分离
7	加药反应模块	500	污水进行加药中和、氧化
8	非均相高级氧化模块	500	污水进行高级氧化

2) 运行管理

在项目管理上，采用成熟的互联网＋水处理远程操控管理系统模式，项目从进料、制作、成品出厂、运输、安装等到售后都按照严格的程序以及技术规程来操作。

3）主体设备或材料的使用寿命

主体设备材质为碳钢＋内衬玻璃钢防腐。耐酸、碱，耐老化，防腐寿命可以达到10年以上。

(7) 投资效益分析

1）投资情况

总投资130万元，其中设备投资110万元。

2）运行成本和运行费用

从运行费用上看，除个别装置外，大部分装置的运行费用在0.5元/m^3左右，没有太大差异。

从运行管理上看，基本都可以实现远程监控，但自动化程度存在差异。相对来说，MBR工艺产泥量更少，在日常维护方面更简单。

3）效益分析

① 经济效益分析

主要弥补了传统污水处理工程基建费用高、运行成本高、占地面积大、运行维护人员技术水平需求高等问题。

② 环境效益分析

经处理后，废水出水水质达到地表Ⅴ类水标准，减少污染物排放总量和改善区域水环境，有力地支撑了京津冀板块整体水环境的改善和提升。

③ 社会效益分析

将污水处理工艺装备化，能够实现工艺的快速复制、批量生产，能够满足污水处理项目点多、面广的建设需要，为应急废水处理行业化、规范化提供了有力的技术支撑。

(8) 专利和鉴定情况

1）专利情况

组合式突发水污染事件的应急处置系统（专利号：ZL201720770239.6）

药剂投加同步曝气的曝气混合液一体机（专利号：ZL201820749696.1）

药剂定量投加同步曝气一体化装置（专利号：ZL201820749731.x）

粉料定量及应急投加曝气一体装置（专利号：ZL201820749688.7）

一种斗轮式应急清淤装置（专利号：ZL201920918441.8）

2）鉴定情况

① 组织鉴定单位：天津市高新技术成果转化中心

② 鉴定时间：2018年4月

③ 鉴定意见

2018年4月，天津市高新技术成果转化中心组织专家对“突发水污染事件应急处置系列技术装备研究与应用集成”进行了技术鉴定。现场专家一致认为，撬装式应急处理设备具有可快速安装、拆解、调试、稳定运行、污染物排放达标的特点，针对应急处理废水性质可通过不同模块的拆分与组合搭配，构建每天数万吨处理能力的成套应急装置，满足大型突发水污染事件的应急要求。

(9) 推广与应用示范情况

1）推广方式

自 2015 年以来，该设备已经实现产业化并在公司 100 余项污水处理工程中成功应用，用于含氰废水、石化、化工、重金属等工业废水、垃圾渗滤液、火灾事故等高浓度有机废水、生活污水临时处理或提标改造过渡阶段等。

2）应用情况

目前组合式突发水污染事件的应急处置系统已于多个应急项目中应用。各行业代表性用户名录见表 5-18。

表 5-18 各行业代表性用户名录

序号	项目名称	废水种类	规模	项目时间
1	天津港 8.12 爆炸事故现场高含氰废水与污染土壤处理处置工程	含氰废水	$95.95\times10^4m^3$	2015
2	宁夏腾格里沙漠石油石化污水应急处理工程	石化废水	$225\times10^4m^3$	2016
3	华北渗坑事件：天津静海区工业渗坑污水底泥处理及生态修复工程	工业渗坑	$162.5\times10^4m^3$	2019
4	白洋淀上游水系生态治理：保定蠡县留史镇工业纳污坑塘应急治理工程	纳污坑塘	$84.446\times10^4m^3$	2018
5	新冠肺炎疫情应急：中国人民解放军第四六四医院医疗废水应急处理工程	医疗废水	$400m^3/d$	2020
6	长江大保护：江苏常隆化工有限公司高浓度难降解有机化工废水应急处理工程	化工废水	$1.3\times10^4m^3$	2019
7	天津三星视界有限公司火灾事故有机废水应急处理工程	事故有机废水	$3\times10^4m^3$	2017
8	天津市双口填埋场过渡期(排放)应急处理服务项目	垃圾渗滤液	$35\times10^4m^3$	2018
9	天津市中泓污水厂酸性废水应急处理工程	酸性重金属废水	$0.45\times10^4m^3$	2019
10	天津市宁河区潘庄工业园区污水临时处理项目	生活污水	$240m^3/d$	2019

3）示范工程

天津市宁河区潘庄工业园区污水临时处理项目

① 背景

本工程为生活区污水管网体系改造过程中，生活污水临时应急处理工程。

② 规模、水质、要求

工程规模确定为240m^3/d，工程出水水质执行《城镇污水处理厂污染物排放标准》（GB 18918—2002）中一级A标准。进水水质参照工程现场实际检测水质资料确定。

③ 模块选择性及处理流程

本应急污水处理工程根据工程现场水样分析，采用前处理单元+生化处理模块+高效固液分离模块对污水进行处理。其中预处理单元采用格栅对大尺寸的漂浮物和悬浮物进行去除以保护水泵的正常运转。生化模块采用厌氧和好氧结合的A/O工艺对格栅后的污水进行处理，经生化处理后的废水进入高效固液分离模块，达到污水净化的标准。

④ 处理成本核算

本组合式模块设备应急处理生活污水项目，仅计算直接运行成本，包括厌氧模块、好氧模块的运行成本。直接运行成本包含人工费、电费、水费、药剂费等（不包括污泥处置费、设施折旧费）。本工艺直接运行成本为1.22元/t。

4）获奖情况

获得2018年度天津市环境保护科学技术奖二等奖。

(10) 技术服务与联系方式

1）技术服务方式

提供设计、制造、安装、调试全套技术服务。

2）联系方式

单位名称：天津市环境保护技术开发中心设计所

电话：022-87671318

传真：022-87671318

邮箱：tjhbkfzx@163.com

邮编：100191

通信地址：天津市南开区复康路17号

5.2.7 智能水质采样器(系列)

(1) 技术持有单位

北京金鹏环益科技有限公司

(2) 单位简介

“十三五”以来，我国水质安全形势依然严峻复杂，水污染防控难度增大，预警应急产品保障滞后，不可抗力导致水污染事故时有发生。随着社会的发展和人类的进步，面对新的形势，以服务国家处置恢复突发事件为核心，实现水质在线监测预警（应急）系统的应用，具有十分重要的现时意义。它既能保障广大民众用水安全，又能为改善水质提供真实准确的科学依据。

实现水质在线监测预警（应急）系统是防止水污染事故发生的重要手段。如对于地表水，为了及时了解和掌握流域重点河流重点断面的水体状况，预警水质异常波动，非常需要构建水质自动监测网络，实时监控水环境的变化。加强流域水质监测预警（应急）系统管理，及时精准发布监测数据、强化区域水质监测预警功能、对突发性水污染事故的防控将发挥积极的作用。

公司智能水质采样器属于先进、成熟、适用、安全可靠的预警（应急）产品。2016年3月，被中国工业和信息化部编入《中国应急产品实用指南　监测预警分册》。指南目录"防汛监测系统""水污染物快速监测技术与产品""饮用水安全检测装备"内容中多次引入公司的产品及用途。

（3）适用范围

固定式用于地表水断面自动监测站、国控省控工业污染源排放口、流域水质预警、水环境污染诊断与溯源、生态环境大数据中心等。产品GD-24A-2具有超标留样功能，便于监管部门及时取证；便携式智能水质采样器用于环保、水务、海洋、科研、市政等部门对饮用水水源地安全监测、近海水质监测、用水排污企业抽查、水污染突发事件预警应急排查。

（4）主要技术内容

1）基本原理

自动或远程模块控制→蠕动泵→分配器→采样瓶（1～24瓶）→超标留样→保温机箱（制冷保温水样）→传输到大数据平台。

2）技术关键

智能水质采样器实现了实时对各种水质进行定时定量、定流定量、等比例采样等多种方式的水样采集。

3）科技创新点和技术特点

科技创新点：实现了国家"十三五计划"对环保监测仪器设备高质量、多功能、集成化、自动化、系统化和智能化的要求。首创超标混合留样型（双混匀桶），满足小间距的采样需求。首创便携式海水型，用于近海环境预警监测。

技术特点：全天候在线监测水质情况。仪器具有自动超标留样功能，实时对水污染进行诊断与溯源，为政府监管部门提供真实准确的科学数据并追溯责任，为用水企业自行监测提供可靠数据，第一时间发现污染，第一时间预警。

（5）技术指标及使用条件

1）智能水质采样器（固定式）

① 技术指标

a. 采样量误差±2%；

b. 等比例采样量误差±1.5%；

c. 冷藏箱温度控制误差±0.5℃；

d. 垂直采样高度≥9.0m；

e. 水平采样距离>80m；

f. 远程控制、支持国标 Modbas 通信协议。

② 功能特点

采集混合水样、混匀及暂存混合水样、超标留样及报警、冷藏样品、自动清洗及排空混匀桶、保护水样、电子门禁等功能。供 COD、氨氮、总磷等在线监测仪器分析测试。

型号按配置共分 5 种（表 5-19），净重 49kg。

表 5-19 型号区别

型号	类型	主要功能区别
GD-24A-0	基础型	混合采样(箱内 1 个 10L 采样瓶)
GD-24A-1	标准型	分瓶采样(箱内 24 个 1L 采样瓶)
GD-24A-2	超标留样型	分瓶采样(箱内单超标混匀桶)
GD-24A-3	增强留样型	分瓶采样(箱内双超标混匀桶)国内首创
GD-24A-4	自来水型	分瓶采样(专门定制)国内首创

③ 使用条件

固定式采样器用于地表水断面自动监测站、国控省控工业污染源排放口、流域水质预警、水环境污染诊断与溯源、生态环境大数据中心等。产品 GD-24A-2 备有超标留样功能，供监管部门及时取证。

2）智能水质采样器（便携式）

① 技术指标

a. 采样量误差±2%；

b. 垂直采样高度≥9.0m；

c. 水平采样距离>80m；

d. 远程控制、手机短信控制、全球定位。

② 功能特点

a. 定时定量、混合样采样方式；

b. 自动清洗及排空；

c. 野外作业，充电锂电池；

d. 可选配微型打印机、流量计；

e. 型号按配置共分 3 种（表 5-20），净重 3kg（国内同类最轻便产品）。

表 5-20 型号区别

型号	类型	主要功能区别
GD-24A-B1	标准型	定时自动采集混合采样
GD-24A-B2	增强型	选配流量计、蓝牙打印机、手机短信控制、GPS
GD-24A-B3	海洋型	测近海海水深度、温度，国内首创

③ 使用条件

便携式采样器用于环保、水务、海洋、科研、市政等部门对饮用水源地安全、近海水质监测、用水排污企业抽查、水污染突发事件预警应急排查。

(6) 投资效益分析

随着“水十条”政策的落实、生态环境大数据、互联网＋的实施，产品在加强水源头—水龙头的全过程水质监测预警管理、突发水污染预警处置恢复、使水质监控“电子眼”的作用得以充分发挥等方面有着广阔的应用空间。

(7) 专利情况

1）实用新型

液体采样器（专利号：ZL201220587264.8）

一种自动快速保存并避免多种水因子污染挥发的密封装置（专利号：ZL201920212993.7）

2）外观设计专利

便携式水质自动采样器（专利号：ZL201230542171.9）

固定式水质自动采样器（专利号：ZL201330634953.X）

(8) 推广与应用示范情况

主要用户名录见表 5-21。

表 5-21 主要用户名录

序号	用户名
1	中国生态环境保护部监测总站
2	北京市燕山石油化工有限公司
3	中国科学院生态环境研究中心
4	北京未来科技城再生水处理中心
5	北京城市排水集团
6	中国船舶总公司

续表

序号	用户名
7	国家海洋局
8	军事医学科学院卫生监测中心
9	中国人民解放军火箭军疾病预防控制中心

(9) 联系方式

单位名称：北京金鹏环益科技有限公司
电话：010-60714600
传真：010-60714600
邮编：102200
通信地址：北京市昌平科技园区创新路2号5号楼1单元101室

参 考 文 献

［1］ 曲向荣．环境保护与可持续发展［M］．北京．清华大学出版社，2014.

［2］ 中华人民共和国生态环境部．2019 中国生态环境状况公报，2020.

［3］ 李爱民，梁英，倪天华，等．基流匮乏型城市黑臭河流的治理模式及其主要技术方法——以贾鲁河为例［J］．环境保护，2015，(13)：20-23.

［4］ 程壮，白翔，王晓东，等．石油类污染水源水的应急处理［J］．油气田地面工程，2014，33(7)：25-26.